Worldwatch Institute Report

Zur Lage der Welt – 90/91

Daten für das Überleben unseres Planeten

Lester R. Brown

Alan Durning / Christopher Flavin / Hilary F. French
Jodi Jacobson / Marcia Lowe / John E. Young
Sandra Postel / Michael Renner / Linda Starke

Deutschsprachige Fassung herausgegeben
von Gerd Michelsen

In Zusammenarbeit mit der
Deutschen Welthungerhilfe

Aus dem Amerikanischen
von Wolfgang Lange

S. Fischer

Die amerikanische Originalausgabe
erschien 1990 bei W. W. Norton & Company, New York,
unter dem Titel »State of the World 1990«

Umschlaggestaltung: Buchholz / Hinsch / Walch
Satz: Wagner GmbH, Nördlingen
Druck und Einband: Clausen & Bosse, Leck
Printed in Germany 1990
ISBN 3-10-092533-5

Inhalt

Vorwort zur deutschsprachigen Ausgabe

Die weltpolitische Lage hat sich seit dem vergangenen Jahr grundlegend geändert. Die Politik des sowjetischen Präsidenten Michael Gorbatschow ermöglichte eine Öffnung der osteuropäischen Länder in Richtung Westen. Sie ermöglichte aber auch das Zusammenwachsen der beiden deutschen Staaten. Mit diesen Veränderungsprozessen gehen Umwälzungen des sozialistischen Wirtschaftssystems in Richtung einer stärker marktorientierten Wirtschaftsweise einher. Die Hoffnung, die auf eine Erneuerung dieser Staaten durch die Marktwirtschaft gesetzt wird, ist sehr groß, ebenso die Erwartung auf Verbesserung der persönlichen Lebensbedingungen in diesen Ländern. Eine schnelle Anpassung an den Lebensstandard der westlichen Industrienationen wird als großes Ziel gesehen.
Die Öffnung der Länder Osteuropas haben aber auch viele Probleme noch deutlicher zu Tage treten lassen. Sie hat vor allem gezeigt, welche Umweltbelastungen in diesen Staaten existieren, aber auch, welche Umweltbeeinträchtigungen von diesen Staaten ausgehen. Ob jedoch durch eine stärker marktwirtschaftlich orientierte Wirtschaftsweise zugleich eine Verbesserung der Umweltbedingungen verbunden ist, kann zumindest zum augenblicklichen Zeitpunkt mit einigen Fragezeichen versehen werden. Schließlich wissen wir, nicht zuletzt auch aufgrund der jährlichen Berichte »Zur Lage der Welt«, aber auch durch »Global 2000« oder die verschiedenen Berichte der Vereinten Natio-

nen, in welchem Zustand sich die Umwelt gerade in den westlichen Industrienationen befindet, die auf der Grundlage des marktwirtschaftlichen Systems agieren.
Das augenfälligste Beispiel für Umweltzerstörungen allergrößten Ausmaßes ist die sich andeutende Klimaveränderung. Seit dem vergangenen Jahr zeichnet sich immer klarer ab, daß der Prozeß der Erwärmung der Erdatmosphäre in vollem Gang ist und daß die westlichen Industrienationen, aber auch die Sowjetunion und China daran einen erheblichen Anteil haben. Mittlerweile gibt es Schätzungen aufgrund von Computerrechnungen, daß die durchschnittlichen Temperaturen auf der Erde, die bereits heute um 0,6 Grad Celsius höher sind als vor 100 Jahren, bis Mitte des nächsten Jahrhunderts um weitere 2,5 bis 5,5 Grad Celsius ansteigen können. Die möglichen Folgen eines derartigen Erwärmungsprozesses sind bekannt: Verschiebung der Klimazonen, Veränderung der Landwirtschaft, Anstieg des Weltmeeresspiegels, Überschwemmung von weiten Landstrichen. Wanderungsbewegung betroffener Bevölkerungsteile.
Diese Entwicklung allein würde bereits eine dramatische Veränderung der weltweiten Umweltbedingungen nach sich ziehen. Aber wir sind nicht nur mit der bevorstehenden Klimaveränderung konfrontiert, wenn nicht die reichen Länder unserer Erde schnell und konsequent handeln.
Allerdings konnten sich die Industrienationen, die den Hauptanteil zu diesen Veränderungen beitragen, bislang nicht auf ein kurzfristiges Handlungsprogramm einigen. Alle bisher getroffenen Maßnahmen reichen bei weitem nicht aus, um das Ruder noch entscheidend herumzuwerfen.

Abb. 0.1: Weltgetreideproduktion pro Kopf, 1950–1989

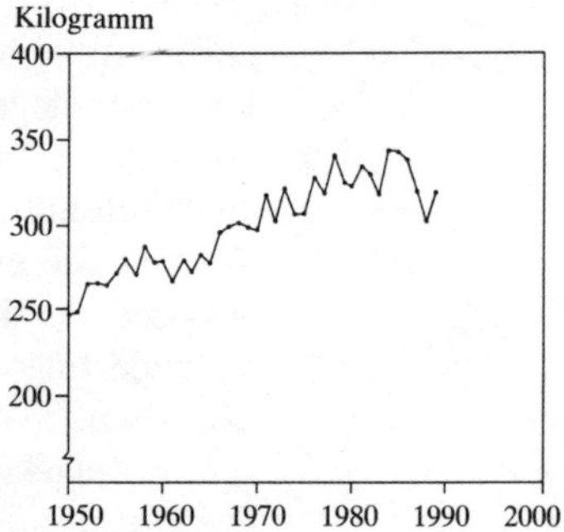

Quelle: U. S. Dept. of Agriculture

Es gibt zahllose andere Umweltprobleme, die sich in den letzten Jahren zum Teil noch verschärft haben: Abholzung der Regenwälder, Waldsterben, Zerstörung von Tier- und Pflanzenarten, Bodenerosion und Wüstenausbreitung, Verschmutzung von Grund- und Oberflächenwasser, Verstädterungsprozesse vor allem in Ländern der Dritten Welt, Luftverschmutzung durch Abgase, Bodenverseuchung, Abfallberge oder Sondermüll. All diese Probleme erfordern ein schnelles und konsequentes Handeln von uns allen, von unseren Politikern, aber auch vor allem von denen, die entscheidend unseren Wirtschaftsprozeß bestimmen.

Zunehmend beunruhigend stellt sich die Bevölkerungsentwicklung auf unserem Globus dar. Gab es 1950 noch etwa 2,5 Milliarden Menschen auf der Erde, so werden es im Jahr 2000 bereits 6,25 Milliarden Menschen sein.

Tab. 0.1: Wachstum der Weltbevölkerung in Jahrzehnten, 1950–90, mit Projektion bis zum Jahr 2000

Jahr	Bevölkerung	Zuwachs im Jahrzehnt	durchschnittlicher jährl. Zuwachs
	Milliarden	Millionen	
1950	2 515		
1960	3 019	504	50
1970	3 698	679	68
1980	4 450	752	75
1990	5 292	842	84
2000	6 251	959	96

Quelle: United Nations, Department of International Economic and Social Affairs, World Population Prospects 1988, New York 1989

So wie die absoluten Zuwächse der Weltbevölkerung stattgefunden haben, werden auch die Zuwachsraten ansteigen. Die Geschwindigkeit, mit der die Weltbevölkerung jedes Jahr ansteigt, wird immer atemberaubender, so daß sich notwendiger denn je die Frage nach der Begrenzung des Bevölkerungswachstums stellt. Auch wenn wir die absoluten Grenzen der Belastbarkeit der Erde nicht kennen, so scheinen sie doch von Jahr zu Jahr näher zu rücken. Es hat den Anschein, daß wir alle wie die Kaninchen auf die Schlange starren und dabei vergessen, Entscheidendes gegen den Wachstumsprozeß der Weltbevölkerung zu unternehmen.

Dabei stellt sich die Versorgung der Weltbevölkerung mit Nahrungsmitteln als eine immer größer werdende Schwierigkeit heraus. Nicht nur daß die Nahrungsmittelreserven in den letzten Jahren deutlich zurückgegangen sind, weist darauf hin, sondern vor allem auch die weltweite Pro-Kopf-Produktion von Getreide, die in den 80er Jahren an ihre Grenzen gekommen zu sein scheint. Offensichtlich können mit traditionellen landwirtschaftlichen Anbaumethoden wie durch den Einsatz von künstlichen Düngemitteln keine weiteren Ertragszuwächse erzielt werden.

Abb. 0.2: Preise für Weizen und Reis (weltweit, 1959–1989/ 1988–Dollar)

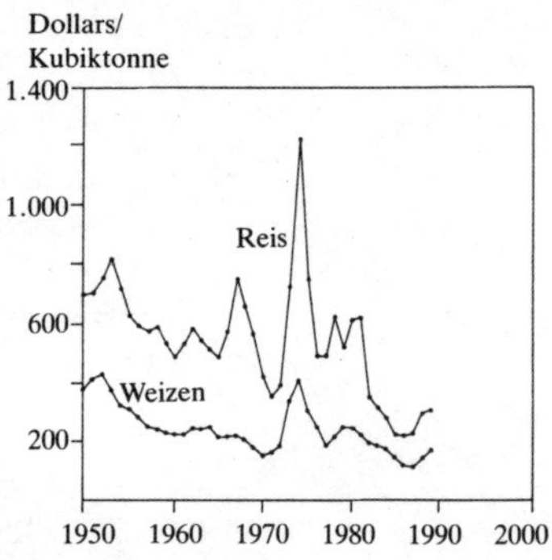

Quelle: Internationaler Währungsfonds

Bodenerosion, Versalzung von künstlich bewässerten Flächen, Wüstenausdehnung, Grenzen der Erschließung neuer fruchtbarer Anbauflächen sind nur einige weitere Beispiele für Grenzen in der weltweiten Nahrungsmittelproduktion.

In dieser deutschsprachigen, aus Gründen des Umfangs leicht gekürzten Ausgabe »Zur Lage der Welt 90/91« werden einige der gravierendsten Umweltprobleme, mit denen wir uns heute auseinanderzusetzen haben, beschrieben und mögliche Lösungsansätze vorgestellt. In Stichworten sind dies: Klimaveränderung, Landwirtschaft, Ernährung, Weltmeere, Luftverschmutzung, Verkehr und weltweite Armut. Das

»Worldwatch Institute« – ein unabhängiges, privates Forschungsinstitut –, das die amerikanische Ausgabe bearbeitet hat, stellt in einem weiteren Abschnitt seinen Entwurf für eine umweltverträgliche Gesellschaft vor. Es überrascht kaum, daß in diesem Konzept die Nutzung der Sonnenenergie, der effiziente Einsatz von Energie und anderen Rohstoffen, Wiederverwendung von Stoffen, die Herstellung umweltfreundlicher Produkte oder auch die Veränderung unseres Wertesystems entscheidende Ansatzpunkte für gesellschaftliche Veränderungsprozesse sind.

Gehrden, im Juli 1990 Gerd Michelsen

Christopher Flavin

1. Klima: Die Erwärmung der Erde verlangsamen

Zum Ende der achtziger Jahre verbreitete sich – nach einem Jahrzehnt zunehmender Besorgnis in der Wissenschaft und weitgehender Verdrängung in der Öffentlichkeit – in Wissenschaft und Politik die Überzeugung, daß es sich niemand mehr leisten kann, bei der Bekämpfung der weltweiten Erwärmung weiterhin tatenlos zuzusehen. Inzwischen wurde für das Jahr 1990 der Entwurf eines internationalen Klimaabkommens gefordert, das auf einem Umweltgipfeltreffen im Jahr 1992 förmlich beschlossen werden soll.[1]

»Im Weltdurchschnitt liegen die Temperaturen heute um etwa 0,6 Grad Celsius höher als vor 100 Jahren.«

Eine solche Übereinkunft kann kaum früh genug zustandekommen; die Veränderungen in der Erdatmosphäre sind ihrer Natur nach globale Erscheinungen und – nach dem heutigen Stand der Kenntnis – nicht umkehrbar, weder in unserer Lebenszeit noch in der unserer Kinder und Enkel. Besondere Dringlichkeit erhält dieses Problem dadurch, daß die chemische Zusammensetzung der Atmosphäre sich schon heute deutlich von der vor 150 Jahren unterscheidet.
Stickstoff und Sauerstoff sind zwar noch die Hauptbe-

* Eine erweiterte Fassung dieses Kapitels ist erschienen als: Worldwatch Paper 91, Global Warming: A Worldwide Strategy.

standteile der Erdatmosphäre, der Anteil einiger komplexerer Gase steigt aber beständig an: Kohlendioxid (CO_2) hat um 25 Prozent zugenommen, Stickoxide um 19 Prozent und Methan um 100 Prozent. Fluorchlorkohlenwasserstoffe (FCKW), eine Gruppe synthetischer Chemikalien, die sich normalerweise nicht in der Atmosphäre finden, tragen zusätzlich zu diesem Gasgemisch bei, das das Sonnenlicht herein-, die entstehende Wärme aber nicht hinausläßt.[2]

»Das Element Kohlenstoff ist zu einem der weitestverbreiteten Abfallprodukte der modernen industriellen Zivilisation geworden.«

Im Weltdurchschnitt liegen die Temperaturen heute um etwa 0,6 Grad Celsius höher als vor 100 Jahren. Für einen ursächlichen Zusammenhang zwischen dem Treibhauseffekt und dieser Erwärmung gibt es zwar keinen schlüssigen Beweis; viele Wissenschaftler haben sich aber durch die Indizien davon überzeugen lassen, daß dieser Zusammenhang existiert. Noch besorgniserregender ist aber das Ausmaß der Erwärmung, das in vielen Computermodellen errechnet wird: 2,5 bis 5,5 Grad Celsius bis zur Mitte des nächsten Jahrhunderts. Der Unterschied zwischen der Erwärmung der letzten hundert Jahre und den in den kommenden Jahrzehnten erwarteten Werten entspricht dem zwischen einem milden Apriltag und einem heißen Tag im Hochsommer.[3]

Die Wissenschaft von der Klimaveränderung ist noch recht jung und kann vieles noch nicht restlos aufklären. Trotzdem: es gibt keine Entschuldigung, die Zeit ungenutzt verstreichen zu lassen. Auch teure Rüstungsprogramme dienen dem Schutz gegen eine ungewisse, möglicherweise aber katastrophale Bedrohung. Investitionen in Strategien zur Minderung der globalen Erwärmung sind eine Art Versicherung gegen Katastrophen, deren Eintreten weit wahrscheinlicher ist als alles, wogegen wir uns sonst versichern.

Viele dieser Programme stellen außerdem aus sich selbst heraus wirtschaftliche Investitionen dar, weil sie die Energierechnungen verbilligen, die Luftverschmutzung verringern und gleichzeitig dazu beitragen, die Kohlenstoffbilanz zu verbessern.
Im Kampf gegen die weltweite Erwärmung werden staatliche und gesellschaftliche Instanzen gezwungen sein, sich mit großer Geschwindigkeit auf unbekanntes Terrain vorzuwagen und die Erscheinungen, die das Industriezeitalter beherrschen, in ihr Gegenteil umzukehren – eine Herausforderung, der nur mit erheblichem Engagement sowohl jedes einzelnen Verbrauchers als auch der politischen Entscheidungsträger begegnet werden kann. Soweit es den Kohlenstoffhaushalt der Erde angeht, werden sich die politischen Entscheidungen auf verstärkte Bemühungen zur Energieeinsparung, die Förderung erneuerbarer Energiequellen und die Einführung einer Kohlenstoffsteuer für fossile Brennstoffe erstrecken müssen wie auch auf die Beendigung der fortschreitenden Entwaldung und einen schnellstmöglichen Verzicht auf FCKW.

Der Kohlenstoffhaushalt der Welt

Das Element Kohlenstoff ist zu einem der weitestverbreiteten Abfallprodukte der modernen industriellen Zivilisation geworden. Durch die Verbrennung fossiler Stoffe wurden im Jahre 1988 5,66 Milliarden Tonnen dieses Stoffes freigesetzt – mehr als eine Tonne je Erdbewohner. Weitere 1 bis 2 Milliarden Tonnen entstanden durch das Abholzen und Verbrennen von Wäldern, vorwiegend in tropischen Gebieten. Aus einer Tonne Kohlenstoff werden 3,7 Tonnen CO_2 – jenes scheinbar unschädliche Gas, das sich inzwischen zu einer der Hauptgefahren für die Zukunft der Menschheit entwickelt hat.[4]

In der Nachkriegszeit sind die weltweiten Kohlenstoffemissionen rapide angestiegen: Die Zunahme von zwei auf drei Milliarden Tonnen erstreckte sich über einen Zeitraum von zehn Jahren; von drei auf vier Milliarden Tonnen waren es nur noch sechs Jahre. Dieser Trend ist unter anderem durch das exponentielle Wachstum der Bevölkerung und der wirtschaftlichen Produktion hervorgerufen worden, die sich in einem immer höheren Verbrauch fossiler Brennstoffe niederschlugen. Dabei ging die Steigerung des Erdölverbrauchs zunächst besonders schnell vor sich, in den achtziger Jahren nahm dann aber auch der Verbrauch von Kohle und Erdgas erheblich zu.[5]

In diesen vierzig Jahren des Wachstums lassen sich drei unterschiedliche Phasen ausmachen *(Abb. 1.1)*. Von 1950 bis 1970 lag die jährliche Zunahme der Kohlenstoffemissionen beständig bei 4,5 Prozent; von 1973 bis 1983 gab es beträchtliche Schwankungen, aber im Durchschnitt nur noch eine jährliche Steigerung um 1 Prozent. Seitdem hat sich die Zunahme wieder auf durchschnittlich 2,8 Prozent beschleunigt. 1988 war, mit einem Anstieg um 3,7 Prozent, das Jahr mit der größten Zuwachsrate seit fast einem Jahrzehnt.[6]

Abb. 1.1: Kohlenstoffemissionen aus fossilen Brennstoffen, 1950–1988

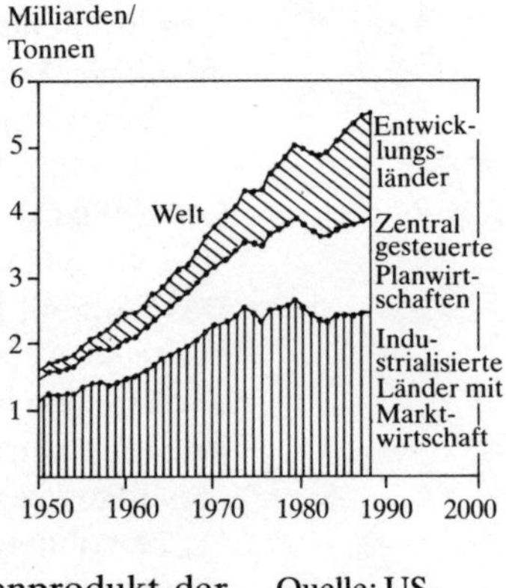

Quelle: US-Dept. of Agriculture

Wenn die Wachstumsrate der Jahre vor 1973 Bestand gehabt hätte, lägen die jährlichen Emissionen von Kohlenstoff heute um fast 3 Milliarden Tonnen höher. Die Verlangsamung war allerdings nicht das Ergebnis gezielter Maßnahmen, um die Erdatmosphäre zu entlasten, sondern ein Nebenprodukt der zwei Ölkrisen, einer gewandelten Energiepolitik in einigen Ländern und weltweiter wirtschaftlicher Schwierigkeiten, die die Entwicklungsländer besonders hart trafen.[7]

Die geringeren Zuwachsraten der Kohlenstoffemissionen seit 1973 lassen sich zu mehr als einem Drittel auf die sinkende Energieintensität vieler Länder zurückführen, obwohl selbst unter den marktwirtschaftlichen Ländern noch große Unterschiede bei den Pro-Kopf-Emissionen festzustellen sind *(Tab. 1.1)*. Die zunehmende Nutzung erneuerbarer Energiequellen und der Atomenergie spielten seit 1973 eine wichtige, aber nicht entscheidende Rolle; ihr Beitrag zur Minderung der Emissionen liegt bei etwa 500 Millionen Tonnen jährlich.[8]

In Osteuropa und der Sowjetunion, wo Industrie und Verbraucher weitgehend gegen Marktanreize abgeschirmt sind, ist die Energieintensität weitgehend unverändert geblieben; die Energieeffizienz ist in den meisten Sektoren nur ungefähr halb so groß wie in Westeuropa. In der Sowjetunion erreicht die Wirtschaftsleistung pro Kopf der Bevölkerung, gemessen an der Kaufkraft, nur zwei Drittel der westeuropäischen, die Kohlenstoffemissionen pro Kopf sind aber fast doppelt so hoch. Obwohl der wirtschaftliche Umbau dort auch darauf gerichtet ist, die Energienutzung effizienter zu gestalten und damit auch die Kohlenstoffemissionen zu senken, kann die Entwicklung der Sowjetunion zu einer Verbrauchergesellschaft mit den Folgen, wie einem größeren Automobil- und Wohnungsbestand, dazu führen, daß die Emissionen ihr gegenwärtiges Niveau deutlich überschreiten.[9]

In der Dritten Welt werden fossile Brennstoffe zur Zeit in weit geringerem Ausmaß verbrannt als in der industrialisierten Welt; dort leben sehr viele Menschen in Armut auf dem Land, und fossile Brennstoffe sind oft zu teuer oder überhaupt nicht erhältlich. In vielen dieser Länder wird der Energiebedarf zu einem wesentlichen Teil durch das Verbrennen von Holz, Stroh und anderer Biomasse gedeckt, die trotz ihrer Bedeutung in der internationalen Energiestatistik nicht aufgeführt sind. Auch diese Verbrennung setzt Kohlenstoff frei und belastet die Atmosphäre, solange die Emissio-

Tab. 1.1: Kohlenstoffemissionen aus fossilen Brennstoffen in ausgewählten Ländern 1960 und 1987

	Kohlenstoff		Kohlenstoff je Dollar/BSP		Kohlenstoff pro Kopf	
	1960	1987	1960	1987	1960	1987
	Millionen Tonnen		Gramm		Tonnen	
USA	791	1224	420	276	4,38	5,03
Kanada	52	110	373	247	2,89	4,24
Australien	24	65	334	320	2,33	4,00
UdSSR	396	1035	416	436	1,85	3,68
Saudi-Arabien	1	45	41	565	0,18	3,60
Polen	55	128	470	492	1,86	3,38
BRD	149	182	410	223	2,68	2,98
Großbritannien	161	156	430	224	3,05	2,73
Japan	64	251	219	156	0,69	2,12
Italien	30	102	118	147	0,60	1,78
Frankreich	75	95	290	133	1,64	1,70
Südkorea	3	44	274	374	0,14	1,14
Mexiko	15	80	446	609	0,39	0,96
China	215	594	–	2024	0,33	0,56
Ägypten	4	21	688	801	0,17	0,41
Brasilien	13	53	228	170	0,17	0,38
Indien	33	151	388	655	0,08	0,19
Indonesien	6	28	337	403	0,06	0,16
Nigeria	1	9	78	359	0,02	0,09
Zaire	1	1	–	183	0,04	0,03
Welt insgesamt	2547	5599	411	327	0,82	1,08

Quellen: Worldwatch Institute nach Gregg Marland u. a., Estimates of CO_2 Emissions from Fossil Fuel Burning and Cement Manufacturing. Based on the United Nations Energy Statistics and the U.S. Bureau of Mines Cement Manufactoring Data. Oak Ridge, Tenn. 1989; persönliche Mitteilung durch Gregg Marland vom 6. Juli 1989; Economic Research Service, World Population by Country and Region, 1950–86, and Projections to 2050. Washington, D. C., 1988; U.S. Central Intelligence Agency, Handbook of Economic Statistics, 1988. Washington, D. C., 1988; World Bank, World Development Report 1989. New York 1989.

nen nicht durch Aufforstung oder andere Maßnahmen ausgeglichen werden.[10]

Während der vergangenen zwanzig Jahre haben sich die Städte der Dritten Welt zusehends mit Automobilen, mit Öl verfeuernden Fabriken und Klimaanlagen gefüllt. In Ländern mit hohem Wirtschaftswachstum, wie zum Beispiel Südkorea, weist auch der Verbrauch an fossilen Brennstoffen die entsprechenden Zuwachsraten auf. Unter der Last der Auslandsschulden hat sich diese Entwicklung in den achtziger Jahren allerdings in vielen Ländern verlangsamt, weil der Import von Erdöl und kapitalintensiven Kraftwerken für sie unerschwinglich geworden ist. Sollten die Entwicklungsländer jedoch ihre wirtschaftlichen Schwierigkeiten überwinden, ergäbe sich ein enormes Wachstumspotential für den Verbrauch fossiler Brennstoffe.[11]

In vielen Entwicklungsländern wird allerdings weit mehr Kohlenstoff durch die Entwaldung freigesetzt als durch die Verbrennung fossiler Brennstoffe. Der Beitrag Brasiliens aus dieser Quelle beläuft sich zum Beispiel auf 336 Millionen Tonnen Kohlenstoff – sechsmal soviel wie durch die Verbrennung fossiler Energieträger *(Tab. 1.2)*. In der Summe wird Brasilien dadurch zum viertgrößten Kohlenstoffemittenten der Welt, neben Indonesien und Kolumbien.

Die Umweltschutzbehörde der USA geht davon aus, daß die Kohlenstoffemissionen um 50 bis 80 Prozent gesenkt werden müssen, wenn die Konzentration von CO_2 in der Atmosphäre auf dem gegenwärtigen Stand gehalten werden soll. Das bedeutet eine Rückkehr zum Stand der fünfziger Jahre. Auf einer wissenschaftlichen Konferenz in Toronto im Juni 1988 wurde als kurzfristig anzustrebendes Ziel zunächst eine Reduzierung um 20 Prozent bis zum Jahr 2055 gefordert.[12]

Aber selbst dieses Ziel ist nur zu erreichen, wenn die Verhältnisse sich dramatisch verändern: Grundsätzliche weltweite Veränderungen in der Energiepolitik und in der Art der Landnutzung sind dafür die Voraussetzungen. Bisher werden die internationalen Kohlenstoffemissionen den Mechanismen des Marktes überlassen. Umweltkosten spielen dabei keine

Rolle. Wenn dieser Kurs nicht geändert wird, wird sich die Frage der Bewohnbarkeit der Erde in den nächsten 20 bis 30 Jahren in aller Schärfe stellen.
Jede realistische Strategie muß die Tatsache berücksichtigen, daß ein Viertel der Weltbevölkerung 70 Prozent aller Kohlenstoffemissionen verursacht, die durch den Verbrauch fossiler Brennstoffe entstehen. Diese reiche und energieintensive Minderheit muß mit einem hohen Maß an Verantwortung bei der Suche nach Lösungen die Initiative übernehmen. Gleichzeitig aber bleiben die Kohlenstoffemissionen in den Entwicklungsländern ein außerordentlich schwieriges Problem: Daß die Erde niemals in der

Tab. 1.2: Geschätzte Kohlenstoffemissionen durch Entwaldung und fossile Brennstoffe in ausgewählten tropischen Ländern

Land	Entwaldung 1980	Fossile Brennstoffe 1987	Summe
	Millionen Tonnen		
Brasilien	336	53	389
Indonesien	192	28	220
Kolumbien	123	14	137
Thailand	95	16	111
Elfenbeinküste	101	1	102
Laos	85	<1	85
Nigeria	60	9	69
Philippinen	57	10	67
Malaysia	50	11	61
Burma	51	2	53
Andere[1]	509	181	690
Insgesamt	1659	325	1984

1 65 Länder

Quellen: R. A. Houghton u. a., The Flux of Carbon from Terrestrial Ecosystems to the Atmosphere in 1980 Due to Changes in Land Use: Geographic Distribution of the Global Flux. *Tellus*, Februar–April 1987; persönliche Mitteilung durch Gregg Marland, Oak Ridge National Laboratory, vom 6. Juli 1989.

Lage sein wird, eine Gesamtbevölkerung von 8 Milliarden auszuhalten, deren Kohlenstoffemissionen pro Kopf das heutige Niveau Westeuropas erreichen, ist eine sehr einfach einzusehende Tatsache.[13]
Die damit verbundene Zunahme auf mehr als 16 Milliarden Tonnen Kohlenstoff im Jahr – und das über Jahrzehnte – würde zu einer Konzentration von CO_2 führen, die wahrscheinlich das Dreifache des vorindustriellen Wertes erreicht und damit die schlimmsten Visionen der Klimamodelle weit übertrifft. Aber auch ein Einfrieren auf dem gegenwärtigen Niveau würde die Welt kaum in einen besseren Zustand versetzen. Bei einer jährlichen Zuwachsrate von derzeit 3 Prozent erreichen die Kohlenstoffemissionen im Jahr 2010 fast das Doppelte des jetzigen Niveaus; bis zum Jahr 2025 wäre das Dreifache erreicht. Außerdem nimmt die Konzentration anderer Treibhausgase weiter zu, so daß die Erwärmung insgesamt weit höher ausfallen dürfte, als es allein durch die Kohlenstoffemissionen der Fall wäre.[14]

»Jede realistische Strategie muß die Tatsache berücksichtigen, daß ein Viertel der Weltbevölkerung 70 Prozent aller Kohlenstoffemissionen verursacht, die durch den Verbrauch fossiler Brennstoffe entstehen.«

Zwischen den prognostizierten Zuwachsraten der Kohlenstoffemissionen und dem Niveau, das Klimawissenschaftler zur Aufrechterhaltung eines den menschlichen Bedürfnissen zuträglichen Klimas für notwendig halten, klafft eine erschreckende Lücke. Auf dem Umweltgipfel in Den Haag und dem Weltwirtschaftsgipfel 1989 einigten sich die dort versammelten Politiker darauf, daß es erforderlich sei, die Kohlenstoffemissionen zu senken. Bis heute hat keiner von ihnen auch nur damit begonnen, sich mit den damit verbundenen Fragen einer gerechten Verteilung der Lasten zu beschäftigen.[15]

Alternativen zu den fossilen Brennstoffen

Die fossilen Brennstoffe haben heute einen Anteil von 78 Prozent an der eingesetzten Energie – Öl 33, Kohle 27 und Erdgas 18 Prozent. Sie enthalten nicht nur Kohlenstoff, sondern bei ihrer Förderung und Nutzung fällt auch ein erheblicher Anteil zweier anderer Treibhausgase an – Methan und Stickoxide.[16]

»Zwischen den prognostizierten Zuwachsraten der Kohlenstoffemissionen und dem Niveau, das Klimawissenschaftler zur Aufrechterhaltung eines den menschlichen Bedürfnissen zuträglichen Klimas für notwendig halten, klafft eine erschreckende Lücke.«

Die Kohlenstoffemissionen der einzelnen fossilen Brennstoffe sind sehr unterschiedlich. Öl enthält etwa 44 Prozent mehr Kohlenstoff pro Energieeinheit als Erdgas, Kohle sogar 75 Prozent. Einige Wissenschaftler plädieren deshalb dafür, die Umstellung auf Erdgas zu einem Hauptbestandteil einer Strategie gegen die Erwärmung der Erde zu machen. In vielen Ländern, einschließlich der Vereinigten Staaten, sind dafür aber die Vorräte zu begrenzt. Seine Wirksamkeit im Kampf gegen den Treibhauseffekt könnte sich zudem als gering erweisen. Eine Untersuchung des Wissenschaftlers Dean Abrahamson von der University of Minnesota hat nämlich gezeigt, daß das Methan, das über Lecks in Verteilungssystemen von Naturgas in die Atmosphäre gerät, so drastische Auswirkungen auf den Treibhauseffekt hat, daß die CO_2-Reduzierung durch die Umstellung auf Gas wieder aufgewogen wird.[17]
Die sparsamere Nutzung von Energie bietet zwei Vorteile: Ihre Kosten sind vergleichsweise niedrig und ihre Einsatzmöglichkeiten unbegrenzt, wenn auch fossile Energiequellen selbst bei größter Sparsamkeit nicht vollständig verdrängt werden können. Dies wird allerdings auch mit keiner der Alternativen möglich sein, die uns in der näheren Zukunft zur Ver-

fügung stehen werden. Die durch einen sparsameren Umgang mit Energie zu erreichende Verringerung des Verbrauchs fossiler Brennstoffe und der Emissionen liegt bei etwa 3 Prozent im Jahr. In den Entwicklungsländern ist die rationelle Energienutzung dagegen ein Weg, den zusätzlichen Einsatz fossiler Brennstoffe zu begrenzen und gleichzeitig die wirtschaftliche Entwicklung voranzubringen.[18]

Weltweit werden für Beleuchtungszwecke 17 Prozent des insgesamt verbrauchten Stroms aufgewandt; das entspricht einer Menge von 250 Millionen Tonnen Kohlenstoffemissionen, die schon deshalb rapide ansteigen werden, weil sich die elektrische Beleuchtung in den Entwicklungsländern weiter durchsetzt. Die dadurch entstehenden Emissionen von 450 Millionen Tonnen Kohlenstoff ließen sich allerdings um die Hälfte verringern, wenn der Wirkungsgrad der elektrischen Beleuchtung bis zum Jahr 2010 verdoppelt würde. Für den Haushaltsgebrauch gibt es heute schon Halogenlampen mit einer Leistung von 18 Watt, die dieselbe Helligkeit bieten wie eine herkömmliche Glühbirne mit 75 Watt.[19]

Auch im Verkehrswesen liegen die Vorzüge der rationellen Energienutzung auf der Hand. Jahr für Jahr stoßen die 400 Millionen Autos, die die Straßen der Welt befahren, etwa 550 Millionen Tonnen Kohlenstoff aus, etwa 10 Prozent der Gesamtemissionen aus fossilen Brennstoffen. Hochrechnungen zeigen, daß diese Emissionen, vor allem wegen des erwarteten Zuwachses im Fahrzeugbestand, bis zum Jahr 2010 um 75 Prozent zunehmen werden. Wenn aber diese Fahrzeuge statt der zur Zeit im Durchschnitt gängigen 12 Liter nur noch 5 Liter Treibstoff je 100 Kilometer verbrauchen, gehen die CO_2-Emissionen sogar leicht zurück. Verbesserte Massentransportmittel, häufigere Benutzung von Fahrrädern und eine Kohlenstoffsteuer könnten zudem den Bestand auf 500 Millionen begrenzen; die Kohlenstoffemissionen aus

dem Verkehr ließen sich so auf die Hälfte des heutigen Niveaus zurückführen.[20]
Insgesamt erscheint eine Senkung der Kohlenstoffemissionen um 3 Milliarden Tonnen in dem Zeitraum von 1990 bis 2010 möglich. Nur die rationelle Energienutzung bietet so große Möglichkeiten, die Emissionen innerhalb der nächsten zwanzig Jahre zu begrenzen.[21] Ein anderer Weg zur Begrenzung der Emissionen ist die Entwicklung kohlenstoffreier Energiequellen. In der jüngeren Vergangenheit sind sowohl die Atomenergie wie auch erneuerbare Energiequellen eingesetzt worden, um die fossilen Brennstoffe zu ersetzen; der Ausbau der Atomindustrie während der letzten 15 Jahre erspart uns heute die Emission von 298 Millionen Tonnen Kohlenstoff – 5 Prozent der jährlichen Gesamtmenge –, während sich durch den Einsatz erneuerbarer Energiequellen eine Einsparung von 192 Millionen Tonnen ergibt. Diese beiden Energiequellen könnten in der Zukunft in noch größerem Umfang genutzt werden.[22]

»Für den Haushaltsgebrauch gibt es heute schon Halogenlampen mit einer Leistung von 18 Watt, die dieselbe Helligkeit bieten wie eine herkömmliche Glühbirne mit 75 Watt.«

Die Atomenergie eignet sich heute allerdings noch viel weniger für einen massiven Ausbau als vor geraumer Zeit, nachdem die letzten zehn Jahre durch die schweren Unfälle von Three Mile Island und Tschernobyl, eine Kostenexplosion und den Mangel an Lagermöglichkeiten für die radioaktiven Abfälle gekennzeichnet waren. All dies hat zu einem tiefen Sturz im öffentlichen Ansehen geführt. Heute befinden sich weltweit gerade 94 Atomkraftwerke im Bau – seit fünfzehn Jahren die geringste Anzahl. Selbst wenn alle fertiggestellt würden, könnten sie jährlich nur 110 Millionen Tonnen Kohlenstoff ersetzen, einen äußerst geringen Teil dessen, was bis zum Ende dieses Jahrzehnts erreicht werden muß. Tatsächlich kann die atomare Stromerzeugung zwischen 1995 und 2005 sogar abnehmen, da die Zahl jener Kraftwerke zunimmt, deren Lebensdauer sich dem Ende zuneigt.[23]

»Die Atomenergie eignet sich heute allerdings noch viel weniger für einen massiven Ausbau als vor geraumer Zeit, nachdem die letzten zehn Jahre durch die schweren Unfälle von Three Mile Island und Tschernobyl, eine Kostenexplosion und den Mangel an Lagermöglichkeiten für die radioaktiven Abfälle gekennzeichnet waren.«

Einige Wortführer der Atomindustrie argumentieren, daß sich aus der Kenntnis der Fehler von gestern der Versuch rechtfertigen läßt, die Nutzung der Atomenergie neu zu erfinden – unter ausdrücklichem Hinweis auf die weltweite Erwärmung. Nicholas Ridley sagte gegen Ende des Jahres 1988, als er noch britischer Umweltminister war: »Wenn wir den Treibhauseffekt aufhalten wollen, sollten wir unsere Bemühungen auf eine massive Steigerung der atomaren Kapazitäten konzentrieren.« Dieser Standpunkt hätte Unterstützung verdient, wenn die Probleme der Atomenergie auf einigen Ingenieurfehlern beruhten, auf Mißmanagement oder auf mangelnder Zuwendung von seiten der Regierung; dies ist aber nicht der Fall. Die Schwierigkeiten sind vielmehr in ungelösten technischen Problemen begründet, wie etwa in der Anfälligkeit gegen Unfälle oder der zwangsläufigen Verwendung hochgradig gefährlicher Materialien.[24]

Unter den damit beschäftigten Wissenschaftlern herrscht noch keine Einigkeit darüber, welche mögliche neue Reaktorlinie weiterverfolgt werden soll. Während die vorliegenden neuen Entwürfe einerseits so vielversprechende Merkmale aufweisen wie einen modularen Aufbau oder inhärente Sicherheitssysteme, bezweifeln die Experten andererseits, daß sie jemals so wirtschaftlich oder so sicher sein können, wie ihre Verfechter es behaupten. Das gesamte Konzept der inhärenten Sicherheit kann sich tatsächlich als ingenieurwissenschaftliche Fata Morgana erweisen: Eine Untersuchung der britischen Atomenergiebehörde kommt zu dem Schluß, daß die zur Zeit diskutierten neuen Kraftwerkstypen genauso anfällig für strukturelles Versagen sind wie konventionelle Anlagen. Die Zeitschrift *Nucleonics Week* stellt fest, daß »die Experten nicht davon überzeugt sind, daß die neuen Entwürfe Sicherheit gewährleisten oder sie wenigstens deutlich erhöhen«.[25]

»Für eine Minderung der globalen Kohlenstoffemissionen um nur 5 Prozent wäre aber fast eine Verdoppelung der heutigen Leistung aus Atomkraftwerken erforderlich.«

Und selbst wenn die Sicherheitsprobleme sich meistern ließen, wäre das Ende der neunziger Jahre erreicht, bevor ein Reaktorprototyp fertiggestellt und getestet werden könnte; das bedeutet aber, daß vor dem Jahr 2010 eine größere Anzahl neuer Kraftwerke kaum ans Netz gehen könnte. Für eine Minderung der globalen Kohlenstoffemissionen um nur 5 Prozent wäre aber fast eine Verdoppelung der heutigen Leistung aus Atomkraftwerken erforderlich. Die Atomenergie ist auf mittlere Sicht einfach kein Weg zur Eindämmung der weltweiten Erwärmung. Die Politiker müssen sich entscheiden, ob die Hunderte von Milliarden Dollar, die für die Entwicklung neuer Reaktortypen gebraucht werden, den Einsatz mit ungewissem Gewinn wirklich wert sind – besonders unter Berücksichtigung vorhandener, attraktiverer Alternativen.[26]

Die Liste dieser Alternativen wird von einigen erneuerbaren Energiequellen angeführt, die am Anfang einer rasanten Entwicklung stehen. Wind, Erdwärme, Sonnenenergie zur Wärme- oder Stromgewinnung und verschiedene Arten von Biomasse zählen zu den Energiequellen mit einem starken Drang auf den Markt der neunziger Jahre. Sie alle haben als Mittel zur Reduzierung der CO_2-Emissionen gegenüber der Atomenergie einen großen Vorteil: Ihre Einsatzmöglichkeiten beschränken sich nicht auf die Stromerzeugung, sondern sie eignen sich auch noch dazu, die fossilen Brennstoffe auf vielen anderen Gebieten zu ersetzen, zum Beispiel als Treibstoff für Automobile.

Die Windkraft ist eine der erneuerbaren Energiequellen, deren Nutzung in den achtziger Jahren eine gewisse Reife erreicht hat. Heute sind weltweit mehr als 20 000 Windenergieanlagen mit einer Leistung von ungefähr 1600 Megawatt in Betrieb, die meisten davon stehen in Kalifornien und Dänemark. Andere Länder, etwa Indien oder die Bundesrepublik Deutschland, beginnen, der Windenergie mehr Aufmerksamkeit zu widmen. Sie ist auf dem Strommarkt inzwischen wettbewerbsfähig, da die Erzeugungskosten für eine Kilowattstunde zwischen 12 und 16 Pfennigen liegen. Der Wissenschaftler Robert Lynette hat errechnet, daß bis zum Ende der neunziger Jahre allein im Westen der Vereinigten Staaten 6100 bis 31 000 Megawatt aus der Windenergie gewonnen werden könnten, wenn die Regierung ihre Förderprogramme intensiviert. In Nordeuropa, Nordafrika, Indien und der Sowjetunion ist das Potential ähnlich groß: Bis zum Jahr 2030 könnten mehr als 10 Prozent des weltweit erzeugten Stroms aus der Nutzung der Windenergie gewonnen werden.[27]

»Bis zum Jahr 2030 könnten mehr als 10 Prozent des weltweit erzeugten Stroms aus der Nutzung der Windenergie gewonnen werden.«

In einem System der Nutzung erneuerbarer Energiequellen kann auch die Erdwärme eine wesentliche Rolle spielen, die zur Zeit mit etwa 5000 Megawatt genutzt wird; die Erzeugungskosten betragen 4 bis 8 Cents je Kilowattstunde. Die Nutzung der Erdwärme nimmt kontinuierlich zu, wobei die schwer zugänglichen, unter Druck stehenden Heißwasserreservoirs den Schwerpunkt der Erschließungsarbeiten bilden, die sich in vielen Regionen in großer Zahl finden. In den USA könnte die installierte geothermische Leistung bis zum Jahr 2000 zwischen 4200, dem Doppelten des gegenwärtigen Standes, und 18700 Megawatt liegen. Zu den Regionen, die sich in der Zukunft wahrscheinlich in größerem Ausmaß dieser Energiequelle bedienen werden, gehören Mittelamerika, Neuseeland, die Philippinen und die Sowjetunion.[28]

In jüngster Zeit ist auch der thermischen Stromgewinnung aus Solarenergie der kommerzielle Durchbruch gelungen. Seit 1984 werden in Kalifornien Anlagen gebaut, in denen das Sonnenlicht über Hohlspiegel gebündelt und auf ölgefüllte Röhren geleitet wird; die so gewonnene Wärme treibt Turbinen und Generatoren an. Die installierte Leistung dieser Anlagen liegt inzwischen bei 194 Megawatt. Dabei werden bis zu 22 Prozent des einfallenden Sonnenlichts in Elektrizität umgewandelt. Erdgas dient dabei als Reserveenergie für die Zeiten, in denen die Sonne nicht nutzbar ist, so daß auch zu Spitzenlastzeiten eine gesicherte Stromversorgung gewährleistet ist. In absehbarer Zeit werden die Kosten die Schwelle von acht Cents je Kilowattstunden erreicht haben.[29]

Die größten Fortschritte sind in den nächsten Jahren bei der Photovoltaik zu erwarten – der direkten Umwandlung des Sonnenlichts in elektrischen Strom durch Solarzellen. Sie können auf Dächern angebracht oder in großer Zahl zu Solarkraftwerken in den Wüsten zusammengefaßt werden. Ihre Einsatzmöglichkeiten könnten die des Erdöls bei weitem übertreffen. Die jährlich installierte Leistung ist seit 1978 von einem Megawatt auf 35 Megawatt im Jahr 1988 angewachsen. In der Dritten Welt nimmt der Einsatz von Solarzellen am schnellsten zu; aus Indien wird zum Beispiel berichtet, daß solche Anlagen bereits in 6000 Dörfern in Betrieb sind. In vielen abgelegenen Gebieten ist die Photovoltaik die einfachere Alternative zur Vergrößerung des Stromnetzes – der Strom wird schneller, zuverlässiger und zu geringeren Kosten bereitgestellt.[30]

»Die größten Fortschritte sind in den nächsten Jahren bei der Photovoltaik zu erwarten – der direkten Umwandlung des Sonnenlichts in elektrischen Strom durch Solarzellen.«

Wissenschaftler des U.S.-amerikanischen Solar Energy Research Institute (SERI) nehmen an, daß durch die Entwicklung neuer Technologien in den späten neunziger Jahren solche photovoltaischen Anlagen in Betrieb sein werden, deren Erzeugungskosten sich mit denen messen können, die bei der konventionellen Stromerzeugung zu Spitzenlastzeiten anfallen. Dies könnte dazu führen, daß bis zum Ende der neunziger Jahre allein in den USA 1000 Megawatt installiert werden und daß in der Zeit danach noch höhere Wachstumsraten zu erwarten sind. Die SERI-Wissenschaftler gehen weiter davon aus, daß mehr als die Hälfte des Strombedarfs der USA in einem Zeitraum von 40 bis 50 Jahren durch Photovoltaik gedeckt werden kann. Viele andere Länder dürften über ein vergleichbares Potential verfügen.[31]
In einem verträglichen System der Energieversorgung nimmt auch Biomasse in Form von Holz, landwirtschaftlichen und anderen Abfällen einen wichtigen Platz ein. Heute schon trägt sie 12 Prozent zum Weltenergieverbrauch bei, in einigen Entwicklungsländern sogar 50 Prozent oder mehr. Dort ist sie aber in vielen Fällen schädlich; sie kann sogar die Erwärmung der Erde beschleunigen. In Brasilien zum Beispiel werden Schmelzöfen mit Holz aus den Urwäldern betrieben; sie stoßen mehr Kohlendioxid aus als

vergleichbare, kohlebefeuerte Anlagen. Wenn diese Energiequellen allerdings sorgfältig bewirtschaftet und mit einem hohen Wirkungsgrad eingesetzt werden, können sie in einem verträglichen Weltenergiesystem eine herausragende Rolle spielen.[32]
Holz- und Abfallkraftwerke werden heute in vielen Ländern zu Kosten errichtet, die der Konkurrenz der fossil befeuerten Kraftwerke standhalten können. Sie verschmutzen die Luft nur in einem sehr geringen Ausmaß und stoßen kein zusätzliches CO_2 aus, solange die Abfälle und das Holz aus Wäldern kommen, die immer wieder aufgeforstet werden. Solche Kraftwerke, die Methan verbrennen, verlangsamen wirksam die globale Erwärmung, denn die Treibhauswirkung von Methan ist 25mal größer als die von Kohlendioxid. Nach einer kalifornischen Untersuchung neutralisiert eine Kilowattstunde aus solchen Anlagen Methan in einem Ausmaß, das der Kohlenstoffmenge entspricht, die bei 10 Kilowattstunden in einem Kohlekraftwerk anfällt.[33]

»Damit Brennstoffe aus Biomasse eine praktikable Alternative werden können, wird man dazu übergehen müssen, sie aus solchen Pflanzen zu gewinnen, die sich mit schlechteren Böden begnügen.«

Alkoholische, aus Biomasse gewonnene Treibstoffe haben einen deutlich geringeren Kohlenstoffausstoß als etwa Benzin oder Diesel. Das größte Programm zur Nutzung alkoholischer Treibstoffe mit einer Jahresproduktion von 72 Millionen Barrel (1 Barrel = 159 Liter) Äthanol aus Zuckerrohr wird in Brasilien gefördert; 1988 waren das 62 Prozent des Treibstoffverbrauchs in diesem Land. Das Programm hat die Abhängigkeit Brasiliens von Ölimporten zwar merklich verringert, allerdings nur auf Kosten enormer Subventionen. Zweitgrößter Produzent alkoholischer Treibstoffe sind die USA mit 20 Millionen Barrel pro Jahr, die vorwiegend aus Mais gewonnen werden. Aber auch dieses Land kann nicht als Modell dienen, da das Programm ebenfalls subventioniert wird und eine Pflanze nutzt, die nur auf wertvollen Böden gedeiht. Darüber hinaus werden bei der Produktion fossile Brennstoffe eingesetzt, so daß das amerikanische Äthanol die Kohlenstoffemissionen je Energieeinheit nur um 63 Prozent verringert.[34]

Damit Brennstoffe aus Biomasse eine praktikable Alternative werden können, wird man dazu übergehen müssen, sie aus solchen Pflanzen zu gewinnen, die sich mit schlechteren Böden begnügen, Abfälle zu nutzen und neue Formen integrierten Anbaus zu entwickeln, die dem gleichen Land ebenso die Produktion von so viel Nahrungsmitteln wie die von Rohstoffen erlauben.

Atomenergie und Photovoltaik nehmen die oberen Ränge ein, wenn es darum geht, große Mengen Kohlenstoff einzusparen; beide sind allerdings sehr kostspielige Alternativen *(Tab. 1.3)*. Darüber, ob es gelingen kann, die Kosten der Atomenergienutzung zu senken, sind die Meinungen sehr geteilt; sicher erscheint dagegen, daß die Kosten für Solarzellen drastisch sinken werden.

Wirksamere Techniken bei der Nutzung fossiler Energieträger wie Kohlekraftwerke mit Kraft-Wärme-Kopplung sind zwar verhältnismäßig preisgünstig, sie verringern die Kohlenstoffemissionen jedoch nur zu einem Teil und treiben so die Kosten der Kohlenstoffvermeidung in die Höhe. Auch die aus Mais hergestellten alkoholischen Treibstoffe sind unwirtschaftlich: Die Vermeidung einer Tonne Kohlenstoff kostet ca. $ 350,–; um wirtschaftlich tragbar zu sein, müßten diese Kosten mindestens um ein Drittel gesenkt werden.[35]

Deutlich wirtschaftlicher sind dagegen einige der sich entwickelnden Nutzungen regenerativer Energiequellen wie Wind, Holz, Erdwärme, Sonne, bei denen die Kohlenstoffvermeidung je Tonne mit derzeit

Tab. 1.3: Alternativen zu fossilen Brennstoffen und damit verbundene Kosten der Vermeidung von Kohlenstoffemissionen (1989)

Alternative	Erzeugungskosten[1]	Kohlenstoffreduzierung	Verschmutzungskosten (geschätzt)	Vermeidungskosten[2]
	Pf/kwh	Prozent	Pf/kwh	DM/t
rationellere Energienutzung	4–8	100	0,0	< 0–29[3]
Windenergie	11,52	100	0,0	171
Erdwärme	10	99	2,0	198
Holz	11,5	100	2,0	225
Verbesserte Gasturbinen	9–12	61	1,0	175–320
Sonnenwärme (mit Gas)	15	84	1,0	324
Atomenergie	22	86	9,0	960
Kraft-Wärme-Kopplung (Kohle)	9,7	10	2,0	1717
Photovoltaik	52	100	0,0	1475

1 Gemittelte Kosten über die Lebensdauer der Anlage bei heutigen Baukosten und verschiedenen Gaspreisen. Umrechnungsfaktor: 1 US-Dollar = DM 1,80.
2 Verglichen mit bestehenden Kohlekraftwerken.
3 Einige der möglichen Maßnahmen zur rationelleren Energienutzung kosten weniger als der Betrieb eines Kraftwerkes, so daß die Vermeidung von Kohlenstoffemissionen dabei eigentlich kostenlos anfällt.

Quelle: Schätzungen des Worldwatch Institute.

$ 95,– ihren niedrigsten Stand erreicht; dazu kommt, daß diese Kosten ständig sinken. Die preiswerteste Art, Kohlenstoffemissionen zu vermeiden, bleibt aber das Energiesparen – die Möglichkeiten sind unbegrenzt und kosten höchstens $ 16,– je Tonne vermiedener Kohlenstoff. Viele Investitionen zur rationelleren Energienutzung sind sogar mit geringeren Kosten verbunden als der Betrieb eines bestehenden Kraftwerks; dies bedeutet, daß die Vermeidungskosten gleich Null sind.[36]

Unterstützung des Übergangs

Der erste Schritt auf dem Weg zum sparsameren Umgang mit Energie besteht darin, der Politik eine andere Richtung zu geben als die, die vielen Ländern immer noch eine verstärkte Nutzung der fossilen Energieträger aufzwingt. Das bestehende Steuersystem, Forschungs- und Entwicklungsprogramme und andere Maßnahmen vereiteln vielfach die Ansätze zur Stabilisierung des Klimas. In den Vereinigten Staaten sind zum Beispiel im Lauf der nächsten fünf Jahre 2,3 Milliarden Dollar für die Erforschung »sauberer Kohle« vorgesehen; mit diesem Programm bewegen sich die USA auf noch höhere Kohlenstoffemissionen zu. Der Vorschlag, den die Bush-Regierung im Jahr 1989 für ein Programm zur Methanolförderung vorgelegt hat, kann dazu führen, daß die Automobile bis weit in das nächste Jahrhundert mit einem sehr kohlenstoffintensiven Treibstoff angetrieben werden.[37]

Es ist höchste Zeit, solche kontraproduktiven Programme zu beenden und eine Energiepolitik zu entwickeln, die verschiedene Energie- und Umweltprobleme mit einander ergänzenden Ansätzen in den Griff zu bekommen versucht. Ein Beispiel dafür ist das Programm, das der »South Coast Air Quality Management District« vorgelegt hat, um die Luft in Südkalifornien im Laufe der nächsten zehn Jahre zu verbessern. Dabei soll der Verbrauch von Benzin zurückgedrängt und der öffentliche Nahverkehr wieder funktionsfähig gemacht werden *(Kapitel 4)*. Bei der Erarbeitung dieses Plans spielte das Problem der Erwärmung der Erde keine Rolle, denn es zielt darauf ab, die Luftverschmutzung zu reduzieren. Im nachhinein haben die zuständigen Beamten aber errechnet, daß es auch eine Verringerung der regionalen Kohlenstoffemissionen um 20 Prozent mit sich bringt.[38]

Eine Schlüsselfunktion kommt der Einführung einer »Kohlenstoffsteuer« auf fossile Energieträger zu. Sie würde es ermöglichen, die weltweit durch die Verbrennung fossiler Brennstoffe verursachten Umweltschäden mit den Mitteln der Marktwirtschaft in die Berechnungen einzubeziehen. Eine solche Steuer gibt Einzelpersonen und Firmen eine Berechnungsgrundlage dafür, die Brennstoffe entsprechend ihrem jeweiligen Beitrag zur Erwärmung der Erde einzusetzen. Kohle würde dann am höchsten besteuert, danach Erdöl und Erdgas. Erneuerbare, kohlenstoffreie Energiequellen würden dagegen überhaupt nicht besteuert. Der britische Umweltminister hat eine solche Steuer vorgeschlagen; sie wird inzwischen auch international diskutiert.

»Das bestehende Steuersystem, Forschungs- und Entwicklungsprogramme und andere Maßnahmen vereiteln vielfach die Ansätze zur Stabilisierung des Klimas.«

Die Frage, in welcher Höhe eine solche Steuer zu erheben wäre, erweist sich allerdings als schwierig. Eine Möglichkeit wäre es, die Umweltkosten zu ermitteln, die der Verbrauch eines bestimmten Brennstoffs verursacht, und sie über die Steuer zum Bestandteil der Kalkulation zu machen. (Die Verringerung der Luftverschmutzung könnte als zusätzliche Berechnungsgröße berücksichtigt werden.) Noch aber liegen keine zuverlässigen Schätzungen darüber vor, welche Kosten die Klimaveränderungen der Weltwirtschaft abverlangen wird; in der Wissenschaft wird sogar bezweifelt, daß solche Prognosen jemals möglich sein werden.[39]

Die Feststellung mag genügen, daß die potentiellen Kosten sich in einer Größenordnung von mehreren hundert Milliarden Dollar bewegen werden. Dabei werden die Kosten der Emissionsminderung mit einiger Gewißheit niedriger sein als die Folgekosten der

Erwärmung; der Berechnung der Steuer sollten deshalb diese geringeren Kosten zugrundeliegen. Wie schon angedeutet, sind die Kosten der Kohlenstoffvermeidung sehr unterschiedlich. Eine vorsichtige Schätzung ergibt, daß groß angelegte Maßnahmen mit Vermeidungskosten von mindestens 50 Dollar je Tonne Kohlenstoff kalkuliert werden müssen. Dieser Satz sollte bei der Preisgestaltung für fossile Energieträger berücksichtigt werden.

Im Idealfall wird man sich international über die Erhebung dieser Steuer einigen, damit die zusätzlichen Ausgaben die einzelnen Volkswirtschaften nicht ungleich belasten. Die Einnahmen können zum Teil dazu verwandt werden, eine dauerhafte Finanzierung für Maßnahmen zur rationellen Energienutzung und die Weiterentwicklung der erneuerbaren Energiequellen sicherzustellen. Dies würde, wie es die SPD in der Bundesrepublik Deutschland formuliert hat, »eine ökologische Umverteilung der Steuern bewirken«.[40]

»Eine Schlüsselfunktion kommt der Einführung einer ›Kohlenstoffsteuer‹ auf fossile Energieträger zu.«

Allein in den Vereinigten Staaten würden die Einnahmen aus einer solchen Steuer 60 Milliarden Dollar betragen, 240 Dollar je Einwohner; in Indien würden sie sich zu 7,5 Milliarden Dollar summieren, 9 Dollar pro Person. Um dieses Steueraufkommen zu erreichen, müßte das Benzin pro Liter um etwa 8 Pfennige und der Strom um 28 Prozent teurer werden. Dies würde eine Welle von Energiesparprogrammen zur Folge haben. Eine schrittweise Einführung der Kohlenstoffsteuer würde einerseits die Erschütterungen vermeiden, die durch die früheren Ölpreisschübe ausgelöst wurden; sie wäre andererseits aber auch Anlaß genug, die Welt auf einen Kurs geringerer Kohlenstoffemissionen zu führen.[41]

Wesentlich wird auch sein, Forschung und Entwicklung zu beschleunigen. Zwar unterstützen die nationalen Regierungen Energieeinsparungen und die Nutzung erneuerbarer Energiequellen seit mehr als zehn Jahren; sie sind in ihrem Engagement aber ausgesprochen sprunghaft. Dies gilt besonders für die USA, wo die Haushaltsansätze in den späten siebziger Jahren in die Höhe geschossen sind, um dann zwischen 1981 und 1988 wieder um vier Fünftel zusammengestrichen zu werden. Trotzdem haben viele neue Technologien inzwischen Eingang in den Markt gefunden. Nun kommt es darauf an, ihre Anwendung in großem Umfang zu unterstützen.[42]

Die Elektrizitätsversorgungsunternehmen können einiges tun, zum Beispiel indem sie ihren Kunden sparsame Lampen zur Verfügung stellen, wie es schon hier und da praktiziert wird. Seit den späten siebziger Jahren bedienen sich Verordnungs- und Gesetzgeber der Methode des »least-cost-planning«, um die Unternehmen dazu zu bringen, Sparprogramme in die Tat umzusetzen. Nach dieser Methode investieren die Stromversorger solange in Maßnahmen zur Verbesserung der Energieausnutzung bei ihren Kunden, bis dies weniger kostet als der Bau neuer Kraftwerke. Dies bietet die Gewähr dafür, daß von mehreren möglichen Lösungen jeweils die preisgünstigste realisiert wird.[43]

Ein nächster Schritt kann für die Energiewirtschaft, wenn sie wettbewerbsorientiert ist, darin bestehen, Innovationen und die Entwicklung umweltverträglicher Technologien zu begünstigen. Politiker können, indem sie den Strommarkt allen Anbietern öffnen, dafür sorgen, daß der aus Kraft-Wärme-Kopplung und erneuerbaren Energiequellen gewonnene Strom den Versorgungsunternehmen zum Preis der vermiedenen Kosten neuer Erzeugungsanlagen verkauft wird. In einigen Fällen werden heute schon Angebote von Firmen eingeholt, die »ersparte Energie«

verkaufen, mit deren Hilfe sich der Bau neuer Anlagen verschieben oder ganz vermeiden läßt.
Der nächste logische Schritt wäre dann die Einbeziehung der Kosten der weltweiten Erwärmung in die Erstellung der Angebote und im Zusammenhang damit eine Veränderung der entsprechenden Vorschriften. Die Amortisationszeiten verkürzen sich für die Versorgungsunternehmen, wenn sie die wirtschaftlichen und ökologischen Gesamtkosten der Verbraucher durch Energiesparinvestitionen senken – eine Situation, in der alle gewinnen und in der die herrschende Tendenz zu immer höheren Energieverkäufen gebrochen wird.[44]

»Die Elektrizitätsversorgungsunternehmen können einiges tun, zum Beispiel indem sie ihren Kunden sparsame Lampen zur Verfügung stellen, wie es schon hier und da praktiziert wird.«

Wenn auch Marktanreize im allgemeinen wirksamer sind als gesetzliche Normen, tragen diese doch ihren Teil zur Förderung von Veränderungen bei. Durch die Einführung der amerikanischen Norm für elektrische Geräte im Jahr 1986 wird zum Beispiel Strom und Gas im Wert von 28 Milliarden Dollar eingespart. Auf diese Weise werden bis zum Ende der neunziger Jahre mehr als 340 Millionen Tonnen Kohlenstoff zurückgehalten.[45]
In der Dritten Welt ist es besonders schwierig, die notwendigen Mittel für Energiesparinvestitionen aufzubringen. Tief verschuldet, leiden die meisten Entwicklungsländer unter chronischem Kapitalmangel und damit auch unter dem unzureichenden Zugang zu den neuen Technologien, die in den achtziger Jahren entwickelt worden sind. Dem kann dadurch begegnet werden, daß ein Teil der riesigen internationalen Kredite umgeleitet wird, die für den Bau von Kraftwerken und Leitungen vorgesehen sind. Dies würde mehrere Milliarden Dollar freiset-

zen, die dann für die bessere Energienutzung in Industrie, Verkehr und Bauwesen zur Verfügung stünden.

Andere Strategien gegen den Treibhauseffekt

In der Ausgabe 1989/90 von *Zur Lage der Welt* haben wir versucht, den Beitrag zu bestimmen, den 130 Millionen Hektar Tropenwald – eine Fläche doppelt so groß wie Frankreich – zur Bindung von Kohlenstoff leisten. Bäume, über die gesamte Welt verteilt auf einer solchen Fläche angepflanzt, könnten den Brenn- und Bauholzbedarf der Dritten Welt decken und zur Sanierung verödeter Gebiete beitragen. Gleichzeitig würden sie 5,5 Tonnen Kohlenstoff pro Hektar binden; eine solche »Kohlenstoffbank« würde jährlich 660 Millionen Tonnen Kohlenstoff fixieren, bis die Bäume nach etwa dreißig Jahren ausgewachsen sind. Dies entspricht einem Anteil von über einem Drittel dessen, was heute durch die Entwaldung Jahr für Jahr freigesetzt wird, und etwas weniger als zehn Prozent der jährlichen Nettoemissionen.[46]

»Durch die Einführung der amerikanischen Norm für elektrische Geräte im Jahr 1986 wird zum Beispiel Strom und Gas im Wert von 28 Milliarden Dollar eingespart. Auf diese Weise werden bis zum Ende der neunziger Jahre mehr als 340 Millionen Tonnen Kohlenstoff zurückgehalten.«

Berechnungen wie diese waren Auslöser für die Entwicklung neuer forstwirtschaftlicher Mehrzweckprogramme, deren Rechtfertigung sich zum Teil aus dem Bemühen herleitet, die Veränderungen des Klimas zu bremsen. Die größten Fortschritte macht in diesem Zusammenhang ein Projekt in Guatemala, bei dem es darum geht, die 387 000 Tonnen Kohlenstoff zu neutralisieren, die ein geplantes Kohlekraftwerk in Connecticut jedes Jahr ausstoßen wird. Die Erbauer des Kraftwerks werden dort Waldparzellen mit einem Gesamtumfang von 12000 Hektar schaffen und 60000 Hektar land- bzw. forstwirtschaftliche Flächen anlegen, auf denen Bäume und andere Nutzpflanzen angebaut und umweltverträglich bewirtschaftet werden sollen; diese Flächen dienen gleichzeitig als Feuerschutz für weitere Waldflächen. Man rechnet damit, daß das Projekt in seiner zehnjährigen Laufzeit 16,3 Millionen Dollar kosten und etwa 40000 Familien dadurch Arbeit geben wird, daß sie die Aufforstung und die Pflege der 52 Millionen Bäume übernehmen.[47]

Projekte wie dieses können für sich kein Gegengewicht gegen alle oder auch nur den größten Teil der Kohlenstoffemissionen von Kraftwerken bilden; allein in den USA wären mehr als 2000 Vorhaben dieser Größenordnung erforderlich. Sie bieten aber eine relativ kostengünstige Methode zur Emissionsreduzierung und zur Eindämmung der Entwaldung. Nach den Angaben der Planer dieses Projekts entstehen jährlich Kosten von weniger als drei Dollar je Tonne Kohlenstoff – eine Annahme, die wahrscheinlich etwas zu optimistisch ist. Dieses Projekt profitiert allerdings davon, daß das Land nicht gekauft werden muß und daß viele der Arbeiter nicht bezahlt werden müssen. Eine andere Untersuchung kommt zu dem Ergebnis, daß bei Aufforstungsprogrammen Kosten in Höhe von 16 Dollar pro Tonne Kohlenstoff anfallen; aber auch noch diese Größenordnung wird nur von den günstigsten Energiesparmaßnahmen übertroffen. Diese Kosten werden jedoch wahrscheinlich mit dem Umfang der Realisierung solcher Pläne ansteigen.[48]

Der Eindämmung der Entwaldung kommt die höchste Dringlichkeit zu. Zu diesem Zweck müssen die tropischen Länder die finanziellen Anreize außer

Kraft setzen, die Bodenspekulanten und Siedlern geboten werden, um in die Urwälder vorzudringen, und die den Export von tropischen Harthölzern so attraktiv machen. In diesem Zusammenhang ist es bemerkenswert, daß die Weltbank in einer Veröffentlichung zur globalen Erwärmung im Jahr 1989 zu dem Schluß kommt, daß »die wirtschaftlichen Aussichten einer energischen Wiederaufforstung zur Zeit wahrscheinlich nicht besonders günstig sind«.

Diese Feststellung ignoriert die Wirkungen der gegenwärtigen Entwaldungsprozesse und die mögliche Hebelwirkung internationaler Unterstützung bei Bemühungen, sie einzudämmen. Die Entwaldung innerhalb der eigenen Grenzen aufzuhalten, ist für viele Entwicklungsländer bei weitem der größte Beitrag, den sie zur Bewahrung des Weltklimas leisten können, und der darüber hinaus die eigene wirtschaftliche Zukunft sichern hilft.[49]

Auch die Länder in den gemäßigten Zonen können durch Aufforstung daran mitwirken, die Kohlenstoffbilanz der Erde wieder auszugleichen. Einige Untersuchungen zeigen, daß Europa und Japan zur Zeit die einzigen Regionen sind, die ihre Waldfläche ausweiten. Hingegen schrumpft sie sogar in Kanada und den Vereinigten Staaten, vorwiegend zugunsten flächenverbrauchender städtischer und industrieller Erschließungsmaßnahmen. Dazu kommt, daß sowohl in den USA als auch in der Sowjetunion die Rodung intakter Wälder nicht nur fortgesetzt, sondern auch noch von den Regierungen subventioniert wird. Schon relativ geringfügige Änderungen dieser Politik können allerdings dazu führen, daß sich die Wälder in Nordamerika, Zentralasien und Australien zu Kohlenstoffsenken entwickeln. Der australische Premierminister übernahm eine Vorreiterrolle, als er ankündigte, daß in seinem Land bis zum Ende der neunziger Jahre eine Milliarde Bäume gepflanzt werden sollen.[50]

Die Umwandlung großer Gebiete mit schlechteren Acker- und Weideböden in Wälder wäre ein großer Schritt in die richtige Richtung, nämlich die Böden zu stabilisieren und die Kohlenstoffbindung zu steigern. Die Aufforstung der 13 Millionen Hektar erosionsgefährdeten Landes, die seit 1986 in den Vereinigten Staaten stillgelegt worden sind, würde in den ersten Jahrzehnten 65 Millionen Tonnen Kohlenstoff im Jahr binden. Dies würde die Nettokohlenstoffemissionen der USA um fünf Prozent senken – schon ein bedeutender Schritt. Wenn die Bäume nach 20 bis 30 Jahren herangewachsen sind und aufhören, Kohlenstoff zu binden, können sie – im Ausgleich mit neuen Aufforstungen – abgeholzt werden, um anstelle von Öl oder Kohle als Brennstoff genutzt zu werden; dies reduziert die Kohlenstoffemissionen noch weiter.[51]

»Der Eindämmung der Entwaldung kommt die höchste Dringlichkeit zu.«

Viele Städte sind inzwischen zu der Erkenntnis gekommen, daß der Nutzen von Bäumen zu groß ist, um zu warten, bis ihre Regierungen oder die internationale Gemeinschaft sich auf neue Maßnahmen einstellen. Die Forstwirtschaftliche Vereinigung der USA hat im Jahr 1988 das Programm »Global ReLeaf« ins Leben gerufen, in dessen Rahmen in den Städten und Gemeinden der USA bis zum Jahr 1992 100 Millionen Bäume gepflanzt werden sollen.

»Global ReLeaf« berücksichtigt die Erkenntnis, daß Bäume die städtische Umwelt verbessern und ihren eigenen ästhetischen Reiz haben. Im Februar 1989 kündigte der Bürgermeister von Los Angeles an, daß die Stadt hofft, bis zum Jahr 1994 zwei bis fünf Millionen Bäume zu pflanzen; im September desselben Jahres gab der Bürgermeister von Houston, Texas, einen Plan bekannt, der bis zum Jahr 2000 die Anpflanzung

von zwei Millionen Bäumen vorsieht. Andere Städte werden sich demnächst anschließen.[52]
Das größte Problem, mit dem diese Programme zu kämpfen haben, ist die Pflege der Bäume. In der Vergangenheit gingen Bäume, die im Rahmen von Sofortprogrammen, wie etwa in China, gepflanzt wurden, häufig wieder ein. Dies ist nur durch eine intensive Pflege der Setzlinge zu verhindern. Wenn diese Schwierigkeiten aber überwunden werden, kann die Aufforstung der Städte einen kleinen, aber wichtigen Beitrag zur Rettung des Klimas leisten.

»Die Aufforstung der 13 Millionen Hektar erosionsgefährdeten Landes, die seit 1986 in den Vereinigten Staaten stillgelegt worden sind, würde in den ersten Jahrzehnten 65 Millionen Tonnen Kohlenstoff im Jahr binden.«

Die dritte und unerläßliche Anti-Treibhausstrategie, die Beseitigung der Fluorchlorkohlenwasserstoffe, ist in mancher Hinsicht die leichteste Übung. Sie ist ein entscheidender Testfall für die weltweite Bereitschaft, Fortschritte zu erzielen. FCKW, eine bedeutende Gruppe moderner Industriechemikalien, waren schätzungsweise zu 25 Prozent an den nicht durch CO_2 bedingten Treibhauseffekten der achtziger Jahre beteiligt; in den USA, dem größten FCKW-Hersteller, machen sie etwa 40 Prozent der Gesamtemission von Treibhausgasen aus, in Japan sogar mehr als die Hälfte. Obwohl sich die Wachstumsrate im Verbrauch von FCKW in den siebziger Jahren verlangsamt hat, steigt ihre Konzentration schneller an als die irgendeines anderen Treibhausgases.[53]
Die internationalen Bemühungen zur Begrenzung von FCKW begannen in den frühen achtziger Jahren, ausgelöst durch zunehmende Hinweise auf die Ausdünnung der Ozonschicht. Nach jahrelangen Verhandlungen einigte sich eine Gruppe von Ländern während einer Konferenz in Montreal darauf, die ge-

samte Produktion von FCKW sofort einzufrieren und bis zum Jahr 2000 den Ausstoß zu halbieren. Dieses Abkommen galt zu Recht als Meilenstein der Umweltdiplomatie. Inzwischen aber mehren sich die Anzeichen, daß es nicht weit genug geht.[54]

Man nimmt nämlich an, daß, selbst bei Einhaltung des Abkommens von Montreal, die Konzentration von FCKW-11 und -12 in der Atmosphäre bis zum Jahr 2040 um 77 beziehungsweise 66 Prozent zunehmen wird. Dadurch würde sich deren Treibhauslast um fast ein Fünftel erhöhen, selbst wenn alle anderen Treibhausgase nicht mehr zunähmen. Diese Prognose beruht zum Teil darauf, daß das Abkommen Ausnahmen für solche Länder zuläßt, die einen Rückstand in der Herstellung von FCKW haben, wie zum Beispiel die UdSSR und die Entwicklungsländer. Der tatsächliche Rückgang der Emissionen wird daher bis zum Ende der neunziger Jahre weniger als 40 Prozent betragen. Dazu kommt, daß große Mengen FCKW, die noch in Kühlschränken, Klimaanlagen und Schaumprodukten eingeschlossen sind, nach und nach ihren Weg in die Atmosphäre finden werden.[55]

»Im Mai 1989 unterzeichneten 81 Staaten die Helsinki-Deklaration, die im Prinzip dafür plädiert, die Produktion von FCKW bis zum Jahr 2000 auslaufen zu lassen, wenn weitere Ersatzstoffe entwickelt sind.«

Im Laufe des Jahres 1989 haben zahlreiche Firmen und Regierungen Pläne veröffentlicht, mit deren Hilfe bestimmte Anwendungen von FCKW ausgeschlossen werden sollen. Auch das Montreal-Abkommen wird mit der Absicht neu diskutiert, es strenger zu fassen. Im Mai 1989 unterzeichneten 81 Staaten die Helsinki-Deklaration, die im Prinzip dafür plädiert, die Produktion von FCKW bis zum Jahr 2000 auslaufen zu lassen, wenn weitere Ersatzstoffe entwickelt sind. Zum ersten Mal waren an diesen Verhandlungen die Entwicklungsländer aktiv beteiligt; ihre Mitarbeit wurde durch die Zusage der Industrieländer erleichtert, einen Fonds einzurichten, der sie bei der Beschaffung von Ersatzstoffen unterstützen soll. Verzögerungen können nicht mehr hingenommen werden. Nachdem deutlich geworden ist, wie groß der Anteil der FCKW an zwei der weltweit drängendsten Umweltprobleme ist, ist es unverantwortlich, ihre weitere Konzentration in der Atmosphäre zuzulassen.[56]

Eine nationale und globale Agenda

Das Jahr 1989 war von einer Flut von Vorschlägen zur Bekämpfung der weltweiten Erwärmung gekennzeichnet. Nach einer Erhebung in den Vereinigten Staaten wurden in den Parlamenten von 22 Bundesstaaten in der ersten Jahreshälfte 130 Gesetzesentwürfe eingebracht. Auch in vielen nationalen Parlamenten debattiert man über weitreichende Entwürfe *(Tab. 1.4)*; auch Stadtverwaltungen und Gruppen von Privatpersonen wurden auf diesem Feld aktiv. Selten hat sich ein neues politisches Thema so schnell im öffentlichen Bewußtsein festgesetzt.[57]

»In Europa zeigt sich dagegen ein ermutigenderes Bild. Die Öffentlichkeit ist sich der Gefahren der Klimaveränderungen sehr bewußt. Sie ist bereit, für deren Vermeidung zu zahlen; und sie wählt Politiker, die bereit sind zu handeln.«

Im Kongreß der Vereinigten Staaten wurden gegen Ende des Jahres 1988 zwei umfassende Gesetzesentwürfe, die sich mit der weltweiten Erwärmung befassen, eingebracht. Ihr Ziel war es, die heimischen Kohlenstoffemissionen innerhalb der nächsten zehn Jahre um 20 Prozent zu senken. Zu diesem Zweck sollten Programme zur landesweiten Einführung des least-cost-planning, zur Senkung des Treibstoffverbrauchs von Automobilen, zur Weiterentwicklung der erneuerbaren Energiequellen und zur Aufforstung aufgelegt werden. Darüber hinaus sollten die Entwicklungsländer bei der Begrenzung des Bevölkerungswachstums und im Kampf gegen die Entwaldung unterstützt werden. In den dann folgenden Monaten stießen diese Gesetzesentwürfe jedoch auf den beharrlichen Widerstand der Industrie; wesentliche Elemente der Programme blieben auf der Strecke.[58]

In Europa zeigt sich dagegen ein ermutigenderes Bild. Die Öffentlichkeit ist sich der Gefahren der Klimaveränderungen sehr bewußt. Sie ist bereit, für deren Vermeidung zu zahlen; und sie wählt Politiker, die bereit sind zu handeln. Die Niederlande, Norwegen und Schweden bereiten Pläne zum Einfrieren oder zur Reduzierung ihrer CO_2-Emissionen vor. In Schweden ist der Bau eines ölbefeuerten Kraftwerks bis zur abschließenden Bewertung seiner Treibhauswirkungen zurückgestellt. Großbritannien und die Bundesrepublik Deutschland melden ähnliche Erwägungen; auch dort wird die Energiepolitik überdacht. In der Bundesrepublik wird eine Bundestags-Kommission demnächst weitreichende politische Initiativen vorschlagen; die oppositionelle Sozialdemokratische Partei fordert schon jetzt höhere Energiesteuern, neue Anreize zum Energiesparen und eine umfassende Revision der Energiegesetzgebung.[59]

In anderen Gegenden der Welt wird die Tagesordnung der Treibhauspolitik weitaus langsamer abgehandelt. Brasilien, China, Japan und die Sowjetunion gehören zu den Schlüsselländern, die bisher über die Forschungsförderung und starke Rhetorik nicht hinausgekommen sind. Kanada, das in vielen internationalen Diskussionen eine führende Rolle gespielt hat, ist bei dem Versuch gescheitert, zwischen den einzelnen Provinzen ein Übereinkommen zur 20-prozentigen Senkung der Emissionen zustandezubringen. Im Gegensatz dazu haben einige kleinere Länder wie

etwa Malta und die Malediven neue politische Initiativen nicht zuletzt deswegen tatkräftig unterstützt, weil sie überzeugt sind, zu den großen Verlierern der Klimaveränderung zu gehören.[60]
Die Herausforderung, vor die sich die internationale

Tab. 1.4: Stand der Diskussion zur Klimapolitik, November 1989

Land	politische Maßnahme	Diskussionsstand
Niederlande	Einfrieren der CO_2-Emissionen bis zum Jahr 2000 und vermehrte Ausgaben für das Energiesparen	Vorschläge werden im Parlament debattiert; die Regierung erwägt eine 8prozentige Senkung der CO_2-Emissionen für vier Jahre
Norwegen	Plan, die CO_2-Emissionen bis zum Jahr 2000 zu stabilisieren, dann zu reduzieren	Das Parlament billigt im Juni 1989 ein entsprechendes Weißbuch
Schweden	Plan zum Einfrieren der CO_2-Emissionen auf dem gegenwärtigen Stand; Besteuerung der CO_2-Emissionen	Das Parlament billigt im Jahr 1988 das Einfrieren der Emissionen; Einführung der Steuer bis 1991
Großbritannien	Überlegungen, die Methanverluste zu begrenzen; sparsamerer Umgang mit Energie	Empfehlungen des Energieausschusses im Unterhaus
USA	Umfassende Gesetzgebung zur Senkung der Kohlenstoffemissionen um 20 Prozent	Verschiedene Entwürfe werden im Kongreß beraten
– Kalifornien	Umfassende Politik wird erarbeitet	Regierungsbericht soll im Juni 1990 vorliegen
– Oregon	Gesetz zur Verringerung der Treibhausgase bis zum Jahr 2005	In Kraft seit Juli 1989
– Vermont	Anordnung zur Verringerung der Emission von Treibhausgasen, Überprüfung der staatlichen Energiepolitik	Vorschlag vom Gouverneur im September 1989 veröffentlicht
Bundesrepublik Deutschland	Umfassende Politik in der Diskussion	Enquete-Kommission formuliert Vorschläge; Vorlage ihres Berichts bis Mitte 1990

Quelle: Zusammengestellt vom Worldwatch Institute.

Gemeinschaft durch die weltweite Erwärmung gestellt sieht, ist ohne jedes Beispiel. Nationale Unterschiede und alte Rivalitäten müssen ausgeräumt werden, damit alle Länder mit einem Maß an Übereinstimmung handeln können, das es nie vorher gegeben hat.

Diese Erkenntnis schien sich auch bei den Führern der sieben größten Industrienationen durchgesetzt zu haben, als sie sich im Juli 1988 zu ihrem alljährlichen Wirtschaftsgipfel trafen: Umweltthemen nahmen ein Drittel des Abschlußkommuniques ein. Zur Erwärmung der Erde sagten sie: »Wir befürworten gemeinsame Anstrengungen zur Begrenzung der Emissionen von Kohlendioxid und anderer Treibhausgase, von denen die Gefahr klimatischer Veränderungen ausgeht.«[61]

Den rhetorischen Pflichtübungen müssen nun Verhandlungen folgen. Dieser Prozeß begann im November 1988, als Vertreter von 30 Ländern unter der Schirmherrschaft des Umweltprogramms der Vereinten Nationen (UNEP) und der Meteorologischen Weltorganisation (WMO) in Genf zusammenkamen. Nach dem Muster, das man aus Abrüstungsverhandlungen kennt, bildeten sie zunächst einen gemeinsamen Regierungsausschuß für Fragen der Klimaveränderungen, der regelmäßig zusammentritt, um ein Abkommen auszuarbeiten.[62]

»Die Herausforderung, vor die sich die internationale Gemeinschaft durch die weltweite Erwärmung gestellt sieht, ist ohne jedes Beispiel.«

Ein erster Arbeitsschritt dieser Kommission sollte darin bestehen, hohe, aber dennoch erreichbare Ziele für eine Verringerung der Kohlenstoffemissionen zu formulieren, die besonders diejenigen Länder betreffen, die zur Zeit die meisten fossilen Energieträger verbrauchen. Jeder Plan zur Reduzierung der Koh-

Tab. 1.5: Vorgeschlagene Zielwerte für Kohlenstoffemissionen in einigen Beispielländern

Derzeitige Kohlenstoffemissionen	Vorgeschlagener Zielwert	Land
t/Person	Prozent/Jahr	
< 0,5	+ 3,0	Kenia, Indien, Niger
0,5–1,0	+ 1,5	China, Nigeria, Philippinen
1,0–1,5	0	Indonesien, Mexiko, Südkorea
1,5–2,0	− 0,5	Italien, Frankreich, Neuseeland
2,0–2,5	− 1,0	Japan, Thailand, Peru
2,5–3,0	− 2,0	Großbritannien, Bundesrepublik Deutschland, Brasilien
> 3,0	− 3,0	Australien, USA, UdSSR, Kolumbien, Elfenbeinküste

Quellen: Worldwatch Institute nach Gregg Marland u. a., Estimates of CO_2-Emissions from Fossil Fuel Burning and Cement Manufacturing. Oak Ridge, Tenn., 1989; R. A. Houghton u. a., The Flux of Carbon from Terrestrial Ecosystems to the Atmosphere in 1980 Due to Changes in Land Use: Geographic Distribution of the Global Flux. *Tellus*, Februar–April 1987.

lenstoffemissionen trägt auch zur Verringerung zweier anderer Treibhausgase bei, nämlich der Stickoxide und Methan. Nur wenn es gelingt, die Kohlenstoffemissionen innerhalb der nächsten zehn Jahre um mindestens 10 Prozent zu senken, wird es möglich sein, sie bis zur Mitte des nächsten Jahrhunderts mindestens zu halbieren.

In einem Versuch, Praktikabilität und Gerechtigkeit angesichts der Dringlichkeit des Problems ins Gleichgewicht zu bringen, haben wir eine Reihe von Reduktionszielen formuliert, die vom heutigen Niveau der Pro-Kopf-Emissionen ausgeht *(Tab. 1.5)*. Länder wie die USA oder die Sowjetunion, die zur Zeit sehr viel Kohlendioxid produzieren, müssen ihre Emissionen in den nächsten zehn Jahren um 35 Prozent senken, während Länder wie Indien oder Kenia sie noch steigern dürfen. Diejenigen Länder, die sich zwischen den Extremen bewegen, wie etwa Italien oder Japan, können sich mit der Reduzierung etwas mehr Zeit lassen.[63]

Abb. 1.2: Kohlenstoffemissionen aus fossilen Brennstoffen, 1950–1988, und verschiedene Alternativprognosen bis zum Jahr 2010

Quelle: Oak Ridge National Laboratory; Worldwatch Institute

Diese Zielwerte sind erreichbar, wenn die Technologien angewandt und in die Politik umgesetzt werden, die wir in diesem Kapitel beschrieben haben. Sie sollen die Ungleichheiten, die zur Zeit noch zwischen den Emissionswerten der einzelnen Länder bestehen, allmählich verringern. Sie sind praxisnah, weil sie bis zum Jahr 2000 eine realistische Verringerung der weltweiten Emissionen fordern *(Tab. 1.6)*. Wenn sie erreicht werden, liegen die Emissionen in der errechneten Höhe von 6,4 Milliarden Tonnen um 38 Prozent unter dem Stand, der zu erwarten ist, wenn die Welt den gegenwärtigen Weg nicht verläßt. Auch wenn diese Verringerung, die 12 Prozent ausmacht, allein nicht ausreicht, um das Klima zu retten, ist sie doch ein Schritt auf dem Weg zur Stabilisierung der weltweiten CO_2-Konzentration bis zur Mitte des nächsten Jahrhunderts *(Tab. 1.2)*.[64]

Die Zielwerte in *Abb. 1.2* verlangen von der industrialisierten Welt die größten Einschränkungen. Solange es dort nicht zu einer raschen Verringerung kommt, bleibt das Ziel eines stabilen Weltklimas für Jahrzehnte unerreichbar. Selbst wenn die Industrieländer ihre Emissionen auf dem heutigen Stand halten, werden die Zuwächse in der Dritten Welt die globalen Emissionen bis zum Ende dieses Jahrzehnts um 20–30 Prozent und bis zum Jahr 2010 um 50–70 Pro-

Tab. 1.6: Kohlenstoffemissionen weltweit 1988 und Zielwerte für die Jahre 2000 und 2010

Region	1988		2000		2010	
	Kohlenstoff	pro Kopf	Kohlenstoff	pro Kopf	Kohlenstoff	pro Kopf
	Mio. Tonnen	Tonnen	Mio. Tonnen	Tonnen	Mio. Tonnen	Tonnen
Nordamerika	1379	5,07	897	3,03	662	2,13
UdSSR und Osteuropa	1428	3,55	964	2,23	872	1,91
Ozeanien	336	2,27	284	1,79	270	1,65
Lateinamerika	910	2,09	803	1,46	764	1,18
Westeuropa	774	2,03	699	1,79	664	1,67
Naher Osten	187	1,14	187	0,83	217	0,74
Afrika	534	0,86	646	0,73	749	0,64
Asien (planwirtschaftliche Länder)	774	0,66	932	0,69	1082	0,73
Ostasien	833	0,55	998	0,52	1158	0,52
Summe[1]	7319	1,42	6435	1,03	6438	0,93

1 Wegen einiger Unregelmäßigkeiten in der Berichterstattung der UN entspricht die Summe der Regionalspalten nicht der Summe für die Welt insgesamt.

Quellen: Worldwatch Institute nach Gregg Marland u. a., Estimates of CO_2 Emissions from Fossil Fuel Burning and Cement Manufacturing. Oak Ridge, Tenn., 1989; Economic Research Service, U.S. Department of Agriculture, World Population by Country and Region, Washington, D.C., 1988; R. A. Houghton u. a., The Flux of Carbon from Terrestrial Ecosystems to the Atmosphere in 1980 Due to Changes in Land Use: Geographic Distribution of the Global Flux. *Tellus*, Februar–April 1987; British Petroleum, BP Statistical Review of World Energy, London 1989.

zent in die Höhe treiben. Von den industrialisierten Ländern liegen bisher leider keinerlei Zusagen vor, die eigenen Emissionen von Kohlenstoff innerhalb der nächsten zehn Jahre um die erforderlichen 20–35 Prozent zu reduzieren.

Da in Ländern wie Brasilien oder der Elfenbeinküste die Entwaldung die Hauptursache für die hohen Pro-Kopf-Emissionen von Kohlenstoff ist, verlangen die Zielwerte auch erhebliche Anstrengungen, um dem Waldverlust in diesen Ländern Einhalt zu gebieten. Eine Strategie zur Kohlenstoffreduzierung muß aber auch darauf zielen, die Zunahme des Verbrauchs fossiler Brennstoffe in der Dritten Welt zu begrenzen. Dies ist eine unerläßliche Voraussetzung dafür, daß in den kommenden Jahrzehnten keine zusätzlichen Kohlenstoffemissionen in riesigen Mengen entstehen. So müßte China zum Beispiel seine Zuwachsrate beim Kohleverbrauch von 3,5 auf 1,5 Prozent im Jahr senken; allein dadurch würden sich die Emissionen bis zum Ende der neunziger Jahre um mehr als 200 Millionen Tonnen verringern.[65]

»Von den industrialisierten Ländern liegen bisher leider keinerlei Zusagen vor, die eigenen Emissionen von Kohlenstoff innerhalb der nächsten zehn Jahre um die erforderlichen 20–35 Prozent zu reduzieren.«

Wie müßte ein Abkommen über Fragen der Klimaveränderung für die neunziger Jahre aussehen? Sein erster Bestandteil wäre die Verpflichtung, bis zur Mitte des 21. Jahrhunderts die atmosphärische Konzentration der Treibhausgase zu stabilisieren, indem die Nettokohlenstoffemissionen auf höchstens 2 Milliarden Tonnen im Jahr begrenzt werden. Bei einer prognostizierten Bevölkerung von 8 Milliarden bedeutet dies, daß die Pro-Kopf-Emissionen nur noch den heutigen Stand Indiens erreichen dürfen, also ein Achtel des europäischen Niveaus.

Um dieses Ziel zu erreichen, muß die Produktion von FCKW eingestellt werden. Die Kohlenstoffemissionen müssen im Laufe der nächsten zehn Jahre weltweit um 10–20 Prozent gesenkt werden, wobei jedes Land seine eigenen Zielwerte auf der Grundlage der Pro-Kopf-Zahlen, die wir in diesem Kapitel aufgeführt haben, anstreben muß. Innerhalb eines Jahres nach der Unterzeichnung hätte jedes Land einen Plan zur Verwirklichung seiner Ziele vorzulegen und danach alle zwei Jahre über die Fortschritte zu berichten. Schon während der Laufzeit des Vertrages müßten allerdings weitere Verhandlungen um strengere Grenzwerte für die Zeit nach dem Jahr 2000 aufgenommen werden.[66]

Das Umweltprogramm der Vereinten Nationen (UNEP) müßte weitreichende Vollmachten erhalten; ihm müßte die Koordination der Forschung, die Bewertung der nationalen Klimastrategien und die Unterstützung bei deren Umsetzung übertragen werden. Wie bei der Rüstungsbegrenzung sind Regelungen für die Verifikation eine wesentliche Bedingung für die Glaubwürdigkeit des Abkommens. Zur Zeit ist UNEP vorwiegend damit befaßt, die Arbeit der größeren UN-Organisationen zu koordinieren. Politiker aus 17 Ländern, unter anderem aus Frankreich, Japan und der Bundesrepublik Deutschland, hatten diese Schwäche erkannt und verabschiedeten anläßlich einer Konferenz in den Niederlanden im März 1989 die »Haager Erklärung«. Darin fordern sie die Einrichtung einer starken neuen Behörde innerhalb der Vereinten Nationen, der die Vollmachten zur Durchführung eines weltweiten Klimaschutzabkommens übertragen werden sollen.[67]

Eine der Fragen, mit denen man sich intensiv beschäftigen muß, wird die sein, wie die enormen Investitionen für das Energiesparen und die Aufforstung in den Entwicklungsländern aufgebracht werden sollen, obwohl diese wegen ihrer hohen Schulden schon heute fast zahlungsunfähig sind. Viele dieser Investitionen sind von hohem wirtschaftlichem und ökologischem Wert und allein schon deswegen gerechtfertigt; ohne ausreichendes Kapital werden sie aber unterbleiben. Hier kann sich die oben beschriebene Kohlenstoffsteuer als wichtiges Instrument erweisen. Die Zuweisung von

10 Prozent des Steueraufkommens an Programme für die Dritte Welt würde jedes Jahr Mittel in Höhe von 28 Milliarden Dollar bereitstellen, deren Verwaltung den Vereinten Nationen übertragen werden sollte. Die Mittel werden an solche Länder verteilt, die überzeugende Pläne zur Stabilisierung des Klimas vorlegen können.

Auch die Weltbank oder das Entwicklungsprogramm der Vereinten Nationen können eine Rolle spielen, indem sie mehr Mittel vorwiegend für solche Projekte zur Verfügung stellen, bei denen die Probleme des Klimaschutzes in die Planung einbezogen sind. Seit einigen Jahren ist die Weltbank zusehends aufgeschlossener gegenüber Krediten für rationelle Energienutzung, wie sich auch an dem Vorschlag eines entsprechenden Kredits in Höhe von 1 Milliarde Dollar an die Volksrepublik China zeigt; bisher sind jedoch nur wenige Kredite dieser Art auch tatsächlich vergeben worden. Noch im September 1989 sprach der Präsident der Weltbank, Barber Conable, von den Ungewißheiten um die Erwärmung der Erde; bedeutende neue Initiativen gab er nicht bekannt. Die Weltgemeinschaft wird das Mandat dieser Kreditgeber erweitern, sie aber gleichzeitig darauf verpflichten müssen, die Bemühungen um ein Klima zu unterstützen, in dem es sich zu leben lohnt.[68]

»Eine der Fragen, mit denen man sich intensiv beschäftigen muß, wird die sein, wie die enormen Investitionen für das Energiesparen und die Aufforstung in den Entwicklungsländern aufgebracht werden sollen, obwohl diese wegen ihrer hohen Schulden schon heute fast zahlungsunfähig sind.«

Die Erkenntnisse der Wissenschaft verdichten sich; die Zeit ist reif für ein umfassendes, detailliertes und bindendes Klimaschutzabkommen. Wenn nichts geschieht, werden die neunziger Jahre für das Weltklima verloren sein. Die kommende Generation wird dann mit einer Welt konfrontiert sein, die den zunehmenden Bedürfnissen der Menschen immer weniger gerecht wird. Kein anderes Umweltproblem spitzt sich so dramatisch zu wie dieses – diese Tatsache spricht überzeugend dafür, wirksame Maßnahmen sofort zu ergreifen.

Anmerkungen zu Kapitel 1

1 UNEP/WMO Panel from 30 Countries to Work Toward Global Warming Treaty. *International Environment Reporter*, Dezember 1988.

2 U.S. Environmental Protection Agency (EPA), Policy Options for Stabilizing Global Climate (Entwurf). Washington, D.C., 1989.

3 James E. Hansen, The Greenhouse Effect: Impacts on Current Global Temperature and Regional Heat Waves. Committee on Energy and Natural Resources, U.S. Senate, Washington, D.C., 23. Juni 1988; Stephen Schneider, Global Warming: Are We Entering the Greenhouse Century? San Francisco 1989; James E. Hansen u. a., Global Climate Changes as Forecast by the GISS 3–D Model. *Journal of Geophysical Research,* 20. August 1988.

4 Schätzungen des Worldwatch Institute nach Gregg Marland u. a., Estimates of CO_2 Emissions from Fossil Fuel Burning and Cement Manufacturing, Based on the United Nations Energy Statistics and the U.S. Bureau of Mines Cement Manufacturing Data. Oak Ridge, Tenn., 1989; persönliche Mitteilung und Unterlagen von Gregg Marland, Oak Ridge, vom 6. Juli 1989; British Petroleum (BP), BP Statistical Review of World Energy. London 1989; R. A. Houghton u. a., The Flux of Carbon from Terrestrial Ecosystems to the Atmosphere in 1980 Due to Changes in Land Use: Geographic Distribution of the Global Flux. *Tellus,* Februar–April 1987; die Werte in diesem Kapitel beziehen sich jeweils auf Kohlenstoff. Sie müssen mit 3,67 multipliziert werden, um das Gewicht von Kohlendioxid zu erhalten. (Kohlenstoff hat ein Molekulargewicht von 12, Sauerstoff von 16; da ein Kohlendioxidmolekül einen Teil Kohlenstoff (12) und zwei Teile Sauerstoff (zweimal 16) enthält, ergibt sich ein Wert von 44, der 3,67mal höher ist als der des einfachen Kohlenstoffes.)

5 Persönliche Mitteilung durch Marland; BP, BP Statistical Review.

6 Marland u. a., Estimates of CO_2 Emissions; persönliche Mitteilung von Marland; die Schätzungen des Worldwatch Institute beruhen auf diesen Quellen und auf BP, BP Statistical Review.

7 Schätzung des Worldwatch Institute nach Marland u. a., Estimates of CO_2 Emissions; vor dem Jahr 1973 betrug die Wachstumsrate 4,5 Prozent, seitdem liegt sie im Jahresdurchschnitt bei 3,5 Prozent.

8 International Energy Agency (IEA), Energy Policies and Programmes of IEA Countries. General Report. Paris, im Druck; Schätzungen des Worldwatch Institute nach Marland u. a., Estimates of CO_2 Emissions, und BP, BP Statistical Review.

9 Lee Schipper und Ruth Caron Cooper, Energy Conservation in the USSR: Realistic or Mirage? Meeting on Soviet Energy Options and Global Environmental Issues. Georgetown University, Washington, D.C., 29. Juni 1989.

10 Persönliche Mitteilung von Marland; Sandra Postel und Lori Heise, Reforesting the Earth. Worldwatch Paper 83. Washington, D.C., 1988.

11 Christopher Flavin, Electricity for a Developing World. Worldwatch Paper 70. Washington, D.C., 1986; Marland u. a., Estimates of CO_2 Emissions.

12 EPA, Policy Options; Conference Statement. The Changing Atmosphere: Implications for Global Security. Toronto, 27. bis 30. Juni 1988.

13 Worldwatch Institute nach Marland u. a., Estimates of CO_2 Emissions.

14 Ebd.; Schätzungen des Worldwatch Institute, auch nach Bert Bolin u. a., Hrsg., The Greenhouse Effect, Climate Change, and Ecosystems. Chichester, 1986.

15 Centre for Our Common Future, Background Information on the Hague Declaration. Presseerklärung, Genf ohne Datum; Economic Declaration. Paris, 18. Juli 1989.

16 Schätzung des Worldwatch Institute nach D.O. Hall u. a., Biomass for Energy in Developing Countries. Elmsford, N.Y., 1982, nach Daniel Deudney und Christopher Flavin, Renewable Energy. New York 1983, und nach BP, BP Statistical Review.

17 Gregg Marland, Carbon Dioxide Emission Rates for Conventional and Synthetic Fuels. *Energy*, Vol. 8, NO. 12, 1983; Dean Abrahamson, Relative Greenhouse Heating from the Use of Fuel Oil and Natural Gas, unveröffentlicht. 20. Mai 1989.

18 IEA, Energy Conservation in IEA Countries. Paris 1987; William U. Chandler u. a., Energy Efficiency: A New Agenda. Washington, D.C., 1988; Jose Goldemberg u. a., Energy for a Sustainable World. Washington, D.C., 1987.

19 Schätzung des Worldwatch Institute aufgrund von Erhebungen in den USA und nach United Nations, 1985 Energy Statistics Yearbook. New York 1987; der prognostizierte Zuwachs beruht auf einer angenommenen Jahresrate von 3 Prozent, die Schätzung der Kohlenstoffemissionen geht davon aus, daß Kohlekraftwerke durch Sparmaßnahmen ersetzt werden; Arthur H. Rosenfeld und David Hafemeister, Energy-Efficient Buildings. *Scientific American*, April 1988.

20 Michael Renner, Rethinking the Role of the Automobile. Worldwatch Paper 84. Washington, D.C., 1988; die jährliche Zuwachsrate von 3 Prozent oder 75 Prozent bis zum Jahr 2010 ergibt sich aus der derzeit herrschenden Tendenz; die Kohlenstoffemissionen sind Schätzungen des Worldwatch Institute nach Gregg Marland, The Impact of Synthetic Fuels on Global Carbon Dioxide, in W. C. Clark, Hrsg., Carbon Dioxide Review 1982. New York 1982; Deborah Bleviss, The New Oil Crisis and Fuel Economy Technologies: Preparing the Light Transportation Industry for the 1990's. New York 1988.

21 Schätzung des Worldwatch Institute nach einer persönlichen Mitteilung von Marland und nach BP, BP Statistical Review.

22 Die geschätzten Kohlenstoffwerte leiten sich aus der zusätzlichen Stromerzeugung durch Atomenergie und Wasserkraft von 1973 bis 1988 ab, wie sie in BP, BP Statistical Review, verschiedene Jahrgänge, dargestellt sind.

23 Christopher Flavin, Aussage zur Unterstützung von Greenpeace in der Hinkley-Untersuchung, April 1989; Louis Harris, Sentiment Against Nuclear Power Plants Reaches Record High. The Harris Poll, Los Angeles, 15. Januar 1989; Christopher Flavin, Reassessing Nuclear Power: The Fallout from Chernobyl. Worldwatch Paper 75. Washington, D.C., 1987; die Anzahl der im Bau befindlichen Kernkraftwerke ist eine Schätzung des Worldwatch Institute nach World List of Nuclear Power Plants. *Nuclear News*, August 1989; International Atomic Energy Agency, Annual Report. Wien (versch. Jahrgänge).

24 Ridley zitiert nach Nuking the Greenhouse. *New Scientist*, 5. November 1988; Flavin, Reassessing Nuclear Power; Irvin C. Bupp und Jean-Claude Derian, The Failed Promise of Nuclear Power. New York 1981.

25 John J. Taylor, Improved and Safer Nuclear Power. *Science*,

21. April 1989; britische Untersuchung zitiert nach Outlook on Advanced Reactors. *Nucleonics Week,* 30. März 1989.

26 Schätzung des Worldwatch Institute aufgrund der gegenwärtig installierten Leistung von 312 000 Megawatt und weltweiten Kohlenstoffemissionen von 7,3 Milliarden Tonnen.

27 Mark Newham, West Germany to Build 150 MWe of Wind Farms by Mid-1990s. *International Solar Energy Intelligence Report,* 22. November 1988; Department of Non-Conventional Energy Sources, Ministry of Energy, Annual Report 1987–88. New Delhi, o. J.; Paul Gipe, Wind Energy Comes of Age in California. Tahachapi, Calif., 1989; Robert A. Lynette, Wind Energy Systems. Forum on Renewable Energy and Climate Change, Washington, D.C., 14.–15. Juni 1989; Christopher Flavin, Wind Power: A Turning Point. Worldwatch Paper 45. Washington, D.C., 1981; die Prognose von 10 Prozent beruht auf einer Schätzung des Worldwatch Institute.

28 Susan Williams und Kevin Porter, Power Plays. Washington, D.C., 1989; Paul Kruger, 1987 EPRI Survey of Geothermal Electric Utilities. Palo Alto, Calif., o. J.; Ronald DiPippo, International Developments in Geothermal Power Development. Geothermal Resources Council Bulletin, Mai 1988.

29 Williams und Porter, Power Plays; Michael Lotker, Solar Electric Generating System (SEGS). *SOLTECH* '89, 7. März 1989; persönliche Mitteilung durch Paul Savoldelli, Los Angeles, vom 11. Juli 1989.

30 Solar Energy Research Institute (SERI), Photovoltaics: Electricity from Sunshine. Golden, Colo., 1989, unveröffentlicht; Christopher Flavin, Electricity from Sunlight: The Emergence of Photovoltaics. Washington, D.C., 1984; H. M. Hubbard, Photovoltaics Today and Tomorrow. *Science,* 21. April 1989; persönliche Mitteilung durch Maheshvar Dayal, New Delhi, vom 13. Juli 1989.

31 Hubbard, Photovoltaics Today and Tomorrow; SERI, Photovoltaics: Electricity from Sunshine.

32 Hall u. a., Biomass for Energy in Developing Countries; World Commission on Environment and Development, Our Common Future. New York 1987; Deudney und Flavin, Renewable Energy; die brasilianischen Zahlen sind vom Worldwatch Institute geschätzt. Sie beruhen auf dem Beitrag von Gregg Marland und Tom Boden vor dem Committee on Energy and Natural Resources des U.S.-Senats vom 26. Juli 1989, auf Philip M. Fearnside, The Charcoal of Carajas: Pig-Iron Smelting Threatens the Forests of Brazil's Eastern Amazon Region. April 1988, unveröffentlicht, und

auf SUMEI, Companhia Vale do Rio Doce (CVRD), Internal Memorandum Ro: Steel Industry Along the Carajas Railway – The Korf Metallurgy Technology Ltd. Viability Study, 7. April 1987.

33 William und Porter, Power Plays; Peter Gleick u. a., Greenhouse-Gas Emissions from the Operation of Energy Facilities. Independent Energy Producers Association, Sacramento, Calif., 22. Juli 1989.

34 Patrick Knight, Brazil's Alcohol Programm in Crisis: Imports Probably Needed in 1990. *Energy Economist*, Mai 1989; Sally M. Kane und John M. Reilly, Economics of Ethanol Production in the United States. USDA, ERS, März 1989; Migdon Segal, Ethanol Fuel and Global Warming. Washington, D.C., 1989.

35 Stromkosten nach einer persönlichen Mitteilung durch Howard Geller, Washington, D.C., vom 15. August 1989; persönliche Mitteilung durch Tom Gray, Norwich, Vt., vom 21. März 1989; persönliche Mitteilung und Ausdrucke von Shepard Buchanan, Portland, Ore., 28. Juli 1989; persönliche Mitteilung von Richard Nishkian, San Francisco, 22. August 1989; persönliche Mitteilung und Ausdrucke von Charles Komanoff, New York, 10. Februar 1989; persönliche Mitteilung und Ausdrucke von Savoldelli, 9. Juli 1989; persönliche Mitteilung von David Rinebolt, Arlington, Va., 14. August 1989; DOE, EIA, Historical Plant Cost. Kohlenstoffemissionen nach Gleick u. a., Greenhouse Gas Emissions, und Robert San Martin, Environmental Emissions from Energy Technology Systems: The Total Fuel Cycle, 1989. Äthanolkosten nach einer persönlichen Mitteilung von Lynn Wright, Oak Ridge, 25. August 1989; persönliche Mitteilung von Norman Hinman, Boulder, Colo., 25. August 1989; Kosten der Verschmutzung nach Hohmeyer, Social Costs of Energy Consumption: External Effects of Electricity Generation in the Federal Republic of Germany. Berlin 1988.

36 Schätzungen des Worldwatch Institute nach einer persönlichen Mitteilung von Gray; persönliche Mitteilungen von Nishkian, Savoldelli, Rinebolt und Geller.

37 IEA, Emission Controls in Electricity Generation and Industry. Paris, 1988; Kenny Maize, DOE Clean Coal Program Takes Greenhouse Effect, Environment Into Account. *Energy Daily,* 17. März 1989; Researchers Say Methanol May Not Fulfill Clean Air Hopes. *New York Times,* 1. August 1989; David E. Gushee, Carbon Dioxide Emissions from Methanol as a Vehicle Fuel. Congressional Research Service, Washington, D.C., 3. Juni 1988.

38 Robert Reinhold, Southern California Takes Steps to Curb its Urban Air Pollution. *New York Times,* 18. März 1989; persönliche Mitteilung von Zorik Pirveysian, South Coast Air Quality Management District, 12. September 1989.
39 Schneider, Global Warming.
40 West German Social Democrats Outline Possible Energy Changes. *Energy Review*, 28. Juli 1989.
41 Die Höhe der Steuereinnahmen ist vom Worldwatch Institute geschätzt nach Marland u. a., Estimates of CO_2 Emissions; DOE, EIA, *Monthly Energy Review,* März 1989; die vorgeschlagene Steuer von 5,65 Cent (etwa 10 Dpf.) pro Kilogramm Kohlenstoff würde die Stromerzeugung in konventionellen Kohlekraftwerken in den USA um 1,72 Cent je Kilowattstunde verteuern.
42 DOE, Budget Highlights, FY 1989. Washington, D.C., 1988; Christopher Flavin und Alan Durning, Building on Success: The Age of Energy Efficiency. Worldwatch Paper 82. Washington, D.C., 1988.
43 Flavin und Durning, Building on Success; Roger W. Sant u. a., Creating Abundance: America's Least Cost Energy Strategy. New York 1984.
44 David H. Moskowitz, Cutting the Nation's Electric Bill. Issues in Science and Technology, Frühjahr 1989; Presseerklärung von SESCO, West Springfield, Mass., vom 14. Februar 1989.
45 Howard S. Geller, Energy and Economic Saving from National Appliance Efficiency Standards. Washington, D.C., 1987; Flavin und Durning, Building on Success.
46 Lester R. Brown u. a., Global Handeln in: Zur Lage der Welt 89/90. Frankfurt/M., 1989.
47 Mark C. Trexler u. a., Forestry as a Response to Global Warming: An Analysis of the Guatemala Agroforestry and Carbon Sequestration Project. World Resources Institute, Juni 1989.
48 Ebd.; Vermeidungskosten vom Worldwatch Institute geschätzt nach Shepard Buchanan, Costs of Mitigating Greenhouse Effect for Generic Coal-, Oil-, and Gas-Fired Plants. Entwurf, Januar 1989.
49 World Bank, Bank Policy and Operational Options with Regard to Greenhouse Gases and Global Warming.
50 Postel und Heise, Reforesting the Earth; Houghton u. a., The Flux of Carbon; John Lancaster, House Votes to Limit Logging in Tongass Forest. *Washington Post,* 14. Juli 1989; Barry Johnstone und Mike Gismondi, A Forestry Boom in Alberta? *Probe Post*, Frühjahr 1989; Robert J. L. Hawke,

Speech by the Prime Minister: Launch of Statement on the Environment. 20. Juli 1989.

51 Schätzung des Worldwatch Institute nach einer persönlichen Mitteilung von Brad Karmen, USDA, 25. Oktober 1989, nach Brown u. a., Global Handeln, und nach einer persönlichen Mitteilung von Marland.

52 Robert Reinhold, Los Angeles Takes Step in Environmental Battle. *New York Times,* 12. Januar 1989; persönliche Mitteilung von Dona Chambers, 7. September 1989; persönliche Mitteilung von Karen Fedor, Washington, D.C., 8. August 1989.

53 Der Beitrag der FCKW zum Treibhauseffekt ist vom Worldwatch Institute geschätzt nach James E. Hansen u. a., Greenhouse Effect of Chlorofluorocarbons and Other Trace Gases. *Journal of Geophysical Research* (noch nicht veröffentlicht); The Ozonc Treaty: A Triumph for All. Undate from State. U.S. Department of State, Mai/Juni 1988; Marland u. a., Estimates of CO_2 Emissions; Cynthia Pollock Shea, Protecting Life on Earth: Steps to Save the Ozone Layer. Worldwatch Paper 87. Washington, D.C., 1988; The Ad Hoc Group on Global Environmental Problems, Japan's Activities to Cope with Global Environmental Problems. Environment Agency, Japan, Juni 1988; Houghton u. a., The Flux of Carbon; EPA, Policy Options.

54 Douglas Cogan, Stones in a Glass House: CFCs and Ozone Depletion. Washington, D.C., 1988; Pollock Shea, Protecting Life on Earth; NASA, Executive Summary of the Ozone Trends Panel. Washington, D.C., 15. März 1988.

55 Cogan, Stones in a Glass House.

56 Kara Swisher, 4 Big Firms Pledge to Cut Use of Ozone-Sapping CFCs. *Washington Post,* 8. August 1989; John Maggs, Nissan to Stop Using Chlorofluorocarbons. *Journal of Commerce,* 3. August 1989; Presseerklärung des norwegischen Umweltministeriums vom 28. April 1989; Anders Boeryd, Options for Constraining the Emissions of CO_2 in Sweden, Including the Role of Forestry Biomass, o. J.; Rede des niederländischen Umweltministers Ed H. T. M. Nijpels vor der Toronto-Konferenz vom 30. Juni 1988; Robert Reinhold, Frustrated by Global Ozone Fight, California City Offers Own Plan. *New York Times,* 19. Juli 1989; Helsinki Declaration on the Protection of the Ozone Layer. *International Environment Reporter,* Mai 1989; Craig P. Whitney, 80 Nations Favor Ban to Help Ozone. *New York Times,* 3. Mai 1989; UNEP, Decisions Adopted by the Government Council at Its Fifteenth Session. Nairobi, 25. Mai 1989.

57 More than 130 Bills on Climate Change Introduced in 1989

in State Legislatures. *World Climate Change Report,* Juli 1989; Niederländisches Umweltministerium, Highlights of the National Environmental Policy Plan, ohne Datum; National Environmental Policy Plan Issued, Deep Pollution Cuts Sought from Industries. *International Environment Reporter,* Juni 1989; persönliche Mitteilung des niederländischen Umweltministers Pier Vellinga, 28. August 1989; Presseerklärung des norwegischen Umweltministeriums; persönliche Mitteilung von Magnar Norderhaug, Norden, 1. September 1989; Boeryd, Options for Constraining Emissions in Sweden; House of Commons, Energy Implication of the Greenhouse Effect. London, Juli 1989; Unilateral Action Urged, *Nature,* 20. Juli 1989; United States, congressional legislation, S. 201, S. 324, S. 491, HR 1078; Bundesrepublik Deutschland, Background Information. Response Strategies Working Group, Intergovernmental Panel on Climate Change, Washington, D.C., 30. Januar–1. Februar 1989; persönliche Mitteilung von Tracy Bischoff, Bonn, 24. August 1989; California Energy Commission, The Impacts of Global Warming on California. Sacramento, Calif. 1989; Senate Bill 576, Enrolled, 65th Oregon Legislative Assembly – 1989 Regular Session; persönliche Mitteilung von Margie Durery, Salem, Ore., 1. September 1989; persönliche Mitteilung von George Hamilton, Montpelier, Vt., 6. September 1989.

58 National Energy Policy Act of 1989. S. 324, U.S. Senate, eingebracht von Senator Timothy Wirth, 14. März 1989; Global Warming Prevention Act. HR 1078, U.S. House of Representatives, eingebracht von Representative Claudine Schneider, 22. Februar 1989.

59 Niederländisches Umweltministerium, Highlights of the National Environmental Policy Plan; Presseerklärung des norwegischen Umweltministeriums; persönliche Mitteilung von Norderhaug; Boeryd, Options for Constraining Emissions in Sweden; Swedish CO_2 Ruling Begins to Bite. *European Energy Review,* 16. Juni 1989; Christine McGourty, Thatcher Hosts Symposium. *Nature,* 4. Mai 1989; Energy Committee, Energy Policy Implications; Background Information. Response Strategies Working Group; persönliche Mitteilung von Bischoff; Serge Schmeemann, Environmentalists and Socialists Gain in European Vote. *New York Times,* 19. Juni 1989; Coalition of Greens, Other Leftists Gains Slim Majority in EC Parliament. *International Environment Reporter,* Juli 1989.

60 U.S. Department of State, unklassifiziertes Telegramm vom 16. Mai 1989. Zusammenfassung der Untergruppen der

IPCC Response Strategies Working Group (8.–9. Mai) und des Lenkungsausschusses (10.–12. Mai); Department of State, unklassifiziertes Telegramm vom 6. Juli 1989. Zusammenfassung der Sitzung des Intergovernmental Panel on Climate Change (IPCC) in Nairobi, 28.–30. Juni 1989; Japan Reluctant on Early Control of Greenhouse Gas Emissions, Paper Reveals. *International Environment Reporter,* September 1989; Canadian Energy Ministers Fail to Agree on Reduction in Carbon Dioxide; Maumoon Abdul Gayoom, Rede vor der 42. Vollversammlung der Vereinten Nationen, New York, 19. Oktober 1987; Jane Rosen, Suddenly, Everyon's Talking About the Weather. *The Interdependent,* Herbst 1988.

61 Summit of the Arch, Economic Declaration.

62 UNEP/WMO Panel from 30 Countries; World Meteorological Organization (WMO), WMO/UNEP Intergovernmental Panel on Climate Change, Report of the First Session. Genf 1988.

63 Die Zielwerte beruhen auf persönlichen Mitteilungen von Marland und auf ERS, World Population.

64 Schätzungen des Worldwatch Institute nach persönlichen Mitteilungen von Marland, nach Houghton u. a., The Flux of Carbon, nach ERS, World Population, und nach BP, BP Statistical Review.

65 Prognosen des Worldwatch Institute nach persönlichen Mitteilungen von Marland und nach Houghton u. a., The Flux of Carbon; China's Problem: Economic Balance. *Oil and Gas Journal,* 22. August 1988.

66 Persönliche Mitteilung von Daniel Lashof, Washington, D.C., 11. September 1989; United Nations Secretariat, Long-Range Global Population Projections as Assessed in 1980. Population Bulletin of the United Nations. New York 1983.

67 Centre for Our Common Future, Background Information.

68 Julie VanDomelen, Power to Spare: The World Bank and Electricity Conservation. Washington, D.C., 1989; persönliche Mitteilung von Peter Miller, Washington, D.C., 6. September 1989; Barber Conable, Development and Environment: A Global Balance. Conference on Global Environment and Human Response Toward Sustainable Development, Tokio, 11. September 1989.

Sandra Postel

2. Landwirtschaft: Wasser sparen*

Mit der Zunahme der Weltbevölkerung von 1,6 auf über 5 Milliarden innerhalb der vergangenen neunzig Jahre gewann die Bewässerung immer größere Bedeutung für die Ernährung der Menschheit. Die höheren Erträge, die mit ihrer Hilfe erzielt wurden, erwiesen sich als unentbehrlich, um die Millionen Menschen zu ernähren, um die die Bevölkerung Jahr für Jahr wuchs.

»Im Weltdurchschnitt erreicht der Wirkungsgrad der Bewässerungssysteme kaum 40 Prozent.«

Inzwischen scheint die Bewässerung aber kaum noch in der Lage, die Erträge in den neunziger Jahren in einem ähnlichen Ausmaß in die Höhe zu treiben, wie es in den Jahrzehnten davor geschehen ist. Verschiedene Entwicklungen führen dazu, daß neue Flächen kaum noch erschlossen und vorhandene in ihrem Bestand dezimiert werden. Steigende Kosten für neue Projekte, eine Fülle ökologischer Probleme, ein ausgeprägtes Bewußtsein der sozialen und ökologischen Folgewirkungen großer Staudämme und regionaler Wassermangel setzen der landwirtschaftlichen Nutzung des Wassers enge Grenzen. Dazu kommt, daß

* Eine erweiterte Fassung dieses Kapitels ist erschienen als Worldwatch Paper 93, Water for Agriculture: Facing the Limits.

die Klimaveränderungen durch die zunehmende Konzentration der Treibhausgase einen Schatten auf die künftigen Wasservorräte werfen; im günstigsten Falle werden erhebliche Investitionen erforderlich sein, um die Grundlagen der Bewässerung diesen Veränderungen anzupassen.

Der sicherste Weg, dem Wassermangel zu begegnen und den ökologischen Preis der Bewässerung niedrig zu halten, besteht darin, von der gegenwärtigen Ver-

Tab. 2.1: Bewässerte Bruttofläche. Die 15 Länder mit dem weltweit höchsten Anteil 1986

Land	Bewässerte Bruttofläche[1]	Anteil der bewässerten Nutzfläche
	Tausend Hektar	Prozent
Indien	55 000	33
China	46 000	48
UdSSR	21 000	9
USA	19 000	10
Pakistan	16 000	77
Indonesien	7 300	34
Iran	5 800	39
Mexiko	5 300	21
Spanien	3 300	16
Türkei	3 300	12
Ägypten	3 200	100
Thailand	3 200	16
Italien	3 000	25
Japan	3 000	63
Rumänien	3 000	28
Andere	52 200	9
Welt	250 200	17

1 Die bewässerte Bruttofläche ist hier die Fläche, die mit Bewässerungsvorrichtungen ausgestattet ist; sie sagt nichts aus über die Nutzungsintensität.

Quellen: Die Zahlen zur Bewässerung: Persönliche Mitteilung durch W. Robert Rangeley, Washington, D.C., vom Juni 1989; Nutzflächen aus Food and Agriculture Organization, 1987 Production Yearbook. Rom 1988.

schwendungswirtschaft zu wirksameren und sozial gerechteren Nutzungsarten überzugehen. Heute nutzt die Landwirtschaft etwa 70 Prozent des weltweit verbrauchten Wassers. Ein großer Teil dieser riesigen Menge verrinnt nutzlos: Im Weltdurchschnitt erreicht der Wirkungsgrad der Bewässerungssysteme kaum 40 Prozent. Die Technik und das Wissen sind vorhanden, um diesen Wert erheblich zu verbessern; woran es fehlt, sind Anreize und politische Entscheidungen, die das Wassersparen fördern, anstatt es zu behindern.[1]

Das Ende einer Epoche?

Von 1900 bis zum Jahr 1950 verdoppelte sich die weltweit bewässerte Fläche auf fast 94 Millionen Hektar. Seitdem hat sich die Entwicklung weiter beschleunigt: Heute werden etwa 250 Millionen Hektar bewässert. Ein Drittel der Welternte stammt von den 17 Prozent der Anbaufläche, die bewässert werden *(Tab. 2.1)*. Viele Länder, wie China, Ägypten, Indien, Indonesien, Israel, Japan, Nord- und Südkorea, Pakistan und Peru, ernten mehr als die Hälfte ihrer heimischen Produktion auf solchen Flächen.[2]
Seit den späten siebziger Jahren verlangsamt sich die weitere Ausdehnung jedoch merklich. Während die bewässerte Nettofläche in den sechziger und siebziger Jahren im Jahr noch um 2,4 Prozent wuchs, liegt diese Rate seit 1979 durchschnittlich bei einem Prozent im Jahr – weit geringer als der Bevölkerungszuwachs. (Die bewässerte Nettofläche ist die Fläche, die in einem bestimmten Jahr tatsächlich bewässert wurde. Sie ist kleiner als die Bruttofläche.)[3]
Die bewässerte Fläche pro Kopf erreichte ihren Höchststand im Jahr 1978 mit 47,9 Hektar pro Tausend; sie fiel dann um 5,6 Prozent auf 45,2 Hektar im Jahr 1987 *(Abb. 2.1)*. Berechnungen der Welternäh-

rungsorganisation (FAO) zeigen, daß sich die bewässerte Fläche zwischen 1980 und 1987 weltweit nur um 16 Millionen Hektar vergrößert hat, im Durchschnitt also um 2,3 Millionen Hektar im Jahr; das entspricht ungefähr der Hälfte des Wertes der siebziger Jahre.[4]

In den vergangenen zehn Jahren ist die Kreditvergabe für Bewässerungsprojekte stark zurückgegangen. Zwischen 1977 und 1987 ist die Summe der Kredite, die die Weltbank und einige andere Kreditgeber an 23 betroffene Länder in Asien, Nordafrika und im Nahen Osten vergeben haben, real um 60 Prozent gesunken. Berücksichtigt man die Tatsache, daß Großprojekte oftmals eine Planungs- und Bauzeit von zehn Jahren oder mehr benötigen, ist mit einer schnellen Ausweitung der Bewässerung in den neunziger Jahren nicht zu rechnen.[5]

Ein weiterer Grund für das langsamere Wachstum liegt in der Tatsache, daß sich zusätzliche Bewässerungseinrichtungen wie Dämme, Reservoirs, Kanäle und Verteilungsnetze in vielen Ländern rapide verteuert haben, so daß diese Investitionen aus wirtschaftlichen Gründen kaum noch zu rechtfertigen sind. Die mit den geringsten Mitteln zu bewässernden Gebiete sind inzwischen erschlossen, neuere Projekte sind technisch schwieriger und damit auch teurer.

In Indien zum Beispiel haben sich die Kosten für großflächige Bewässerungsmaßnahmen zwischen 1950 und 1980 inflationsbereinigt mehr als verdoppelt. Heute liegen in China die Kapitalkosten für die Bewässerung eines Hektars bei 1500 Dollar und zwischen 1500 und 4000 Dollar in Indien, Indonesien, Pakistan, den Philippinen und Thailand. Für einige öffentliche Projekte in Brasilien steigen

Abb. 2.1: Weltweit bewässerte Fläche pro Kopf, 1950–1987 (netto)

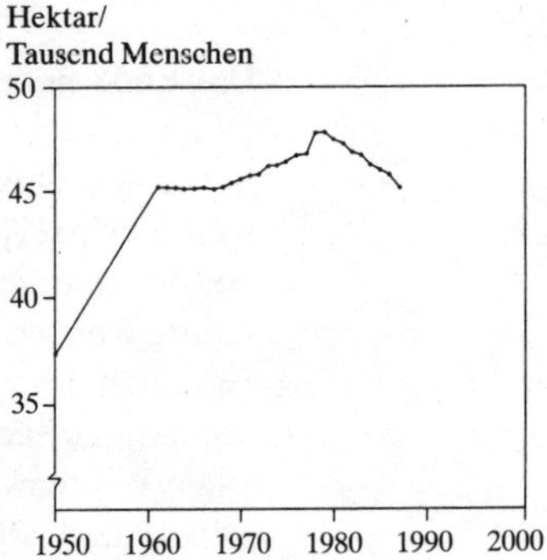

Quelle: Vereinte Nationen, FAO

sie auf 6000 Dollar, in Mexiko sogar auf 10 000 Dollar.[6]
Die höchsten Erschließungskosten entstehen aber in einigen Teilen Afrikas. Fehlende Straßen und sonstige Infrastruktur, die geringe Größe der bewässerbaren Landstücke, die wirtschaftlich zu betreibende Größenordnungen ausschließt, und die Tatsache, daß die Flüsse nur zu bestimmten Jahreszeiten Wasser führen, haben bei vielen Projekten die Kosten pro Hektar auf 10 000 bis 20 000 Dollar hochschnellen lassen, in einigen Fällen sogar noch höher. Solche Projekte werden nicht einmal dann wirtschaftlich, wenn hochwertige Produkte zweimal geerntet werden können. Es ist daher keine Überraschung, daß die Bewässerungsfläche in Afrika seit dem Jahr 1980 nur geringfügig zugenommen hat, obwohl nur 5 Prozent der Anbaufläche dieses Kontinents (außer Südafrika) bewässert werden.[7]

»In den vergangenen zehn Jahren ist die Kreditvergabe für Bewässerungsprojekte stark zurückgegangen.«

Die Schuldenlast, die viele Entwicklungsländer zu tragen haben, trübt die Aussichten noch weiter. In Mexiko ist die bewässerte Fläche zum Beispiel seit dem Jahr 1985 vorwiegend deshalb zurückgegangen, weil auf Grund der schlechten Wirtschaftslage Kapitalhilfen gekürzt wurden, auch auf Kosten der Erweiterung und Sanierung der Systeme. Amtliche Stellen in Brasilien sehen im schnellen Ausbau der Bewässerung einen entscheidenden Ansatz, um das Ziel einer umfassenderen Selbstversorgung mit Nahrungsmitteln zu erreichen. Betrachtet man aber die erforderlichen Investitionen, werden sie ihre ehrgeizigen Pläne für die neunziger Jahre kaum verwirklichen können.[8]
Angesichts steigender Kosten und sinkender öffentlicher Investitionen werden neue Bewässerungsvor-

haben, wenn sie denn verwirklicht werden, dem Anbau hochwertiger, vorwiegend für den Export bestimmter Produkte vorbehalten bleiben, anstatt der Versorgung mit Reis, Weizen oder anderen Grundnahrungsmitteln zu dienen. Dies gilt besonders dann, wenn die Regierungen nicht in der Lage sind, deren Anbau in großem Maße zu subventionieren. Wenn allerdings die Getreidepreise auf Grund schrumpfender Weltvorräte wieder ansteigen – was in den neunziger Jahren durchaus möglich erscheint *(Kapitel 3)* –, werden auch die Investitionen wieder aufgenommen. Die Armen, die am meisten unter der Nahrungsmittelknappheit leiden, werden jedoch kaum in der Lage sein, sich diese Lebensmittel zu leisten, die nur bei teurer Bewässerung gedeihen. Keines dieser Szenarien ist besonders ermutigend, wenn man davon ausgeht, daß der Hauptzweck der Bewässerung darin bestehen sollte, die Sicherheit in der Versorgung mit Nahrungsmitteln zu steigern.[9]

In überschaubarer Zukunft wird der Beitrag der Bewässerung eher in der Optimierung bestehender Systeme bestehen als in deren Erweiterung. In vielen der großen Systeme, die das Oberflächenwasser nutzen, erreicht weniger als die Hälfte des eingesetzten Wassers auch tatsächlich die Pflanzen. Ein Teil versickert in unbefestigten Kanälen, bevor es die Felder erreicht; ein anderer fließt ab oder sickert ungenutzt durch die Böden, weil die Bauern das Wasser ungleichmäßig, im Übermaß oder zur falschen Zeit einsetzen. Bei großen Anlagen in Asien liegt der typische Wirkungsgrad bei 30 Prozent. Glücklicherweise geht dieses Wasser nicht insgesamt verloren; vieles fließt in nahegelegene Flüsse oder sickert ins Grundwasser, so daß es wiederverwandt werden kann. Allerdings nimmt es auf seinem Weg Salze, Dünger und Pestizide auf, büßt also an Qualität ein und belastet die Entnahmestellen weiter flußabwärts.[10]

Mangelhafte Wartung hat dazu geführt, daß sich viele

Systeme in einem schlechten Zustand befinden und daß sich ihre Leistung noch weiter verringert. Im Laufe der Zeit verschlammen die Kanäle, wodurch sie anfälliger für Brüche werden; Abflüsse brechen ebenfalls oder werden umgeleitet, Salz konzentriert sich im Boden. In China zum Beispiel sind seit 1980 930 000 Hektar bewässertes Land stillgelegt worden, im Durchschnitt bedeutet dies einen Jahresverlust von 116 000 Hektar. In der Sowjetunion, dem drittgrößten Bewässerer der Welt, ist es ähnlich: Dort mußte die Bewässerung wegen mangelnder Funktionstüchtigkeit zwischen 1971 und 1985 auf 2,9 Millionen Hektar eingestellt werden – das entspricht einem Viertel der Fläche in den neu angelegten Bewässerungsprojekten.[11]

»Weltweit müssen schätzungsweise 150 Millionen Hektar, etwa 60 Prozent der gesamten bewässerten Fläche, in irgendeiner Form saniert werden, um funktionsfähig zu bleiben.«

Weltweit müssen schätzungsweise 150 Millionen Hektar, etwa 60 Prozent der gesamten bewässerten Fläche, in irgendeiner Form saniert werden, um funktionsfähig zu bleiben. Deshalb wird ein wachsender Anteil des verfügbaren Kapitals für die Sanierung bestehender Systeme aufgewandt werden müssen. Es ist zwar klug und notwendig, dies zu tun; die Mittel für neue Projekte werden sich aber entsprechend verringern.[12]

Weitere Gründe für die schlechte Bilanz der Bewässerung sind auch unzureichendes Management und Ungerechtigkeiten bei der Verteilung des Wassers. Im Rahmen einer Untersuchung in Pakistan stellte man zum Beispiel fest, daß die gewichteten Durchschnittserträge der bewässerten Weizen-, Reis- und Zuckerrohrfelder um 60 bis 70 Prozent unter den Spitzenerträgen einiger Bauern lagen. Diese Ertragslücke läßt sich weitgehend durch eine wenig effektive Bewirtschaftung der Wasservorräte und deren Folgen für andere Entscheidungen der Bauern erklären.[13]

Die mißliche Lage derjenigen Bauern, deren Land am Ende großer Kanäle liegt und die daher als letzte Wasser entnehmen müssen, unterstreicht die Folgen ineffizienter und ungerechter Verteilung. Üblicherweise nehmen die Bauern in den zuerst bewässerten Teilgebieten eines Projekts die Bewässerung schon auf, bevor die Kanäle und das Verteilungsnetz bis zum Ende fertiggestellt sind. Sie bauen dann Pflanzen mit hohem Wasserbedarf, etwa Reis oder Zuckerrohr, an und sichern sich dadurch einen Anspruch auf größere Wasserzuteilungen als ursprünglich für ihre Felder geplant. Da sie oft vermögend sind und über erheblichen politischen Einfluß verfügen, gelingt es ihnen in vielen Fällen, ihre Ansprüche auch nach der Fertigstellung des Projekts durchzusetzen. Die ärmeren Bauern, die am Ende der Leitungen liegen, erhalten dann nicht mehr genügend Wasser für ihre Felder.

»Jedes Jahr werden weltweit 3300 Kubikkilometer – das Sechsfache des jährlichen Mississippidurchflusses – den Flüssen, Strömen und den Grundwasserreservoirs entnommen, um Felder zu bewässern.«

Diese Faktoren tragen dazu bei, daß große Teile der Bewässerung überall auf der Welt schlecht genutzt werden, daß die Erträge weit hinter den Möglichkeiten zurückbleiben und daß die Maßnahmen in vielen Fällen die Nahrungsmittel- und Einkommenssicherheit der armen Landbevölkerung nicht steigern, obwohl gerade sie am dringendsten darauf angewiesen wäre. Trotzdem hat – bei allen Einschränkungen – die Bewässerung in vielen Gegenden den Hunger gelindert und die Ernährung verbessert.

Der ökologische Preis

Jedes Jahr werden weltweit 3300 Kubikkilometer – das Sechsfache des jährlichen Mississippidurchflusses – den Flüssen, Strömen und den Grundwasserreservoirs entnommen, um Felder zu bewässern. In diesem Umfang hat die Bewässerung tiefgreifende Folgen für den Wasserhaushalt und das bewässerte Ackerland. Die Höhe des ökologischen Preises, der dafür zu zahlen ist, ist in den letzten Jahren deutlich geworden: Durchnäßte und versalzte Böden, verfallende und vergiftete Wasseradern, schrumpfende Seen und Binnenmeere und die Zerstörung von Feuchtbiotopen summieren sich und lassen so den Preis stark ansteigen.[14]

Die am weitesten verbreitete Schadensart entsteht durch Durchnässung und Versalzung in der Folge schlechter Bewirtschaftung. Ohne eine angemessene Drainage lassen die Durchsickerungen aus den unbefestigten Kanälen und die Überwässerung das Grundwasser ansteigen, bis schließlich die Wurzelzone durchnäßt, die Pflanzen von der Sauerstoffzufuhr abgeschnitten und am Wachstum gehindert werden. Bei trockenem Klima hinterläßt die bodennahe Verdunstung eine giftige Salzschicht, die ebenfalls die Erträge schmälert und im schlimmsten Fall die Pflanzen abtötet.

Aber auch die Bewässerung selbst führt dem Boden Salze zu, von denen selbst im besten Wasser 200–500 ppm (Teile pro Million) enthalten sind. (Zum Vergleich: Meerwasser hat einen Salzgehalt von ungefähr 35 000 ppm; Wasser mit weniger als 1000 ppm gilt als Süßwasser; der empfohlene Grenzwert für Trinkwasser liegt in den Vereinigten Staaten bei 500 ppm.) Die Bewässerung eines Hektars mit 10 000 Kubikmetern Wasser, einer einigermaßen typischen Menge, führt dem Boden also 2 bis 5 Tonnen Salz im Jahr zu. Wenn es nicht ausgewaschen wird, kann es sich innerhalb

weniger Jahrzehnte zu enormen Mengen summieren und dem Land schweren Schaden zufügen.
Niemand weiß genau, wie groß die von der Versalzung betroffene Fläche ist. Schätzungen für die fünf größten Bewässerungsländer zeigen jedoch, daß diese Erscheinung so verbreitet ist, daß sie die Erträge weltweit beeinträchtigt. In Indien trifft dies für etwa 20 Millionen Hektar zu; dazu kommen weitere 7 Millionen Hektar, die als salziges Ödland aufgegeben worden sind. In China gibt es ungefähr 7 Millionen Hektar salziges oder alkalisches Land, in Pakistan 3,2 Millionen Hektar. Es wird geschätzt, daß die zunehmende Salzkonzentration in den USA die Ernteergebnisse auf etwa 25–30 Prozent des bewässerten Landes schmälert. In der UdSSR trifft die Versalzung etwa 2,5 Millionen Hektar, vorwiegend in den bewässerten Wüsten Mittelasiens. Wenn der Anteil der weltweit bewässerten Fläche genauso groß ist wie in den genannten Ländern, beeinträchtigt die Versalzung die Ernten weltweit auf 24 Prozent der bewässerten Fläche *(Tab. 2.2)*.
Weitere schwer betroffene Gebiete befinden sich in Afghanistan, im Becken von Euphrat und Tigris in Syrien und dem Irak sowie in der Türkei. In Ägypten, wo das gesamte Ackerland bewässert wird, ist die Hälfte des Landes versalzt genug, um verringerte Erträge zu erbringen. Man schätzt, daß die Versalzung die Erträge Mexikos jährlich in einer Größenordnung reduziert, die einer Million Tonnen Getreide entspricht – eine Menge, mit der sich 5 Millionen Menschen ernähren können, ungefähr ein Viertel der Einwohner von Mexiko City.[15]
Im Westen der Vereinigten Staaten haben übermäßige Bewässerung und mangelhafte Drainage eine Reihe weiterer Probleme ausgelöst. Dort haben Wissenschaftler die erschreckende Häufigkeit von Tod, grotesken Mißbildungen und Fortpflanzungsstörungen bei Fischen und anderen wildlebenden Tieren mit

kontaminiertem Wasser aus der landwirtschaftlichen Drainage in Verbindung gebracht. Seit 1985 haben sich bei intensiven Nachforschungen in dem gesamten betroffenen Gebiet an 22 verschiedenen Stellen tödliche oder doch potentiell gefährliche Konzentrationen von Selen gefunden.[16]

Menschen und einige Tiere brauchen Selen, ein natürliches Element, in sehr geringen Mengen; in höheren Dosen ist es hochgiftig. Die Bewässerung hat in einigen Jahrzehnten mehr Selen und andere gefährliche Chemikalien aus dem Boden gewaschen als der Regen in mehreren Jahrhunderten. Gespeichert in

Tab. 2.2: Salzschäden an bewässertem Land in den fünf Hauptbewässerungsländern und Hochrechnung auf die weltweiten Schäden, Mitte der achtziger Jahre

Land	Schadensfläche	Anteil des geschädigten Landes
	Millionen Hektar	Prozent
Indien	20,0	36
China	7,0	15
USA	5,2	27
Pakistan	3,2	20
UdSSR	2,5	12
Summe	37,9	24
Welt[1]	60,2	24

1 Berechnungsgrundlage ist hier, daß der Anteil der geschädigten Fläche an den übrigen bewässerten Flächen genauso groß ist wie in den fünf Hauptbewässerungsländern.

Quellen: D. R. Bhumbla und Arvind Khare, Estimate of Wastelands in India. Society for Promotion of Wastelands Development. Neu-Delhi o. J.; Ministry of Water Resources and Electric Power, Irrigation and Drainage in China. Peking 1987; Zahlen für die USA: Persönliche Mitteilung durch James Rhoades, Riverside, Calif., vom 1. September 1989; für Pakistan aus Ministry of Food and Agriculture, Report of the National Commission on Agriculture. Islamabad 1988; für die UdSSR: Persönliche Mitteilung durch Philip Micklin, Kalamazoo, Mich., vom 13. Oktober 1989.

Teichen oder Tümpeln, die im Sommer verdunsten, oder von den Äckern in Kanäle oder Flüsse abgeleitet, ist dieses giftige Abwasser zu einer ernsten Bedrohung für die wildlebenden Tiere im amerikanischen Westen geworden – möglicherweise aber auch für die Menschen.

»In weiten Teilen der Welt zeigt das Absinken des Grundwasserspiegels an, daß die Wasserentnahme die Auffüllungen übersteigt.«

Die Kosten für mögliche Lösungen des Bewässerungsproblems, wie etwa die Entgiftung durch Bodenmikroben, mechanische Filtrierung oder chemische Behandlung, schwanken allein für Kalifornien zwischen 30 und mehr als 100 Millionen Dollar im Jahr – für einen unbestimmten Zeitraum. Angesichts des Preises und der hohen ökologischen Risiken scheint es wahrscheinlich, daß einige der bewässerten Flächen in den Vereinigten Staaten in den nächsten zehn Jahren stillgelegt werden.[17]

Die Belastung von Land und Wasser durch Salze und giftige Chemikalien ist nur ein Indikator für die ökologische Unverträglichkeit der Bewässerung. In weiten Teilen der Welt zeigt das Absinken des Grundwasserspiegels an, daß die Wasserentnahme die Auffüllungen übersteigt. Ein weiteres Absinken zwingt dazu, das Wasser an die Oberfläche zu pumpen; dadurch kann es dazu kommen, daß die Bewässerung aus Kostengründen eingestellt werden muß, oder aber, daß einige Wasseradern austrocknen. In beiden Fällen muß das Land zeitweilig oder dauerhaft stillgelegt werden.

In den Vereinigten Staaten werden mehr als 4 Millionen Hektar – knapp ein Fünftel der bewässerten Fläche – durch eine übermäßige Grundwasserentnahme bewässert. In der Mitte der achtziger Jahre hatte der Raubbau in Texas, Kalifornien, Kansas und Nebraska, bedeutende Zentren der Landwirtschaft, besonders schwere Formen angenommen. In Texas fiel der Grundwasserspiegel unter einer Fläche von 1,54 Millionen Hektar oder 72 Prozent der bewässerten Fläche dieses Bundesstaates um mindestens 15 Zentimeter im Jahr. In den siebziger und frühen achtziger Jahren kamen der fallende Grundwasserspiegel, hohe Energiekosten und niedrige Rohstoffpreise zusammen, so daß große Teile des bewässerten Landes stillgelegt werden mußten. Die Gesamtfläche nahm in Texas zwischen 1974, dem Höchststand, und 1987 um 30 Prozent ab.[18]

Die gegenwärtigen jährlichen Schwankungen der bewässerten Fläche in den Vereinigten Staaten hat mehr mit den Nahrungsmittelpreisen und der Landwirtschaftspolitik der jeweiligen Regierung zu tun als mit der Verfügbarkeit oder den Kosten des Wassers. Tatsächlich brachte das Jahr 1989 den höchsten Stand seit 1982, wobei die höchsten Zuwachsraten auf den Südosten entfielen. Die Ausbeutung des Grundwassers läßt sich aber nicht unbegrenzt fortsetzen. Die 4 Millionen Hektar, die heute zum Schaden der Umwelt bewässert werden, müssen eines Tages aus der Bewässerung herausgenommen werden, wenn die Bauern die Entnahme nicht auf ein ausgewogenes Maß reduzieren.[19]

»In den Vereinigten Staaten werden mehr als 4 Millionen Hektar – knapp ein Fünftel der bewässerten Fläche – durch eine übermäßige Grundwasserentnahme bewässert.«

Bis heute liegt noch nirgends eine Bestandsaufnahme der Grundwasserausbeutung vor, obwohl die Lage auch in anderen Ländern ernst ist, so zum Beispiel in Indien und China, zwei der drei anderen Hauptnahrungsmittelproduzenten. In einigen Gebieten der nordchinesischen Ebene, einer bedeutenden Weizenanbauregion, fällt der Grundwasserspiegel um bis zu einem Meter im Jahr. In einigen Teilen des südindischen Bundesstaates Tamil Nadu wurde soviel Grundwasser gefördert, daß der Grundwasserspiegel dort innerhalb eines Jahrzehnts um 25 bis 30 Meter fiel; in dem westlichen Bundesstaat Gujarat ist nach übermäßiger Bewässerung in den Küstenregionen Salzwasser in die Grundwasserreservoirs eingedrungen und hat die Trinkwasservorräte vieler Dörfer ungenießbar gemacht.[20]

Die Anzeichen dafür, daß die Bewässerung die ökologischen Grenzen überschreitet, sind auch an Flüssen, Bächen und Seen nicht mehr zu übersehen. Bei weitem das dramatischste Beispiel dafür ist das Schrumpfen des Aral-Sees in den zentralasiatischen Republiken der Sowjetunion. In dieser Region werden 95 Prozent der gesamten Baumwollernte des Landes eingebracht, ein Drittel der Obsternte, ein Viertel der Gemüse- und 40 Prozent der Reisernte.[21]

Abb. 2.2: Wasserentnahme (1963–1987) und Fläche des Aral-Sees (1960–1985)

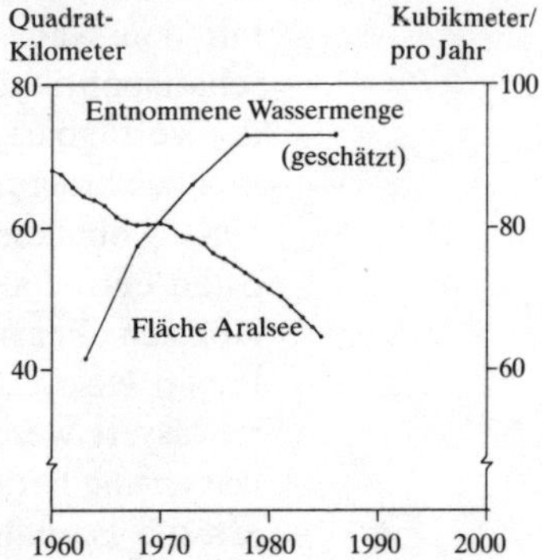

Quelle: Micklin, Vol'ftsun u. a.

Wegen des trockenen Klimas müssen 90 Prozent der kultivierten Fläche in diesen Sowjetrepubliken bewässert werden. Mit der Ausweitung der Produktion in den sechziger und siebziger Jahren wurden immer größere Wassermengen aus den beiden größten Flüssen der Region entnommen, dem Amu-Darja und dem Syr-Darja, den einzigen Quellen, aus denen der Aral-See sich speist, von vereinzelten Niederschlägen abgesehen. Bis zum Jahr 1980 waren die Wassermengen in den Unterläufen dieser Flüsse zu einem Rinnsal verkommen; der See war merklich geschrumpft *(Abb. 2.2)*.[22]

Nach Angaben von Philip Micklin von der Western Michigan University, einem Fachmann für Fragen der sowjetischen Wasserwirtschaft, ist die Fläche des Aral-Sees seit 1960 um mehr als 40 Prozent geschrumpft, hat der Inhalt um zwei Drittel ab- und der Salzgehalt um das Dreifache zugenommen. Alle heimischen Fischarten sind verschwunden, und die Fischerei hat kaum noch eine wirtschaftliche Grundlage. Der Wind nimmt das Salz vom trockenen Seeboden auf und verteilt jährlich 43 Millionen Tonnen davon auf das umliegende Ackerland; die Ernten werden dementsprechend geschädigt. Micklin warnt davor, daß der Aral-See – einst der viertgrößte Süßwassersee der Welt – bis zum Ende dieses Jahrzehnts »aus einem großen südlichen Teil mit einem Salzgehalt über dem Niveau der Ozeane und einigen kleinen Salzseen im Norden bestehen könnte«, wenn nicht korrigierend eingegriffen wird.[23]

Die Rettung des Aral-Sees, und sei es in verkleinerter Form, nimmt heute in der Sowjetunion einen hohen Stellenwert ein. Ein lange gehegter Plan, Wasser aus den nordwärts fließenden sibirischen Flüssen südwestlich nach Zentralasien umzuleiten, ist zumindest auf absehbare Zeit zurückgestellt worden; die ökologischen Risiken und die enormen Kosten von 45 bis 100 Milliarden Rubel haben sich als zu hoch erwiesen.[24]

Die amtlichen Stellen hoffen, daß eine Kürzung des Wasserverbrauchs in der Landwirtschaft ausreichen wird, um den See zu retten. In einer Verordnung vom September 1988 legte das Zentralkomitee der Kommunistischen Partei seine Strategie dar, nach der der durchschnittliche Zufluß in den See bis zum Jahr 2005 auf das Dreifache der durchschnittlichen Werte der achtziger Jahre angehoben werden soll. Dies soll vorwiegend dadurch geschehen, daß der Wirkungsgrad der Bewässerungssysteme gesteigert wird. Die Kosten dafür können ohne weiteres 30 Milliarden Rubel erreichen; ob die Investitionen sich auszahlen, wird man abwarten müssen. Es ist nicht auszuschließen, daß in einigen der fruchtbaren zentralasiatischen Anbaugebiete die Bewässerung eingestellt werden muß, um weitere ökologische Verwüstungen zu verhindern.[25]

Diese sichtbaren ökologischen Schäden durch groß angelegte Bewässerung haben einen entschlossenen Widerstand gegen den Bau neuer Staudämme und Umleitungsprojekte selbst in der Dritten Welt mit sich gebracht, wo der Erschließung von Wasservorkommen immer noch eine hohe Priorität zukommt.

In Afrika, wie auch anderswo, überschätzen die Planer oft die Vorteile von Großprojekten und unterschätzen deren soziale und ökologische Kosten. Der Entwicklungsanthropologe Thayer Scudder weist darauf hin, daß große Bewässerungsvorhaben dazu neigen, einer kleinen Minderheit zu nutzen, während sie andererseits die am Ort vorhandenen Produktionssysteme zerstören, von denen die ärmere Mehrheit leben muß. Nach der Vollendung des Kainji-Dammes in Nigeria fielen dort die Ergebnisse des Fischfangs und die Ernten in der Trockenzeit aus der traditionellen, die natürlichen Überflutungen einbeziehenden Landwirtschaft um mehr als die Hälfte. Ähnlich verhielt es sich nach der Inbetriebnahme des Bakolori-Dammes. Als auch noch der nahegelegene Taiga-Damm fertiggestellt war, fielen die Ernten sogar hinter das Ergebnis der katastrophalen Dürre der frühen siebziger Jahre zurück.[26]

»Die Rettung des Aral-Sees, und sei es in verkleinerter Form, nimmt heute in der Sowjetunion einen hohen Stellenwert ein.«

In den Vereinigten Staaten, wo die Zeit der Dammbauten im großen und ganzen beendet ist und wo es in vielen Flußniederungen schon zuviel Wasser gibt, konzentriert sich die Sorge auf den Verlust frei fließender Flüsse, die Zerstörung der Fischerei durch die geringeren Durchflußmengen und die Schäden an den davon betroffenen Biotopen. Um natürliche Ökosysteme wiederherzustellen und zu bewahren, kann es auch erforderlich sein, der Landwirtschaft, dem bei weitem größten Verbraucher im Westen, Wasser zu entziehen.

»Um natürliche Ökosysteme wiederherzustellen und zu bewahren, kann es auch erforderlich sein, der Landwirtschaft, dem bei weitem größten Verbraucher im Westen, Wasser zu entziehen.«

Das geschärfte Umweltbewußtsein kann die Verlängerung vieler Bewässerungsverträge in den USA scheitern lassen, von denen Hunderte in den nächsten Jahrzehnten auslaufen. Die Umweltbehörde der Vereinigten Staaten, unterstützt vom Rat für Umweltqualität, legt Wert darauf, daß zumindest bei der Verlängerung einiger dieser Verträge eine Umweltverträglichkeitsprüfung entsprechend den einschlägigen Gesetzen durchgeführt wird. Wenn tatsächlich sorgfältige Untersuchungen verlangt werden, werden die Farmer mit einiger Sicherheit gezwungen sein, die Schäden an der Natur, den Böden und die toxischen Belastungen im allgemeinen zu verringern; diese Schritte können, wenn sie sich als zu teuer erweisen, dazu führen, daß noch mehr Land von der Bewässerung ausgenommen werden muß.[27]

Mangel, Wettbewerb und Konflikt

In vielen Teilen Nord- und Ostafrikas befinden sich die wachsenden Bevölkerungszahlen auf Konfliktkurs mit den knappen Wasservorräten *(Tab. 2.3)*. Der schwedische Wasserwirtschaftler Malin Falkenmark hat festgestellt, daß die Wasserversorgung einer Region immer dann knapp wird, wenn sich die erneuerbaren Vorräte einer Untergrenze von 2000 Kubikmetern pro Kopf ihrer Bewohner und Jahr nähern. Bis zum Ende der neunziger Jahre werden sechs der

sieben ostafrikanischen und alle fünf nordafrikanischen Mittelmeeranrainer diese Grenze unterschreiten. Sechs dieser Länder werden dann sogar nicht einmal 1000 Kubikmeter pro Person entnehmen können. Ganz Nordafrika außer Marokko importiert die Hälfte oder mehr seines Getreides. Unter den Bedingungen einer solchen Wasserknappheit kann es sich durchaus als unmöglich erweisen, die Selbstversorgung mit Nahrungsmitteln zu verbessern und den Haushaltsbedarf einer Bevölkerung zu decken, die im Durchschnitt jedes Jahr um drei Prozent wächst.[28]
Wegen der spärlichen Niederschläge ist Ägypten das extreme Beispiel für das Dilemma der Region. Seine 55 Millionen Einwohner sind fast vollständig vom Wasser des Nil abhängig, dessen Quellen außerhalb der Landesgrenzen liegen. Die gesamte landwirtschaftliche Fläche muß bewässert werden. Die Bevölkerung nimmt alle acht Monate um eine Million zu; der Bedarf an Trinkwasser und Lebensmitteln steigt rapide. Innerhalb eines Jahrzehnts wird der Bedarf die gesicherten Vorräte überschreiten.[29]
Das Problem verschlimmert sich dadurch, daß der Wasserstand des Nil in Zeiten geringer Niederschläge erheblich zurückgehen kann. Im Sommer des Jahres 1988, nach einer mehrjährigen Dürre in seinem Einzugsgebiet, fiel er auf den niedrigsten Stand seit hundert Jahren. Seitdem sind die Vorräte durch reichliche Niederschläge zwar wieder aufgefüllt, möglicherweise jedoch nur für kurze Zeit, denn der Nil weist in jedem Jahrhundert immer wieder Zeiten niedrigen Wasserstandes auf: Wenn diese geringere Wasserzufuhr auf einen erhöhten Bedarf trifft, könnte dies der Beginn chronischen Wassermangels sein.[30]
Am anderen Ufer des Suez-Kanals ist die Lage nicht weniger ernst. Israel, Jordanien und Syrien beziehen ihr Wasser zum größten Teil aus dem Jordanbecken. Israel nutzt heute schon 95 Prozent der erreichbaren erneuerbaren Vorräte, nachdem es die bewässerte

Tab. 2.3: Wassermangel in ausgewählten Ländern und Regionen

Land/Region	Tatbestand
Nord- und Ostafrika	Zehn Länder werden sehr wahrscheinlich bis zum Jahr 2000 unter erheblicher Wasserknappheit leiden; Ägypten, schon heute an der Grenze angekommen, verliert möglicherweise lebenswichtige Wasserzufuhr aus dem Nil, weil die Länder am Oberlauf die Quellgebiete des Nil erschließen.
China	Fünfzig Städte leiden unter akutem Mangel; der Grundwasserspiegel unter Peking fällt jedes Jahr um 1–2 Meter; die Bauern in der Region können 30–40 Prozent ihres Wassers an Haushalts- und industrielle Verbraucher verlieren.
Indien	Mehrere zehntausend Dörfer in ganz Indien leiden unter Wassermangel; Pläne für eine Umleitung des Brahmaputra steigern die Furcht Bangladeschs vor Wassermangel; große Teile Neu Delhis bekommen nur für einige Stunden täglich Wasser.
Mexiko	Die Förderung von Grundwasser in Teilgebieten des Tales von Mexiko City überschreitet die Wiederauffüllung um 40 Prozent und verursacht Bodenabsenkungen; es ist kaum noch möglich, mehr frisches Wasser heranzuführen.
Naher Osten	Weil erwartet wird, daß Israel, Jordanien und die West Bank bis zum Jahr 1995 alle erneuerbaren Quellen erschlossen haben werden, droht Wassermangel; Syrien kann lebenswichtige Vorräte verlieren, wenn der gewaltige Atatürk-Staudamm im Jahr 1992 fertiggestellt ist.
Sowjetunion	Die Ausbeutung der Flüsse hat das Volumen des Aral-Sees seit 1960 um zwei Drittel zurückgehen lassen; Bewässerungspläne sind zurückgeschraubt worden; hohe Arbeitslosigkeit und immer schlechtere Lebensbedingungen haben Zehntausende gezwungen, das Gebiet zu verlassen.
Vereinigte Staaten	Ein Fünftel der gesamten bewässerten Fläche wird durch die Förderung von Grundwasser versorgt; knapp die Hälfte der Flüsse im Westen wird im Übermaß genutzt; um ihre Vorräte aufzubessern, kaufen einige Städte den Farmern Wasserrechte ab.

Quelle: Worldwatch Institute, auf der Grundlage verschiedener Quellen.

Fläche seit 1948 um das Sechsfache erweitert hat. Die Weltbank sagt voraus, daß der Bedarf in Israel, Jordanien und Syrien innerhalb von sechs Jahren alle erneuerbaren Wasservorräte übersteigen wird, wenn der Verbrauch unverändert bleibt. Sowohl Israel als auch Jordanien können sich bald vor die politisch schwierige Lage gestellt sehen, der Landwirtschaft Wasser vorenthalten zu müssen, um den wachsenden Haushalts- und Industriebedarf zu decken.[31]

Der Wettbewerb um das Wasser verschärft sich auch in China, wo Dutzende von Städten schon mit akuter Knappheit zu kämpfen haben. Der Grundwasserspiegel unter der Hauptstadt fällt jedes Jahr um 1 bis 2 Meter; es wird berichtet, daß ein Drittel der Quellen schon versiegt sind.[32]

Die meisten Reservoirs in der nordchinesischen Ebene werden bereits angezapft; trotzdem nimmt der Bedarf weiterhin rapide zu. Eine Umschichtung des Wasserverbrauchs von der Landwirtschaft in die Städte ist vielleicht der einzige Weg, den Wasserhaushalt des Landes wieder auszugleichen. Eine Untersuchung für das Gebiet von Peking weist darauf hin, daß die Bauern dort innerhalb der nächsten zehn Jahre 30–40 Prozent der zur Zeit genutzten Menge einbüßen können. In trockenen Jahren bekommen dies einige Bauern heute schon zu spüren: Als der Wasserstand in den zwei größten Reservoirs von Peking im Jahr 1985 ein Rekordtief erreichte, wurde die Versorgung derjenigen Bauern, die kein Gemüse anbauten, eingestellt.[33]

In bestimmten Gegenden der westlichen Vereinigten Staaten, einer Region, die ohnehin nicht reichlich mit Wasser ausgestattet ist, entziehen die großen Städte der Landwirtschaft das Wasser; sie sind sogar bereit, Prämien zu zahlen, um ihr weiteres Wachstum zu sichern.

Wenn sich den Landwirten die Möglichkeit eröffnet, mehr Geld dadurch zu verdienen, daß sie ihr Wasser an eine benachbarte Stadt verkaufen, als durch die Bewässerung von Baumwolle oder Alfalfa, bringt die Umschichtung des Wasserverbrauchs von der Landwirtschaft in die Stadt sogar wirtschaftlichen Nutzen. Wenn die Stadt außerdem noch davon abgehalten wird, einen weiteren Fluß einzudämmen, kann auch die Umwelt davon profitieren.

Eine zu große Zahl solcher Geschäfte kann natürlich die Nahrungsmittelproduktion gefährden. Allerdings verlangen auch nicht alle dieser Land/Stadt-Transfers eine dauernde Umwidmung der Wasserrechte. Der »Metropolitan Water District of Southern California« (MWD) – Wassergroßhändler für etwa die Hälfte der 28 Millionen Einwohner des Bundesstaates – hat sich damit einverstanden erklärt, Wassersparprojekte im benachbarten »Imperial Irrigation District« zu finanzieren; im Austausch dafür erhält er die 123 Millionen Kubikmeter, die als Einsparung aus den Projekten erwartet werden. Die jährlichen Kosten für einen Kubikmeter sind mit etwa 10 Cents weit niedriger, als sie für die günstigste Erschließung neuer Vorkommen wären. Auf diese Weise wird die Versorgung von 800 000 Menschen sichergestellt; landwirtschaftliche Flächen werden nicht stillgelegt, und die Bewässerungsrechte werden nicht tatsächlich verkauft.[34]

»Als der Wasserstand in den zwei größten Reservoirs von Peking im Jahr 1985 ein Rekordtief erreichte, wurde die Versorgung derjenigen Bauern, die kein Gemüse anbauten, eingestellt.«

Das andere Extrem stellen einige Transaktionen in Arizona dar, wo Tucson, Phoenix und andere wachsende Städte zum sogenannten »water-ranching« übergegangen sind. Die Gesetze dieses Bundesstaates machen es schwierig, Wasserrechte unabhängig vom Landbesitz zu erwerben; schon heute sind deswegen etwa 121 400 Hektar Nutzfläche stillgelegt. In Pima County, auf dessen Gebiet Tucson liegt, rechnet

man damit, daß es bis zum Jahr 2020 keine Bewässerung mehr in der Landwirtschaft geben wird.[35]
Das Ausmaß, in dem solche Verkäufe zur Verringerung der bewässerten Fläche beitragen, hängt zum einen davon ab, wie prekär die Lage der Städte wird, und zum anderen davon, ob die Farmer ihr Land stilllegen oder es sparsamer bewässern. Unabhängig davon aber, ob die Vermarktung vorangetrieben wird oder nicht, wird die Landwirtschaft Opfer bringen müssen, wenn sich der Wasserverbrauch seinen natürlichen Grenzen nähert; der Wert des Wassers ist in der Landwirtschaft fast stets geringer zu veranschlagen als bei anderen Nutzungsarten. In China haben Planer zum Beispiel errechnet, daß dieselbe Menge Wasser in der Industrie das Sechzigfache der Wertschöpfung ermöglicht, die in der Landwirtschaft zu erzielen ist.[36]

»Wachsendes Umweltbewußtsein kann ebenfalls den Wettbewerb um das landwirtschaftlich genutzte Wasser verschärfen.«

Wachsendes Umweltbewußtsein kann ebenfalls den Wettbewerb um das landwirtschaftlich genutzte Wasser verschärfen. Nach dem »Prinzip der vorrangigen Nutzung«, das die Wasserzuteilung im Westen der Vereinigten Staaten beherrscht, wurden Wasserrechte nur dann vergeben, wenn die Wasserentnahme einem gemeinnützigen Zweck diente. In früheren Zeiten erfüllte die Verwendung für landwirtschaftliche, industrielle und Haushaltszwecke dieses Kriterium; keine Rechte wurden dagegen für das im Fluß verbleibende Wasser vergeben, etwa zum Schutz des Lebensraums für Fische und andere wildlebende Tiere, für Wildwasserpassagen oder andere ökologische und ästhetische Werte. Erst in den letzten Jahren sind alle westlichen Bundesstaaten außer New Mexico dazu übergegangen, dies zu ändern. Die meisten von ihnen haben diese Funktionen als gemeinnützigen Zweck in ihre Gesetze aufgenommen; in einigen Fällen haben sie staatliche Stellen ermächtigt, Wasserrechte aus Privatbesitz aufzukaufen, um die Wasserführung der Flüsse zu erhöhen.[37]

Wasser und Treibhauseffekt

Wie ein Einwegfilter lassen die Treibhausgase die Sonnenenergie die Atmosphäre passieren, um dann die langwellige Strahlung zurückzuhalten. Da sich diese Gase durch menschliche Aktivitäten ständig vermehren, wird sich die untere Atmosphäre erwärmen, wodurch sich wiederum der Wasserkreislauf – der Weg des Wassers zwischen See, Luft und Land – beschleunigen wird. Niederschlag und Verdunstung, die sich im Wasserhaushalt der Erde gegenseitig die Waage halten, werden sich wahrscheinlich bei einer Verdoppelung der Treibhausgase gegenüber dem vorindustriellen Niveau um 7–15 Prozent erhöhen. Die Temperaturen werden fast überall ansteigen, in den gemäßigten und polaren Zonen allerdings etwas mehr als in den Tropen; die Niederschläge werden in einigen Gegenden zu- und in anderen abnehmen.[38]
Die Abflußmenge, das entscheidende Maß für die erneuerbaren Wasservorräte einer bestimmten Region, entspricht der Differenz zwischen der durch Niederschläge zugeführten und durch Verdunstung wieder entzogenen Wassermenge. Neben der Temperatur und den Niederschlägen wird die weltweite Erwärmung auch die Winde, die Feuchtigkeit und die Wolkenbedeckung – bestimmende Faktoren für die Verdunstung – verändern und damit auch die Abflußmengen.
Ein großer Teil der – begrenzten – Forschungen, die unternommen worden sind, um die Auswirkungen der globalen Erwärmung auf regionale Wasservorräte

zu untersuchen, hat sich auf den Westen der Vereinigten Staaten konzentriert, ein Gebiet mit bedeutender landwirtschaftlicher Produktion, das in hohem Maße von künstlicher Bewässerung abhängig ist. Weite Teile des Westens beziehen ihr Wasser hauptsächlich aus der Schneeschmelze. Die Schneedecke des Hochgebirges fungiert als wirksamer Speicher, da sie ihre Vorräte nach und nach im Frühling freisetzt.

Die Landwirtschaft im Westen ist darauf angewiesen, daß das Wasser zur richtigen Zeit zur Verfügung steht – während der Wachstumsperioden im Frühling und Sommer. Dazu kommt, daß die zahlreichen Staubekken, die der Strom- und Wasserversorgung sowie dem Schutz vor Überschwemmungen dienen, in der Annahme entworfen wurden, daß die historisch bekannten Abflußmuster bestehen bleiben würden. Jede Veränderung in diesem Muster erschwert die Bewirtschaftung und kostet Milliarden, sei es auf Grund von Überschwemmungsschäden, geringerer Stromausbeute bis hin zu ernsten Engpässen im Sommer, oder sei es wegen des Baus neuer Staubecken oder anderer Maßnahmen, die getroffen werden müssen, um solche Konsequenzen zu vermeiden.[39]

Die Wissenschaftler Peter Gleick vom »Pacific Institute for Studies in Development, Environment, and Security« und John Schaake, Hydrologe beim Nationalen Wetterdienst, haben gezeigt, daß der wahrscheinliche Temperaturanstieg die zeitliche Abfolge des Wasserabflusses im Westen dramatisch verändern wird. Schaake hat Veränderungen am Animas River in Durango, Colorado, untersucht und kommt zu dem Ergebnis, daß ein Anstieg um zwei Grad Celsius bei gleichbleibenden Niederschlägen kaum Veränderungen in der jährlichen Gesamtabflußmenge zur Folge hätte. Jahreszeitlich würden sich jedoch große Verschiebungen ergeben, weil die Schneedecke im Winter geringer ausfällt und der Schnee schneller schmilzt.[40]

Schaakes Modell zeigt, daß sich die durchschnittliche Abflußmenge von Januar bis März um 85 Prozent erhöhen würde, während sie in den entscheidenden Monaten Juli bis September um 40 Prozent sinken würde. Verschiebungen dieses Ausmaßes erhöhen das Risiko winterlicher Überschwemmungen, erfordern kostspielige Kompromisse zwischen Energiegewinnung und Wasserversorgung und führen zu Mangel im heißen, trockenen Sommer, wenn die Nachfrage in der Landwirtschaft und den Städten besonders groß ist.[41]

»Die Landwirtschaft im Westen ist darauf angewiesen, daß das Wasser zur richtigen Zeit zur Verfügung steht – während der Wachstumsperioden im Frühling und Sommer.«

Um die Auswirkungen für die gesamte westliche Region besser beurteilen zu können, haben die Wissenschaftler Roger Revelle und Paul Waggoner die Folgen eines Temperaturanstiegs um 2 Grad Celsius und einer 10prozentigen Zunahme der Niederschläge für sieben Flußniederungen untersucht. Sie stellten dabei fest, daß die Wasservorräte in jeder der sieben Niederungen um 40–76 Prozent zurückgehen würden. In vier Fällen, am oberen und unteren Colorado, am Missouri und am Rio Grande, ist eine ernste Verknappung wahrscheinlich. Da der Wassermangel der Landwirtschaft schon heute Probleme bereitet, ist damit zu rechnen, daß eine weitere Reduzierung der verfügbaren Vorräte die Schwierigkeiten noch vergrößert. Um die klimatisch bedingten Veränderungen im Wasserhaushalt in diesen sieben Gebieten wieder ins Gleichgewicht zu bringen, kann es erforderlich werden, bis zu 4,6 Millionen Hektar aus der Bewässerung herauszunehmen – fast ein Viertel der gesamten bewässerten Fläche in den USA.[42]

Wenn es im Westen der Vereinigten Staaten nicht mehr genug Wasser gibt, um die Bewässerung auszuweiten, werden die Flächen wahrscheinlich stillgelegt, die für eine gewinnbringende Produktion zusätzliches Wasser zwar brauchen, es aber nicht bekommen können. Eine Hochrechnung von den Wissenschaftlern Dean Peterson und Andrew Keller geht davon aus, daß die kultivierte Fläche im Westen um 24 Prozent, 15 oder 31 Prozent, je nach den zugrundegelegten Annahmen, zurückgehen wird.[43]

»Es scheint aus vielerlei Gründen plausibel, daß die klimatischen Veränderungen der kommenden Jahrzehnte ein zusätzliches Hemmnis bei der Ausdehnung der Bewässerung darstellen werden.«

Die Folgen der Erwärmung für die Wasservorräte und die Bewässerung sind für andere Regionen noch nicht so genau untersucht worden. Es scheint aus vielerlei Gründen plausibel, daß die klimatischen Veränderungen der kommenden Jahrzehnte ein zusätzliches Hemmnis bei der Ausdehnung der Bewässerung darstellen werden.

»Wahrscheinlich ist die Annahme eher vorsichtig, daß fünf Prozent der weltweit bewässerten Flächen so sehr unter Wassermangel leiden werden, daß die Landwirte oder die Regierungen sie stillegen müssen.«

Wahrscheinlich ist die Annahme eher vorsichtig, daß fünf Prozent der weltweit bewässerten Flächen so sehr unter Wassermangel leiden werden, daß die Landwirte oder die Regierungen sie stillegen müssen. Die Weltanbaufläche würde sich dadurch um 13 Millionen Hektar verringern. Bei der heutigen Ausdehnungsrate würde es fünf Jahre dauern, um diese Verluste wiedergutzumachen. Hinzu kommt, daß der Bau von Staudämmen, Kanälen und anderen Einrichtungen der Infrastruktur Investitionen im Wert von 26 bis 52 Milliarden Dollar erfordern würde *(Tab. 2.4)*.

Tab. 2.4: Anpassung der Bewässung an die weltweiten Klimaveränderungen

Anpassungsmaßnahme	Betroffene Fläche	Geschätzte Investitionen[1]
	Millionen Hektar	Milliarden Dollar
Aufgabe von 5 Prozent der derzeit weltweit bewässerten Fläche auf Grund von Veränderungen der Abflußmengen	13	26–52
Ausdehnung der Bewässerung auf bisher natürlich bewässerte Anbauflächen zur Kompensation verstärkter Verdunstung	60	120–240
Summe	73	146–292

1 Bei einer Schwankungsbreite von 2000 bis 4000 Dollar pro Hektar; in einigen Gegenden können die Kosten deutlich darüber liegen. Zukünftige Kosten wurden nicht diskontiert.

Quelle: Worldwatch Institute

Zusätzlich werden einige der Anbauflächen, die heute noch ausreichend durch den Regen bewässert werden, in Zukunft künstlich bewässert werden müssen, um die höheren Verdunstungsverluste auszugleichen, die bei den höheren Temperaturen zwangsläufig auftreten. Peterson und Keller haben sich den Osten der Vereinigten Staaten näher angesehen, eine Region, die bisher fast ohne Bewässerung auskommt, und sind zu dem Schluß gekommen, daß dort ein erheblicher Bewässerungsbedarf entstehen könnte.

Fünf Prozent der natürlich bewässerten Anbauflächen entsprechen einem zusätzlichen Bewässerungsbedarf von 60 Millionen Hektar, wenn sie in Zukunft künstlich bewässert werden müssen, um wirtschaftlich genutzt werden zu können. Dadurch würden die Investitionen um weitere 120 bis 240 Milliarden Dollar steigen und die Gesamtsumme auf 150 bis 300 Milliarden erhöhen.[44]

Als positiver Aspekt sei erwähnt, daß einige der heute bewässerten Gebiete von erhöhten Niederschlägen und den dadurch vergrößerten Wasservorräten profitieren können. Einige Modelle deuten für Indien auf eine solche Entwicklung hin, wo die Bewässerung zur Zeit durch den Wassermangel erheblich eingeschränkt ist. Die zusätzlichen Abflußmengen könnten einigen bisher künstlich bewässerten Landstrichen zu einer optimalen Wasserversorgung verhelfen und so die Erträge vergrößern. Wenn die größeren Wassermengen allerdings in der Form stärkerer Monsunregen in Erscheinung treten, wie einige Modelle auch zeigen, könnten sie sich eher als Fluch denn als Segen erweisen. Anstatt die Bodenfeuchtigkeit zu steigern und die Vorräte aufzufüllen, würden sie dann nämlich als katastrophale Fluten auftreten.[45]

Alles in allem scheint es, daß die künstliche Bewässerung angesichts der klimatischen Veränderungen der nächsten 20 bis 30 Jahre kaum in der Lage sein wird, die Ernten soweit zu sichern und die Erträge soweit zu steigern, wie es sich die Welt erhofft. Das Mißverhältnis zwischen den Gebieten, die mehr Wasser brauchen, und denen, die es tatsächlich bekommen, könnte auf absehbare Zeit den Beitrag der Bewässerung zur Versorgung mit Nahrungsmitteln in engen Grenzen halten.

Strategien für die neunziger Jahre

Die Wasserversorgung so zu sichern, daß sie dazu beiträgt, den weltweit wachsenden Bedarf an Nahrungsmitteln auf umweltverträgliche Weise zu decken, wird nicht einfach sein. Die verlangsamte Ausweitung der Bewässerung, zunehmende Umweltschäden durch die Nutzung des Wassers, sich zuspitzender Mangel in bestimmten Regionen und die Aussicht auf die Klimaveränderungen addieren sich, um so den Wasserverbrauch für die Nahrungsmittelproduktion sehr

stark einzuschränken. Sie deuten auch auf die Notwendigkeit neuer, differenzierter Strategien bei der landwirtschaftlichen Nutzung des Wassers hin.
Zum großen Teil sind die weitverbreitete Übernutzung und schlechte Bewirtschaftung in der Landwirtschaft darauf zurückzuführen, daß es nirgends gelungen ist, einen angemessenen Wasserpreis zu ermitteln. Bewässerungssysteme werden oft von öffentlichen Stellen errichtet, betrieben und instandgehalten, die so gut wie nichts für ihre Dienstleistungen berechnen. Die Gebühren zum Beispiel, die die Bauern in Pakistan zahlen müssen, decken die Kosten der Regierung gerade zu 13 Prozent; in fast allen Ländern der Dritten Welt machen die Einnahmen im Durchschnitt kaum mehr als 10 bis 20 Prozent der Gesamtkosten aus. Diese unzureichenden Einnahmen berauben die Behörden der Mittel, die sie brauchen, um Kanäle und andere Infrastruktureinrichtungen instandzuhalten.[46]

»Alles in allem scheint es, daß die künstliche Bewässerung angesichts der klimatischen Veränderungen der nächsten 20 bis 30 Jahre kaum in der Lage sein wird, die Ernten soweit zu sichern und die Erträge soweit zu steigern, wie es sich die Welt erhofft.«

Eine Gebührenreform ist auch in den Vereinigten Staaten dringend geboten. Das »Federal Bureau of Reclamation« versorgt etwa ein Viertel des im Westen bewässerten Landes, mehr als 4 Millionen Hektar, auf der Grundlage langfristiger Verträge – meistens mit einer Laufzeit von vierzig Jahren – zu hochsubventionierten Priesen. Die Bauern, die von dem riesigen Central-Valley-Projekt profitiert haben, mußten im Laufe der vergangenen vierzig Jahre gerade 5 Prozent der Kosten zurückzahlen: 50 von 931 Millionen Dollar. Diese Preispolitik ist der Grund dafür, daß fast ein Drittel des von der Behörde verwalteten Wassers benutzt wird, um Wiesen (für das Heu), andere geringwertige Futterpflanzen und Weiden zu bewässern, obwohl viele höherwertige Nutzungsarten dringend auf zusätzliches Wasser angewiesen sind.[47]

Erst wenn sich die Preise an der Knappheit des Wassers orientieren und die Kosten für den Wasserbezug ansteigen oder wenn die Regierung Nutzungsvorschriften erläßt, werden die Bauern dazu übergehen, diese Ressource vorsichtiger einzusetzen. Bewässerer in Israel, der Sowjetunion und in Texas haben bewiesen, daß sich die Wirksamkeit ihrer Systeme durch die Anwendung moderner Technik und besserer Bewirtschaftungsmethoden deutlich steigern läßt. So ging bei einigen texanischen Farmern die durchschnittlich je Hektar aufgebrachte Wassermenge zwischen 1974 und 1987 durch den Einsatz moderner Techniken und andere Sparmaßnahmen um 28 Prozent zurück. In der UdSSR hat die Modernisierung von Bewässerungssystemen seit 1971 eine Verringerung der pro Hektar eingesetzten Menge um 30 Prozent mit sich gebracht.[48]

In vielen Entwicklungsländern ist die Erhöhung der Leistungsfähigkeit der Kanäle die Hauptvoraussetzung, um die Ernteerträge der Obergrenze ihres Potentials näherzubringen. Die Beteiligung der Bauern bei der Anlage, dem Betrieb und der Verwaltung der Bewässerungsnetze, aber auch Flexibilität bei der Planung der Wasserzufuhr, sind wichtige Schritte auf diesem Weg. Untersuchungen auf den Philippinen zeigen zum Beispiel, daß die aktive Teilnahme der Bauern an der Planung und Bewirtschaftung der Projekte dazu führt, daß die Kanäle und die sonstige Infrastruktur besser funktionieren, daß die tatsächlich bewässerte Fläche größer ist und die Reiserträge steigen.[49]

In den Dörfern kann schon eine verstärkte Hinwendung zu einer kleiner dimensionierten Bewässerung und zu verbesserten Techniken bei der Nutzung des

Regenwassers viel zur Steigerung der Ernten beitragen; sie macht auch den Bau neuer und teurer Staudämme mit ihren sozialen und ökologischen Kosten überflüssig. Kleinere Projekte sind dezentralisiert angelegt; sie konzentrieren sich darauf, das Wasser dort zu nutzen, wo es anfällt, so daß es nicht über weite Entfernungen herangeschafft werden muß. In andere Entwicklungsziele integriert, helfen sie außerdem, die Selbstsicherheit der Dorfbewohner zu steigern; wegen ihrer größeren Flexibilität neigen sie außerdem dazu, sich den Bedürfnissen der Bauern schnell anzupassen.[50]

»In vielen Entwicklungsländern ist die Erhöhung der Leistungsfähigkeit der Kanäle die Hauptvoraussetzung, um die Ernteerträge der Obergrenze ihres Potentials näherzubringen.«

Einfache Techniken, die darauf abzielen, die Bodenfeuchtigkeit in der Wurzelzone der Pflanzen zu steigern, können die Erträge merklich verbessern und die Produktion auf eine verläßlichere Grundlage stellen. So können die Bauern zum Beispiel kleinere Erd- und Steindämme bauen, um das ablaufende Wasser an Bergabhängen aufzufangen und es dann auf ihre Felder weiterzuleiten. Ähnliche Verfahren erlaubten es antiken Kulturen, Wohlstand zu entwickeln, obwohl im Jahresdurchschnitt nicht mehr als 100 Millimeter Regen fielen.

Wenn auch solche eher schlichten Techniken nur selten dieselbe öffentliche Resonanz finden wie ein neu erbauter, großer Staudamm, erfüllen sie doch ihren Zweck. Im indischen Karnataka beruht zum Beispiel ein Projekt zur Sanierung eines Flußeinzugsgebietes, das mit 600 000 Hektar fast ein Drittel der dort kultivierten Fläche umfaßt, auf einfachen Techniken zur Steigerung der Bodenfeuchtigkeit. Die Anbaudichte hat sich dort verdoppelt.[51]

Eine Analyse des Environmental Defense Fund in

Washington, D.C., weist nach, daß sich die Bewässerungsleistung des riesigen Sardar-Sarovar-Staudamms im Westen Indiens genauso gut durch den Verbund einer Reihe einfacher und bewährter Techniken erzielen ließe. Selbst die kostspieligsten dieser einfachen Techniken verursachen weniger als die Hälfte der Kosten, die bei der Bewässerung durch den Staudamm entstehen. Abgesehen davon, daß diese Alternativen weniger kosten, ist der Kreis derer, denen die Bewässerung Nutzen bringt, größer; dazu kommt, daß die Bauzeit kürzer ist, die Bauern einen direkteren Zugang zu ihren Wasservorräten haben und daß der örtliche Arbeitsmarkt belebt wird. Die indische Regierung und die Weltbank, die den Sardar-Sarovar-Damm mitfinanziert hat, sollten sich diese Techniken einmal genauer ansehen.[52]

»In Afrika stellt sich die Frage, ›Bewässerung zu welchem Zweck und für wen?‹ in besonderer Schärfe.«

Neben der direkten Finanzierung einer größeren Anzahl von Kleinprojekten können die Entwicklungsorganisationen einen weiteren Beitrag zur Förderung der Privatinitiative leisten, indem sie den kleinen Landbesitzern den Zugang zu Krediten erleichtern und das Handwerk unterstützen, damit es die erforderlichen Werkzeuge und Ausrüstungsgegenstände herstellen kann. In Bangladesch ist die fortschrittliche Grameen Bank dabei, hundert Brunnen aufzukaufen, für deren Erwerb sie dann kleinen Gruppen von jeweils fünf Bauern die Kredite zur Verfügung stellt. Der »International Agricultural Development Fond«, eine Organisation der Vereinten Nationen mit einer eindrucksvollen Erfolgsbilanz, ist eine der internationalen Instanzen, die sich verstärkt den kleinen, von den Bauern selbst verwalteten Projekten zuwenden. Nach den Erfahrungen des Fonds sind sie »wirtschaftlicher, leichter zu handhaben und kommen gezielt den Armen zugute«.[53]

In Afrika stellt sich die Frage »Bewässerung zu welchem Zweck und für wen?« in besonderer Schärfe. In vielen Regionen dieses Kontinents wird sie nämlich nie dieselben Wunder bewirken wie in Asien. Wasser und entsprechendes Land sind zu knapp, die Erschließungskosten zu hoch. Bisher sind Bewässerungsmaßnahmen vorwiegend dort durchgeführt worden, wo der Anbau bestimmter hochwertiger Erzeugnisse für den Export oder den Verbrauch in den Städten gesteigert werden sollte; der Anbau von Grundnahrungsmitteln hat jedoch kaum davon profitiert.[54]

In den nächsten Jahrzehnten dürften solche Projekte, die die herkömmlichen landwirtschaftlichen Methoden ergänzen, anstatt sie zu verdrängen, am ehesten dazu geeignet sein, die Bewässerung produktiv einzusetzen. Die afrikanische Landwirtschaft ist nämlich mehr darauf ausgerichtet, das Risiko von Mißernten in schlechten Jahren gering zu halten, als darauf, in guten Jahren besonders hohe Erträge zu erzielen. Für viele Bauern bedeutet die vollständige Abhängigkeit von der Bewässerung aber ein Risiko, weil die Versorgung mit Ersatzteilen oder mit der notwendigen Energie nicht unbedingt gewährleistet ist. Da zudem, außer in Ägypten und im Sudan, eine großflächige Bewässerung den meisten afrikanischen Kulturen fremd ist, hat sie eher Entfremdung als Nutzen bewirkt.[55]

Im Tal des Senegalflusses findet zur Zeit ein beachtenswerter Versuch zur Integration moderner wasserwirtschaftlicher Methoden und traditioneller Landwirtschaft statt. Die dort praktizierte Methode besteht darin, die Aussaat in den Flußebenen unmittelbar nach dem Rückgang der jahreszeitlichen Überschwemmungen vorzunehmen. Die Produktivität dieser Methode kann – ohne nennenswerte ökologische

Beeinträchtigungen, zu vertretbaren Kosten und ohne die mit der Einführung eines umfassenden Bewässerungssystems oft verbundenen Störungen der örtlichen Traditionen – dadurch gesteigert werden, daß man kontrollierte Überschwemmungen auslöst; einige Fachleute meinen, daß die Erträge auf diese Art und Weise um das Zwei- bis Dreifache gesteigert werden können.

»Die Sanierung entwaldeter Flußeinzugsgebiete bedarf dringend verstärkter internationaler Unterstützung. Besonders in den tropischen Ländern fließt ein großer Anteil potentiell nutzbaren Wassers ungenutzt ab und verursacht durch große Überschwemmungen erhebliche Schäden.«

Der Manantali-Staudamm soll für diesen Zweck mindestens solange genutzt werden, bis das Bewässerungssystem voll ausgebaut ist. Die erste Überflutung fand im September 1988 statt. Es ist geplant, das Verfahren bis zum Jahr 1993 fortzusetzen; wenn es sich als erfolgreich erweist und ausreichend hohe Erträge bringt, könnte der Staudamm auf Dauer dafür genutzt werden.[56]

Die Sanierung entwaldeter Flußeinzugsgebiete bedarf dringend verstärkter internationaler Unterstützung. Besonders in den tropischen Ländern fließt ein großer Anteil potentiell nutzbaren Wassers ungenutzt ab und verursacht durch große Überschwemmungen erhebliche Schäden. Die Wiederaufforstung dieser bergigen Gebiete trägt dazu bei, die Abflußgeschwindigkeit zu verringern, die Wasseraufnahme des Bodens zu steigern. Dadurch werden die Grundwasservorräte weiter flußabwärts so vergrößert, daß sie in der Trockenzeit genutzt werden können. Besondere Bedeutung gewinnt die Wiederaufforstung für den Fall, daß der tropische Monsun in Zukunft noch heftigere Formen annimmt als heute, wie es manche Klimamodelle voraussagen.

Wenn frisches Wasser immer knapper wird und immer größere Mengen von der landwirtschaftlichen in städtische Nutzung übergehen, wird sich zwangsläufig der Einsatz aufbereiteter städtischer Abwässer für die Bewässerung ausdehnen. Dabei werden dem Land wertvolle Nährstoffe zugeführt, die dann nicht mehr in Flüsse oder Seen eingeleitet werden müssen, wo sie erheblichen Schaden anrichten. Bei gründlicher Aufbereitung und sorgfältiger Auswahl der Einsatzmöglichkeiten kann sich diese Praxis als sehr nutzbringend erweisen.

Israel, dem keine neu erschließbaren Vorräte mehr zur Verfügung stehen, nutzt heute 35 Prozent der städtischen Abwässer vorwiegend für die Bewässerung: 15 000 Hektar, auf denen vorwiegend Baumwolle angebaut wird, werden auf diese Art bewässert. Bis zum Ende der neunziger Jahre soll diese Menge auf 80 Prozent gesteigert werden.[57]

»Die Umwandlung der Landwirtschaft in einen wasserschonenden und dennoch hochproduktiven Wirtschaftszweig ist eine ungeheure Aufgabe.«

Eine relativ kostengünstige Art, sich angesichts der zu erwartenden klimatischen Veränderungen gegen zukünftigen Wassermangel abzusichern, ist die Unterstützung internationaler landwirtschaftlicher Forschungseinrichtungen bei der Entwicklung neuer Pflanzensorten. Salztolerante, trockenheitsresistente Pflanzen mit einem geringen Wasserbedarf können für eine ausreichende Versorgung der Menschheit eine lebenswichtige Rolle spielen *(Kapitel 3)*. Einige Forschungsergebnisse deuten an, daß sich die Salztoleranz von Weizen erheblich steigern läßt. Dieses wichtige Getreide könnte also auch noch auf salzigen Böden angebaut werden, auf denen andere verbreitete Nutzpflanzen nicht mehr gedeihen.[58]

Salicornia, eine Sukkulente, verträgt die Bewässerung mit Meerwasser und ist möglicherweise geeignet, in wasserarmen Gebieten herkömmliche Futterpflanzen zu ersetzen. Ihre Ölausbeute bleibt kaum hinter der von Sojabohnen zurück; bis zu einem Anteil von zehn Prozent kann sie dem Futter von Rindern, Schafen und anderem Vieh beigemischt werden. Die Entwicklung neuer Sorten ist sehr zeitaufwendig. Eine verstärkte Förderung kann sich aber in den kommenden Jahrzehnten als außerordentlich gewinnbringend erweisen.[59]

Für die Wasserprobleme der Landwirtschaft gibt es keine schnelle Lösung – eher ist das Gegenteil der Fall: Die Umwandlung der Landwirtschaft in einen wasserschonenden und dennoch hochproduktiven Wirtschaftszweig ist eine ungeheure Aufgabe. Der Weg ist weit, bis die unterschiedlichen neuen Techniken der Wassernutzung soweit verbreitet sind, daß sie eine Gefährdung der Nahrungsmittelversorgung erfolgreich verhindern können. Dies kann nur gelingen, wenn sie durch eine angemessene Preispolitik und den Markt, durch Verordnungen und die internationalen Entwicklungsorganisationen gefördert werden.

Anmerkungen zu Kapitel 2

1 Sandra Postel, Water: Rethinking Management in an Age of Scarcity. Worldwatch Paper 62. Washington, D.C., 1984; W. Robert Rangeley, Irrigation and Drainage in the World, in Wayne R. Jordan, Hrsg., Water and Water Policy in World Food Supplies. College Station, Tex., 1987.

2 Rangeley, Irrigation and Drainage in the World; U.N. Food and Agriculture Organization (FAO), FAO Production Yearbook, 1987. Rom 1988.

3 FAO, FAO Production Yearbook, 1988. Rom 1989, unveröffentlicht.

4 Ebd.; United Nations, World Population Prospects. New York 1989.

5 G. Levine u. a., Irrigation in Asia and the Near East in the

1990s: Problems and Prospects. U.S. Agency for International Development. August 1988.

6 Die Angaben zu Indien aus Mark Svendsen, Sources of Future Growth in Indian Irrigated Agriculture. Planning Workshop on Policy Related Issues in Indian Irrigation, Ootacamund, Tamil Nadu, 26. bis 28. April 1988; zu China: Persönliche Mitteilung durch Daniel Gunaratnum, Washington, D.C., vom 20. Juni 1989; ergänzende Zahlen und Schätzwerte für Mexiko aus Robert Repetto, Skimming the Water: Rent-Seeking and the Performance of Public Irrigation Systems. Washington, D.C., 1986; zu China: Persönliche Mitteilung durch Jean-Louis Ginnsz, Weltbank, vom 7. Juni 1989; s. auch Rangeley, Irrigation and Drainage in the World; Montague Yudelman, Sustainable and Equitable Development in Irrigated Environments, in H. Jeffrey Leonard u. a., Environment And the Poor: Development Strategies for a Common Agenda. New Brunswick, N.J., 1989.

7 Rangeley, Irrigation and Drainage in the World; Thayer Scudder, Conservation Vs. Development: River Basin Projects in Africa. *Environment*, März 1989; FAO, Consultation on Irrigation in Africa. Rom 1987.

8 Persönliche Mitteilung durch Hubertus von Pogrell, Washington, D.C., vom 19. Mai 1989; persönliche Mitteilung durch Ginnsz; Yudelman, Sustainable and Equitable Development.

9 Zur Frage steigender Preise und schwindender Vorräte s. Lester R. Brown, The Changing World Food Prospect. The Nineties and Beyond. Worldwatch Paper 85. Washington, D.C., 1988.

10 Rangeley, Irrigation and Drainage in the World.

11 Li Zhuoyan und Gao Jin'an, Neglect of Water Project Hurts Farmland. *China Daily,* 10. März 1989; U.S. Department of Agriculture (USDA), Economic Research Service (ERS), USSR: Agriculture and Trade Report. Washington, D.C., 1989.

12 Zahlenangabe aus M. E. Jensen u. a., Irrigation Trends in World Agriculture, in B. A. Stewart und D. R. Nielsen, Hrsg., Irrigation of Agricultural Crops. Madison, Wisc. (In Vorbereitung)

13 Manzur Ahmad, Water as a Constraint to World Food Supplies in Jordan, Water and Water Policy.

14 Der Schätzung liegt eine bewässerte Nettofläche (nach FAO) von 227 Millionen Hektar zugrunde; der Wasserverbrauch wird auf durchschnittlich 11 400 Kubikmeter je Hektar geschätzt und mit dem Faktor 1,3 multipliziert, um Lei-

tungs- und Lagerverluste mit einzubeziehen. Dies führt zu dem Ergebnis von 3364 Kubikkilometern.

15 Yudelman, Sustainable and Equitable Development.

16 Tom Harris, A Valley Filled with Selenium. *Sacramento Bee,* 16. Juli 1989.

17 Harris, A Valley Filled with Selenium; National Research Council, Irrigation-Induced Water Quality Problems: What Can Be Learned from the San Joaquin Valley Experience. Washington, D.C., 1989; San Joaquin Valley Drainage Program, Preliminary Planning Alternatives for Solving Agricultural Drainage and Drainage-Related Problems in the San Joaquin Valley. Sacramento, Calif., 1989.

18 Clifford Dickason, Improved Estimates of Groundwater Mining Acreage. *Journal of Soil and Water Conservation,* Mai/Juni 1988; persönliche Mitteilung durch Clifford Dickason, Washington, D.C., vom 19. Oktober 1989, und durch Comer Tuck, Austin, Tex., vom 14. September 1989.

19 Advance Census Reports Show Irrigation Rebound. *Agricultural Outlook,* Mai 1989.

20 James Nickum und John Dickson, Environmental Problems and Economic Modernization, in Charles E. Morrison und Robert F. Dernberger, Focus: China in the Reform Era. Honolulu 1989; zu Tamil Nadu s. Carl Widstrand, Hrsg., Water Conflicts and Research Priorities. Elmsford, N.Y., 1980; Raj. Chengappa, India's Water Crisis. *India Today,* 31. Mai 1986, auszugsweise nachgedruckt in: *World Press Review,* August 1986.

21 Philip P. Micklin, The Water Management Crisis in Soviet Central Asia. National Council for Soviet and East European Research, Washington, D.C., 1989.

22 Micklin, The Water Management Crisis in Soviet Central Asia; zur Datengrundlage von *Abb. 2.2* s. auch I. B. Vol'ftsun u. a., Concerning the Changes in the Structure of the Use of River Flow in the Irrigated Zone of the Amu-Dar'ya and Syr-Dar'ya Basins. *Vodnyje Resursy,* Nr. 3, 1988; persönliche Mitteilung durch Philip P. Micklin vom 6. Juni 1989 über die Schätzung für das Jahr 1987.

23 Micklin, The Water Management Crisis in Soviet Central Asia; Philip P. Micklin, Desiccation of the Aral Sea: A Water Management Disaster in the Soviet Union. *Science,* 2. September 1988; persönliche Mitteilung durch Philip P. Micklin vom 23. Oktober 1989.

24 Micklin, The Water Management Crisis in Soviet Central Asia; persönliche Mitteilung zur Kostenschätzung durch Philip P. Micklin vom 23. Oktober 1989.

25 Judith Perera, Kremlin Moves to Save the Aral Sea. *New*

Scientist, 26. November 1988; Micklin, The Water Management Crisis in Soviet Central Asia; persönliche Mitteilung der Kostenschätzung durch Philip P. Micklin vom 23. Oktober 1989.

26 Scudder, River Basin Projects in Africa.

27 Council on Environmental Quality. Executive Office of the President, Findings and Recommendations on a Referral from the Environmental Protection Agency Concerning the Proposal by the Department of the Interior's Bureau of Reclamation to Renew Long-Term Water Contracts for the Orange Cove and Other Friant Union Irrigation Districts of the Central Valley Project in California. Washington, D.C., 1989; Natural Resources Defense Council, Environmentalists and Fishing Groups Announce Law Suit to Block Federal Water Contracts. 21. Dezember 1988; Federal Irrigation Contracts Debated. *U.S. Water News*, August 1989; Calif. Contract Renewal Sets Precedent for Federal Leases. *U.S. Water News*, Mai 1989.

28 Die sechs ostafrikanischen Länder sind Burundi, Äthiopien, Kenia, Ruanda, Somalia und Tansania; Malin Falkenmark, The Massive Water Scarcity Now Threatening Africa – Why Isn't it Being Adressed? *Ambio,* Vol. 18, No. 2, 1989; Getreideimporte aus USDA, Foreign Agricultural Service (FAS), World Rice Reference Tables. Washington, D.C., Juli 1988, unveröffentlicht; USDA, FAS, World Wheat and Coarse Grains Reference Tables. Washington, D.C., August 1988, unveröffentlicht.

29 Joyce R. Starr und Daniel C. Stoll, U.S. Foreign Policy on Water Resources in the Middle East. Washington, D.C., 1987; Joyce R. Starr und Daniel C. Stoll, Hrsg., The Politics of Scarcity: Water in the Middle East. Boulder, Colo., 1988; Bevölkerungszahl berechnet nach Population Reference Bureau, 1989 World Population Data Sheet. Washington, D.C., 1989.

30 U.S. Agency for International Development (AID), Office of Irrigation and Land Development, Irrigation Briefing Paper, Kairo, April 1987; U.S. AID, Agricultural Resources Directorate, Agricultural Briefing Paper. Kairo, Dezember 1988; Joyce R. Starr, Global Water Scarcity: The Middle East as a Case Study. U.S. House of Representatives, 28. Februar 1989.

31 Starr und Stoll, U.S. Foreign Policy on Water Resources; Starr und Stoll, Politics of Scarcity; Alan Cowell, Next Flashpoint in Middle East: Water. *New York Times,* 16. April 1989; Prognose der Weltbank in Starr, Global Water Scarcity: The Middle East as a Case Study.

32 James E. Nickum, Beijing's Rural Water Use. East-West Center North China Project, Honolulu, März 1987; The Chinese Research Team for Water Resources Policy and Management in Beijing-Tianjin Region of China, Report on Water Resources Policy and Management for the Beijing-Tianjin Region of China. Peking 1987; Water Rules Tightened; Fines Levied. *China Daily,* 18. Mai 1989; Li Hong, Beijing Set to Tackle Water Thirst. *China Daily,* 17. Oktober 1989.

33 Chinese Research Team for Water Resources Policy and Management in Beijing-Tianjin Region, Report on Water Resources Policy; Nickum und Dixon, Environmental Problems and Economic Modernization; Nickum, Beijing's Rural Water Use.

34 Conservation and Drought Strategies. *Water Market Update*, Dezember 1988.

35 Elizabeth Checchio, Water Farming: The Promise and Problems of Water Transfers in Arizona. Tucson, Ariz., 1988; Arizona Cooperative Extension Service, Extension Project Plan: Reclamation of Retired Farmland. Tucson, Ariz., 1986.

36 Chinese Research Team on Water Resources Policy and Management in Beijing-Tianjin Region, Report on Water Resources Policy.

37 William L. Jackson u. a., An Interdisciplinary Process for Protecting Instream Flows. *Journal of Soil and Water Conservation,* März/April 1989; N. M. Still Has No Instream Law. *U.S. Water News,* Mai 1989; James Huffman, Instream Water Use: Public and Private Alternatives, in Terry L. Anderson, Hrsg., Water Rights: Scarce Resource Allocation, Bureaucracy, and the Environment. Cambridge, Mass., 1983; Philip C. Metzger und Jennifer A. Haverkamp, Instream Flow Protection: Adaptation to Intensifying Demands. Washington, D.C., 1984.

38 Zum allgemeinen Hintergrund der weltweiten Erwärmung s. Stephen H. Schneider, Global Warming: Are We Entering the Greenhouse Century? San Francisco 1989.

39 Peter H. Gleick, Climate Change and California: Past, Present, and Future Vulnerabilities, in H. H. Glantz, Hrsg., Societal Responses to Regional Climate Change: Forecasting by Analogy. Boulder, Colo., 1988; Peter H. Gleick, Regional Hydrological Consequences of Increases in Atmospheric CO_2 and Other Trace Gases. *Climatic Change,* Vol. 10, 1987; John C. Schaake, From Climate to Flow, in American Association for the Advancement of Science (AAAS), Climatic Variability, Climate Change, and the Planning and

Management of U.S. Water Resources. New York, im Druck.
40 Gleick, Regional Hydrological Consequences; Schaake, From Climate to Flow.
41 Schaake, From Climate to Flow.
42 Roger R. Revelle und Paul E. Waggoner, Effects of a Carbon Dioxide Induced Climatic Change on Water Supplies in the Western United States, in National Research Council, Changing Climate, Washington, D.C., 1983; die Berechnungen gehen von einem Einsatz von 5500 Kubikmetern Wasser je Hektar aus; s. auch Sandra Postel, Altering the Earth's Chemistry: Assessing the Risks. Worldwatch Paper 71, Washington, D.C., 1986.
43 Dean F. Peterson und Andrew A. Keller, Irrigated Agriculture, in AAAS, Climatic Variability.
44 Ebd.; nach den Angaben der FAO betrug die weltweite Anbaufläche im Jahr 1986 1474 Millionen Hektar. Zieht man davon die geschätzten 250 Millionen Hektar bewässerter Fläche ab, ergeben sich 1224 Millionen Hektar natürlich bewässerter Fläche, von der 5 Prozent wiederum 61 Millionen Hektar ausmachen.
45 James E. Hansen, Modeling Greenhouse Climate Effects. Subcommittee on Science, Technology, and Space, U.S. Senate. 8. Mai 1989.
46 Repetto, Skimming the Water.
47 E. Philip LeVeen und Laura B. King, Turning off the Tap on Federal Water Subsidies, Vol. 1, San Francisco 1985; U.S. Department of the Interior, Bureau of Reclamation, 1987 Summary Statistics, Vol. 1, Water, Land and Related Data. Denver, 1988; Michael R. Moore und Catherine A. McGukkin, Program Crop Production and Federal Irrigation Water in: USDA, ERS, Agricultural Resources: Cropland, Water, and Conservation Situation and Outlook Report. Washington, D.C., September 1988.
48 Texas Irrigation Use Declines. *U.S. Water News,* April 1989; persönliche Mitteilung der sowjetischen Zahlen durch Philip P. Micklin vom 13. Oktober 1989; zu den israelischen Methoden des Wassersparens s. Israel's Water Policy: A National Commitment in Office of Technology Assessment, Water-Related Technologies for Sustainable Agriculture in Arid/Semiarid Lands: Selected Foreign Experience. Washington, D.C., Mai 1983.
49 Romana P. de los Reyes und Sylvia Ma. G. Jopillo, An Evaluation of the Philippine Participatory Communal Irrigation Program. Quezon City, 1986.
50 S. Jael Silliman und Roberto Lenton, Irrigation and the

Land-Poor in Jordan, Water and Water Policy; FAO, Consultation on Irrigation in Africa.

51 Watershed Management, in State Impressive. *Deccan Herald,* 6. Januar 1989.

52 Analyse von Valmik Ahnja, EDF, in: Peter Miller, EDF, An Alternative Development Strategy to the Sardar Sarovar Dam. Subcommittee on Natural Resources, Agricultural Research and the Environment, U.S. House of Representatives, Washington, D.C., 24. Oktober 1989; Narmada Bachao Andolan, Sardar Sarovar Project: An Economic, Environmental, and Human Disaster. Bombay, 1989.

53 Irrigation is Key to Bangla Desh Food Needs. *World Water,* Mai 1989.

54 FAO, Consultation on Irrigation in Africa.

55 Charles F. Hutchinson, Will Climate Change Complicate African Famine? *Resources,* Frühjahr 1989.

56 Scudder, River Basin Projects in Africa.

57 Hillel I. Shuval, The Development of Water Reuse in Israel. *Ambio,* Vol. 16, No. 4, 1987.

58 Anne Charnock, Plants with a Taste for Salt. *New Scientist,* 3. Dezember 1988; Brian Forster, Wheat Can Take on More than a Pinch of Salt. *New Scientist,* 3. Dezember 1988.

59 Farm Grows Salt-Tolerant Crops. *U.S. Water News,* September 1988; Charnock, Plants with a Taste for Salt.

Lester R. Brown / John E. Young

3. Welternährung: Wie dies in den 90er Jahren geschehen soll

Dürrebedingte Mißernten in einigen Schlüsselländern in den Jahren 1987 und 1988 haben die Getreidevorräte der Welt auf ihren niedrigsten Stand seit Jahrzehnten zusammenschrumpfen lassen. Dies hat dazu geführt, daß der Weizenpreis im Jahr 1989 gegenüber dem Tiefststand zwei Jahre davor um 48 Prozent gestiegen ist. Der Reispreis, der noch ein Jahr früher extrem gefallen war, erhöhte sich um 38 Prozent.[1] Aufgrund des besseren Wetters und der höheren Preise im Jahr 1989 nahm man allgemein an, daß sich die Produktion steigern und die Lager auffüllen würden; dies geschah jedoch nicht. Das Defizit der Weltgetreideernte des Jahres 1989 – 18 Millionen Tonnen gegenüber dem erwarteten Verbrauch von 1,685 Milliarden Tonnen – reduzierte die ohnehin schon angegriffenen Bestände noch weiter.[2] Voraussetzung für

»Fast alle Formen der weltweit zu beobachtenden verschlechterten Umweltbedingungen schaden der Nahrungsmittelproduktion.«

das Auffüllen der Vorräte ist es, die Erntemengen über die Verbrauchsmenge anzuheben, eine immer schwierigere Aufgabe. Verschlechterte Umweltbedingungen, weltweit knapper werdendes Ackerland und Wasser sowie die – trotz gesteigerter Mengen – nachlassende Wirksamkeit der Düngemittel halten den Zuwachs in Grenzen. Inzwischen nimmt aber die Weltbevölkerung Jahr für Jahr um 88 Millionen zu.[3]

Verschlechterung der Ernteerträge

Fast alle Formen der weltweit zu beobachtenden verschlechterten Umweltbedingungen schaden der Nahrungsmittelproduktion. Die Bodenerosion gefährdet die Fruchtbarkeit etwa eines Drittels der Weltanbaufläche. Die Entwaldung läßt das Wasser schneller abfließen und löst Überschwemmungen aus. Die Schäden, die durch Luftverschmutzung und sauren Regen hervorgerufen werden, sind in den industrialisierten Ländern ebenso sichtbar wie in den Entwicklungsländern. Die Auswertung der Daten von Versuchsfeldern zeigt, daß die Erträge einiger Pflanzen, zum Beispiel der Sojabohne, zurückgehen, wenn sie verstärkter ultravioletter Strahlung ausgesetzt sind, wie es durch die Ausdünnung der Ozonschicht zu erwarten ist. Überwässerung und Versalzung beeinträchtigen die Fruchtbarkeit eines Viertels der weltweit künstlich bewässerten Flächen *(Kapitel 2)*. Auch die klimatischen Veränderungen werden, zum Beispiel aufgrund heißerer Sommer, ihren Tribut fordern.[4]

»Die Schäden, die durch Luftverschmutzung und sauren Regen hervorgerufen werden, sind in den industrialisierten Ländern ebenso sichtbar wie in den Entwicklungsländern.«

In diesem Abschnitt versuchen wir, eine Abschätzung der Kapazitäten zu geben, die die Welt in den vergangenen Jahren verloren hat. Wir können zwar keine präzisen Angaben über die Ernteeinbußen vorlegen, weil dafür kein ausreichendes Datenmaterial vorhanden ist; wir hoffen aber dazu beitragen zu können, daß die schädlichen Auswirkungen dieser Umwelteinflüsse stärker beachtet werden. Vielleicht gelingt es uns auch, die wesentlichen Entwicklungseinrichtungen, die sich mit der Landwirtschaft befassen, wie etwa die Weltbank oder die Welternährungsorganisation, davon zu überzeugen, daß die Auswirkungen der Umweltfaktoren auf die Ernten intensiver erforscht werden müssen.

Jedes Jahr gehen der Weltlandwirtschaft schätzungsweise 24 Milliarden Tonnen Mutterboden mehr verloren als neu gebildet werden. Dies entspricht im Laufe der achtziger Jahre einem Verlust von 240 Milliarden Tonnen oder mehr als der Hälfte der gesamten Anbaufläche der Vereinigten Staaten.[5]

Der Agrarwissenschaftler Harold Dregne hat für alle wichtigen Regionen das landwirtschaftlich genutzte Land in drei Kategorien eingeteilt, entsprechend dem jeweiligen Grad der Verödung. »Leichte Verödung« erfaßt alle jene Flächen, deren Ertragspotential um weniger als zehn Prozent zurückgegangen ist, »mäßige Verödung« umfaßt die Flächen mit einem Rückgang um 10 bis 50 Prozent und »schwere Verödung« jene mit einem Rückgang um mehr als 50 Prozent. Gebiete mit hochgradiger Verödung finden sich in allen Regionen; Afrika, Asien und Südamerika sind aber in dieser Kategorie weit stärker anzutreffen als Nordamerika oder Europa *(Tab. 3.1)*.

Nach den Angaben der Welternährungsorganisation (FAO) kann die landwirtschaftliche Produktion in

Tab. 3.1: Verödung in den späten siebziger Jahren (geschätzt)

Kontinent	Leicht	Mäßig	Schwer	Summe
	Prozent der Landfläche			
Afrika	60	23	17	100
Asien	56	28	16	100
Australien	38	55	7	100
Europa	69	25	6	100
Nordamerika	70	23	7	100
Südamerika	73	17	10	100

Quelle: U.S. Department of Agriculture, Economic Research Service, World Agriculture Situation and Outlook Report. Washington, D.C., Juni 1989, nach Daten von Harold E. Dregne.

Afrika zwischen den Jahren 1975 und 2000 um ein Viertel zurückgehen, wenn Maßnahmen zum Schutz der Böden ausbleiben. Die traditionelle Wanderlandwirtschaft, wie sie in Afrika als Mittel zur Erhaltung der Bodenfruchtbarkeit praktiziert wird, verliert durch die große Bevölkerungsdichte an Bedeutung. Die Bauern kehren schon nach fünf bis zehn Jahren auf dasselbe Stück Land zurück, anstatt 25 Jahre zu warten, wie es bisher üblich war.[6] Dadurch verkürzt sich die Zeit der Brache, die Pflanzendecke schwindet, Bodenerosion und Verödung werden beschleunigt.

Die Folgen der Mutterbodenverluste für die Fruchtbarkeit der US-amerikanischen Böden sind für Mais in 14 und für Weizen in 12 Untersuchungen gründlich erforscht worden. Die erstgenannten, die vornehmlich im Maisgürtel angestellt wurden, haben gezeigt, daß ein Verlust von 2,5 Zentimetern einen Ernterückgang um etwa 6 Prozent zur Folge hat; die Verluste beim Weizen liegen im Durchschnitt der Untersuchungen ebenfalls bei 6 Prozent.[7]

Umgerechnet auf die gesamte Welt, mindert der Verlust von 24 Milliarden Tonnen Mutterboden im Jahr (entsprechend 2,5 Zentimetern auf 61 Millionen Hektar) die Getreideernte von 146 Millionen Tonnen auf dieser Fläche um 6 Prozent oder 9 Millionen Tonnen. Ebensogut könnten wir, als Rechenbeispiel, annehmen, daß der gesamte Mutterboden (durchschnittliche Tiefe: 18 Zentimeter) auf einer Fläche von 9 Millionen Hektar abgetragen würde. Dies würde zur Aufgabe des Landes und einem jährlichen Ernteausfall von 21 Millionen Tonnen Getreide führen. Aus Gründen der Vorsicht haben wir aber bei unserer Abschätzung der umweltbedingten Einbußen die niedrigeren Werte zugrundegelegt.[8]

Land verödet auch durch Veränderungen der Bodenchemie. Dies zeigen unter anderem die Ernteverluste in einigen der intensivst genutzten Gebiete der Welt, nachdem dort die Salzkonzentration in den bewässerten Böden angestiegen war. (Einzelheiten dazu s. *Kapitel 2.*) In den Industrie- und Entwicklungsländern beeinträchtigen Überwässerung und Versalzung die Ernten auf schätzungsweise 24 Prozent der künstlich bewässerten Fläche. Diese Vorgänge verringern, genau wie die Bodenerosion, nach und nach die Bodenfruchtbarkeit, bis die Bewirtschaftung schließlich keinen Gewinn mehr bringt und das Land aufgegeben werden muß.

Bei einem angenommenen Ertragsrückgang von einem Prozent im Jahr, bezogen auf die erwähnten 24 Prozent der 180 Millionen Hektar bewässerter Getreideanbaufläche, hauptsächlich Reis und Weizen, und bei einem durchschnittlichen Ertrag von 2,5 Tonnen je Hektar, gehen weitere 1,1 Millionen Tonnen Getreide jährlich verloren. Eine Schätzung des sowjetischen Agrarwissenschaftlers Viktor Kovda kommt zu dem Ergebnis, daß die Stillegung von 1 bis 1,5 Millionen Hektar bewässerter Fläche im Jahr zu einem Verlust von 2,4 bis 3,6 Millionen Tonnen Getreide führen würde. Bei unseren Berechnungen machen wir uns den unteren Wert von 1,1 Millionen Tonnen zueigen.[9]

»In den Industrie- und Entwicklungsländern beeinträchtigen Überwässerung und Versalzung die Ernten auf schätzungsweise 24 Prozent der künstlich bewässerten Fläche.«

Die Entwaldung beeinflußt die Ernten auf unterschiedliche Weise. Sie verändert den örtlichen Wasserkreislauf und hat, wenn auch weniger auffällig, Auswirkungen auf die Niederschlagsmuster im Binnenland. Die Folgen für den Wasserkreislauf sind auf dem indischen Subkontinent besonders deutlich: Durch den Entwaldungsprozeß im Himalaja fließen größere Wassermengen ab und verursachen schwere Überschwemmungen. Das davon betroffene Gebiet hat sich in Indien seit 1960 mehr als verdreifacht *(Tab. 3.2).*

Tab. 3.2: Entwicklung der überfluteten Fläche in Indien im Zuge fortschreitender Entwaldung

Jahr	Fläche
	Mio Hektar
1960	19
1970	23
1980	49
1984	59

Quelle: Centre for Science and Environment, The Wrath of Nature: The Impact of Environmental Destruction on Floods and Droughts. Neu Delhi 1987.

Im September des Jahres 1988 hatte dieser Vorgang besonders tragische Folgen, als zwei Drittel von Bangladesch mehrere Tage lang unter Wasser standen. Diese bis dahin größte Überschwemmung schädigte die herbstliche Reisernte so schwer, daß das Land zu vermehrten Getreideimporten gezwungen wurde.[10]

Solange die Entwaldung fortschreitet, wird sich das Feuerholz weiter verknappen; in ländlichen Gebieten müssen daher noch mehr Kuhdung und Ernteabfälle verbrannt werden. Dadurch werden dem Boden nicht nur Nährstoffe vorenthalten, sondern auch die Materialien, die für die Erhaltung einer gesunden Bodenstruktur gebraucht werden.

Der mittelindische Bundesstaat Madhya Pradesh, eines der wenigen Gebiete, für das uns Daten zur Verfügung stehen, ist mit diesem Problem schon konfrontiert: Die 62 Millionen Einwohner dieses Staates verbrauchen zum Kochen vorwiegend drei Brennstoffe: 9,6 Millionen Tonnen Kuhdung, 9,5 Millionen Tonnen Holz und 6,9 Millionen Tonnen Ernteabfälle. Auf ähnliche Weise schädigen auch andere indische Bundesstaaten die Fruchtbarkeit ihrer Böden, ebenso wie Bangladesch, Pakistan, China und eine Reihe afrikanischer Länder.[11]

Erst seit kurzer Zeit sind der Wissenschaft zwei weitere Gefahren für die künftige Nahrungsmittelversorgung bekannt: Autobomile und Kohlekraftwerke. Das Ausmaß der durch Luftverschmutzung verursachten Ernteschäden kann jetzt für die auto-orientierten Staaten in Westeuropa und die Vereinigten Staaten und für die kohleintensiven Staaten Osteuropas und China erfaßt werden. Dieses Wissen verdanken wir zum großen Teil einer Sieben-Jahres-Untersuchung, die von der Umweltschutzbehörde und dem Landwirtschaftsministerium der Vereinigten Staaten in Auftrag gegeben wurde. Der Untersuchungsbericht kommt zu dem Ergebnis, daß Ozon, Schwefeldioxid und Stickoxide in den USA die gefährlichsten Luftschadstoffe sind.[12]

Unter diesen Stoffen richtet das Ozon den größten Schaden an. Die Pflanzen sind schon gegen geringste Ozonmengen in Bodennähe sehr empfindlich, deren Konzentration in Teilen pro Million (ppm) gemessen wird. Der natürliche Wert für bodennahes Ozon liegt bei 0,025 ppm. Bei einer Belastung während der Wachstumsperiode mit 0,05 ppm zeigen sich erste Schäden nach 16 Tagen, bei 0,1 ppm nach 10 Tagen und bei 0,3 ppm schon nach 6 Tagen. Das Schadenspotential ist an den Werten abzulesen, die an siebzig über die gesamten USA verstreuten Orten gesammelt wurden. Die Ozonkonzentration betrug dort zwischen 0,038 und 0,065 ppm. Ein überraschendes Ergebnis der Studie bestand darin, daß Ozonschäden sowohl in dünn besiedelten ländlichen Gebieten auftraten wie auch im dichtbesiedelten Umland von Städten.[13]

Versuche, in denen die durchschnittliche saisonale Ozonkonzentration auf 0,04 bis 0,09 ppm angehoben wurde, zeigen, daß sich die Erträge ziemlich dramatisch verringerten. Bei Mais variierten die Verluste zwischen einem und 13 Prozent, bei Sojabohnen zwischen 7 und 31 Prozent und bei Winterweizen zwi-

schen 4 und 27 Prozent. Die bodennahen Ozonwerte, die in den Vereinigten Staaten während der achtziger Jahre vorherrschten, haben somit zu einer Verringerung der Ernten um schätzungsweise 5 Prozent, wenn nicht sogar um mehr als 10 Prozent geführt.[14]
Unter Zugrundelegung des niedrigeren Wertes von 5 Prozent und ohne Berücksichtigung der Schäden, die durch andere Stoffe verursacht wurden, ist die Getreideernte des Jahres 1987 in den am härtesten betroffenen Regionen, Nordamerika, Europa, der Sowjetunion und China, mit 913 Millionen Tonnen um 48 Millionen Tonnen zu gering ausgefallen. Da die Verbrennung fossiler Energieträger – die Hauptquelle dieser Schadstoffe – vorwiegend in den letzten vierzig Jahren stark zugenommen hat, nehmen wir an, daß die Verluste sich jedes Jahr um eine Million Tonnen steigern.[15]
Das bodennahe Ozon schädigt also nachgewiesenermaßen die Ernten. Aber auch die Ausdünnung der Ozonschicht in der oberen Stratosphäre und die damit einhergehende Zunahme der ultravioletten Strahlung auf der Erdoberfläche können unerfreuliche Folgen nach sich ziehen, besonders für empfindliche Pflanzen, wie etwa die Sojabohne. Diesen Ozonschwund hat eine von der US-Regierung beauftragte Gruppe von Wissenschaftlern für die Zeit von 1969 bis 1986 auf ungefähr zwei Prozent beziffert. Eine Verringerung des Ozongehalts der Stratosphäre um ein Prozent bedeutet, daß zwei Prozent mehr ultraviolette Strahlung die Erdoberfläche erreichen. Die Ergebnisse einiger Feldversuche zeigen, daß einer einprozentigen Ausdünnung der Ozonschicht ein Minderertrag bei Soja von ebenfalls einem Prozent gegenübersteht. Dies legt den Schluß nahe, daß die Erntemengen dieses größten Eiweißlieferanten der Welt schon heute meßbar geringer sind. Leider wird dies nirgends überwacht, so daß das genaue Ausmaß der Einbußen unbekannt ist.[16]

Die Veränderungen des Klimas werden nicht alle Länder gleichermaßen betreffen. Der prognostizierte Temperaturanstieg um 2,5 bis 3,5 Grad Celsius bis zum Ende des nächsten Jahrhunderts entspricht dem weltweiten Durchschnitt. Im einzelnen wird erwartet, daß die Temperaturen an den mittleren und höheren Breitengraden stärker ansteigen werden und über großen Landmassen stärker als über dem Meer. In der Nähe des Äquators werden sie sich vermutlich kaum verändern, während sie in den höheren Breiten ohne weiteres doppelt so hoch ausfallen können wie im Weltdurchschnitt. Diese ungleiche Verteilung wird die Landwirtschaft unverhältnismäßig hart treffen, denn der größte Teil der Nahrungsmittel wird auf den Landmassen der mittleren und höheren nördlichen Breiten angebaut.[17]

»Eine Verringerung des Ozongehalts der Stratosphäre um ein Prozent bedeutet, daß zwei Prozent mehr ultraviolette Strahlung die Erdoberfläche erreichen.«

Dabei wird die Landwirtschaft auf die unterschiedlichsten Arten betroffen. Heißere Sommer bewirken eine stärkere Verdunstung während der Wachstumsperiode und erhöhen die Wahrscheinlichkeit größerer Trockenheit. Bisher hat sich das landwirtschaftliche Interesse an den Klimaveränderungen vor allem auf deren Folgen für die Bodenfeuchtigkeit und auf Dürreprobleme konzentriert; extreme Hitze kann aber auch die Bestäubung von Grundnahrungspflanzen stören. Während der zehntägigen Befruchtungszeit kann es sehr leicht zu einer Beeinträchtigung der Bestäubung von Maispflanzen kommen. Alan Teramura von der University of Maryland berichtet, daß ein Anstieg der Sommertemperaturen um nur zwei Grad Celsius in einigen der Hauptreisanbaugebiete Asiens die Ernten erheblich reduzieren kann.[18]
Im Jahr 1988, dem heißesten in den letzten hundert

Jahren, hatten alle wichtigen Anbauländer unter hitze- und dürrebedingten Ernteeinbußen zu leiden: Die Getreideernte der Vereinigten Staaten ging 1988 gegenüber der des Jahres 1987 um 27 Prozent zurück (74 Millionen Tonnen), die der Sowjetunion um 8 Prozent (16 Millionen Tonnen) und die chinesische um 2 Prozent (7 Millionen Tonnen). Niemand kann mit Gewißheit sagen, ob diese Einbußen ganz oder teilweise auf die Zunahme der Treibhausgase zurückzuführen sind; der Sommer des Jahres 1988 trug aber alle Merkmale einer Jahreszeit, wie sie die meteorologischen Modelle für den Fall voraussagen, daß sich die Treibhausgase in der Atmosphäre weiter konzentrieren. Die Verluste durch die zu erwartenden heißeren Sommer werden den Nutzen der Klimaveränderung wahrscheinlich bei weitem aufwiegen.

»Die Getreideernte der Vereinigten Staaten ging 1988 gegenüber der des Jahres 1987 um 27 Prozent zurück (74 Millionen Tonnen), die der Sowjetunion um 8 Prozent (16 Millionen Tonnen) und die chinesische um 2 Prozent (7 Millionen Tonnen).«

Alles in allem müssen die Folgen verschlechterter Umweltbedingungen für die Landwirtschaft gründlicher erforscht werden. Bodenerosion, Überwässerung und Versalzung, Überschwemmungen, Luftverschmutzung, saurer Regen, Ausdünnung der Ozonschicht und heißere Sommer werden nicht ohne Wirkung auf die Produktion von Nahrungsmitteln bleiben *(Tab. 3.2)*. Die Folgen heißerer Sommer nicht eingerechnet, kann die Weltgetreideernte Jahr für Jahr um 14 Millionen Tonnen geringer ausfallen. Das heißt, daß der Welt ohne zusätzliche Investitionen in die Landwirtschaft oder den technischen Fortschritt jährlich ein Prozent ihrer Getreideernte verlorengeht.

Die Schlüsselfrage lautet: Wie nehmen sich diese Einbußen im Vergleich zu den Gewinnen durch vermehrte Bewässerung und Düngung oder andere Maßnahmen aus? Angenommen, daß die in den achtziger Jahren in die Bewässerung aufgenommene Fläche von 2,3 Millionen Hektar eine Ertragssteigerung von 1,5 Tonnen je Hektar mit sich bringt, bedeutet dies einen Mehrertrag von 3 Millionen Tonnen im Jahr. Die 3 Millionen zusätzlich eingesetzten Tonnen Düngemittel verbessern den Ertrag um weitere 21 Millionen Tonnen (wenn jede Tonne Dünger den Ertrag um 7 Tonnen steigert). Wenn wir anderen Quellen eine großzügige Steigerung um noch einmal 5 Millionen Tonnen zubilligen, ergibt sich ein Gesamtgewinn von 29 Millionen Tonnen.[19]

Wenn wir den auf 14 Millionen Tonnen geschätzten

Tab. 3.3: Grobe Schätzung der zusätzlichen jährlichen Einbußen bei der Weltgetreideernte infolge verschlechterter Umweltbedingungen

Art der Verschlechterung	Ernteeinbußen Millionen Tonnen
Verödung	
Bodenerosion	9
Überwässerung und Versalzung	1
Verlust organischer Bodensubstanz durch Verbrennung von Kuhdung und Ernteabfällen	2[1] (zusammen für die drei folgenden Zeilen)
Verkürzung des Anbauzyklus	
Bodenverdichtung durch schwere Maschinen	
Pflanzenschäden	
Luftverschmutzung	1
Überflutung	1[1] (zusammen für die drei folgenden Zeilen)
Saurer Regen	
Verstärkte ultraviolette Strahlung	
Summe	14

1 Die Datenlage erschwert die genaue Zuweisung der Verluste zu den einzelnen Verursachern; die Auswirkungen sind deshalb insgesamt geschätzt.

Quelle: Schätzungen der Autoren.

Verlust abziehen, verbleibt ein Nettogewinn von 15 Millionen Tonnen, ein Wert weit unterhalb der 28 Millionen Tonnen, die benötigt werden, um mit dem Bevölkerungswachstum gerade noch Schritt halten zu können: Der Nettogewinn beträgt ein Prozent im Jahr, während das Bevölkerungswachstum bei knapp zwei Prozent liegt; für Verbrauchssteigerungen durch zunehmenden Wohlstand läßt diese Rechnung keinen Raum.

Land, Wasser, Kunstdünger

Jedes Jahr gehen einige Millionen Hektar Ackerland verloren, sei es, weil das Land soweit erodiert ist, daß die Bearbeitung sich nicht mehr lohnt, oder weil sie als Bauland für Wohnsiedlungen, Fabriken oder Fernstraßen benötigt werden. Am deutlichsten spürbar sind diese Verluste in den dichtbevölkerten Schwellenländern Ostasiens wie China, Südkorea und Taiwan, aber auch in Japan, wo der nichtlandwirtschaftlichen Nutzung jedes Jahr ungefähr eine halbe Million Hektar Ackerland geopfert werden.[20]

»Jedes Jahr gehen einige Millionen Hektar Ackerland verloren, sei es, weil das Land soweit erodiert ist, daß die Bearbeitung sich nicht mehr lohnt, oder weil sie als Bauland für Wohnsiedlungen, Fabriken oder Fernstraßen benötigt werden.«

Auch andere große und dichtbevölkerte Länder wie Indien und Mexiko leiden unter solchen Verlusten. Die Sowjetunion und die USA ziehen sich aus den erodierenden Böden zurück. In der Sowjetunion hat dies, zusammen mit der verstärkten Einführung der einjährigen Brache, dazu geführt, daß sich die Getreideanbaufläche seit 1977 um 13 Prozent verringert hat.

Weltweit ist das wirtschaftlich nutzbare Potential kultivierbarer Flächen begrenzt. Nur einige wenige Länder, wie zum Beispiel Brasilien, werden in der Lage sein, zusätzliche Anbauflächen zu erschließen. Insgesamt werden sich aber die Gewinne und Verluste in den neunziger Jahren ebenso gegenseitig aufwiegen wie in den achtziger Jahren. Dies hat zur Folge, daß sich die weltweite Abnahme der Getreideanbaufläche pro Person von 0,16 Hektar im Jahr 1980 auf geschätzte 0,13 Hektar im Jahr 1990 mit ziemlicher Sicherheit in einer ähnlichen Größenordnung fortsetzen wird *(Tab. 3.4)*.[21]

Tab. 3.4: Weltgetreidefläche, insgesamt und pro Kopf, von 1950 bis 1980 und Prognose bis zum Jahr 2000

Jahr	Getreidefläche insgesamt	Getreidefläche pro Kopf	Pro-Kopf-Veränderung in zehn Jahren
	Millionen Hektar	Hektar	Prozent
1950	593	0,23	
1960	651	0,21	− 8
1970	673	0,18	− 15
1980	724	0,16	− 11
1990	720	0,14	− 16
2000	720	0,12	− 15

Quellen: Getreidefläche für 1950 bis 1980 aus U.S. Department of Agriculture (USDA), Economic Research Service (ERS), World Grain Harvested Area, Production, and Yield. 1950–88. Washington, D.C., 1989, unveröffentlicht; die Zahlen für 1990 und 2000 sind Schätzungen der Autoren; die Pro-Kopf-Zahlen sind abgeleitet aus den Bevölkerungsdaten (nach Daten des U.S. Bureau of the Census) in: Francis Urban und Philip Rose, World Population by Country and Region, 1950–86, and Projections to 2000, Washington, D.C., 1988; die Zahlen sind gerundet und auf der Grundlage ungerundeter Zahlen errechnet.

Es scheint kaum möglich, die bewässerten Flächen in nächster Zeit wesentlich auszuweiten. Nach einer allmählichen Zunahme in der ersten Hälfte dieses Jahrhunderts wuchs die bewässerte Fläche von 94 Millionen Hektar im Jahr 1950 auf 236 Millionen Hektar im Jahr 1980. Diesem Anstieg lagen verstärkte Investitionen für großangelegte Projekte zur Umleitung von Flüssen ebenso zugrunde wie zum Beispiel für die einzelbetriebliche Nutzung des Grundwassers. Insgesamt nahm die bewässerte Bruttofläche um 43 Prozent pro Kopf der Weltbevölkerung zu *(Tab. 3.5)*.

Tab. 3.5: Bruttobewässerungsfläche weltweit, insgesamt und pro Kopf, 1950 bis 1980 und Prognose bis zum Jahr 2000

Jahr	Bewässerte Anbaufläche insgesamt	Bewässerte Anbaufläche pro Kopf	Pro-Kopf-Veränderungen in zehn Jahren
	Millionen Hektar	Hektar	Prozent
1950	94	0,037	
1960	136	0,045	+ 22
1970	188	0,051	+ 13
1980	236	0,053	+ 4
1990	259	0,049	− 8
2000	279	0,045	− 8

Quellen: Daten für 1950 bis 1980: Persönliche Mitteilung von W. Robert Rangeley, Washington, D.C., im Juni 1989, und Food and Agriculture Organization of the United Nations (FAO), FAO Production Yearbook 1988. Rom 1989, unveröffentlicht; die Prognosen für 1990 und 2000 sind Schätzungen des Worldwatch Institute; die Pro-Kopf-Zahlen sind abgeleitet aus den Bevölkerungsdaten (nach Daten des U.S. Bureau of the Census) in Francis Urban und Philip Rose, World Population by Country and Region, 1950–86, and Projections to 2000, Washington, D.C., 1988.

Bis zum Jahr 1980 waren aber die meisten der wirtschaftlich attraktiven Bewässerungsvorhaben fertiggestellt, so daß die Zahl neuer Erschließungen abnahm. Die Erweiterung der weltweit bewässerten Fläche verlangsamte sich deshalb dramatisch und fiel

hinter das Bevölkerungswachstum zurück. Da diese Tendenz anhält, wird der Zuwachs durch neue Erschließungen weitgehend aufgewogen durch die Verluste, die auf Überwässerung und Versalzung, sinkende Grundwasserspiegel und die Verschlammung bestehender Stauseen zurückzuführen sind, wie wir sie weiter oben beschrieben haben.
Da der Nettozuwachs der bewässerten Fläche in den achtziger Jahren nur 23 Millionen Hektar betrug, schrumpfte die bewässerte Fläche pro Kopf der Weltbevölkerung in diesem Zeitraum um fast 8 Prozent. Die Anbaufläche pro Person ist zwar seit der Mitte des Jahrhunderts kontinuierlich zurückgegangen, der Rückgang der bewässerten Fläche pro Person aber ist eine neuere Entwicklung. Die achtziger Jahre sind damit das erste Jahrzehnt, in dem beide Werte abnehmen. Dies erklärt in einem gewissen Umfang das langsamere Wachstum der Nahrungsmittelproduktion in den achtziger Jahren.

»Da der Nettozuwachs der bewässerten Fläche in den achtziger Jahren nur 23 Millionen Hektar betrug, schrumpfte die bewässerte Fläche pro Kopf der Weltbevölkerung in diesem Zeitraum um fast 8 Prozent.«

Der Wachstumsverlauf der bewässerten Gesamtfläche *(Abb. 3.1)* entspricht der S-förmigen Wachstumskurve, die alle Wachstumsprozesse in einer begrenzten Umgebung recht gut beschreibt. Sie gibt übrigens auch eine angemessene Darstellung für die Ausdehnung des Ackerlandes im Verlauf der Geschichte bis hin zu ihrem Abflachen in den achtziger Jahren. In unserem Fall hat die Kurve die letzte Biegung des S erreicht und flacht ab.
Wir wissen, daß am Ende auch die Zunahme des Hektarertrages dem Verlauf der S-förmigen Kurve folgen wird. Wir wissen aber nicht, wie weit sich die Erträge in den landwirtschaftlich fortgeschritteneren Ländern

schon der letzten Biegung des S angenähert haben. Interessant zu beobachten ist, daß die Zunahme beim Einsatz ertragssteigernder Maßnahmen – beim Düngerverbrauch, der Verwendung ertragsstarker Sorten und der Bewässerung – zum Beginn der neunziger Jahre dem Verlauf dieser Kurve entspricht.

Seit den fünfziger Jahren wurden die Erträge vornehmlich durch den vermehrten Einsatz chemischer Düngemittel gesteigert. Zwischen 1950 und 1989 stieg deren weltweiter Verbrauch von knapp 14 Millionen Tonnen auf geschätzte 143 Millionen Tonnen. Wenn in nächster Zeit, aus welchem Grund auch immer, der Einsatz von Kunstdünger plötzlich unterbliebe, würden die Erträge wahrscheinlich um 40 Prozent oder mehr fallen.[22]

Abb. 3.1: Bewässerte Nettofläche weltweit, 1900–1987

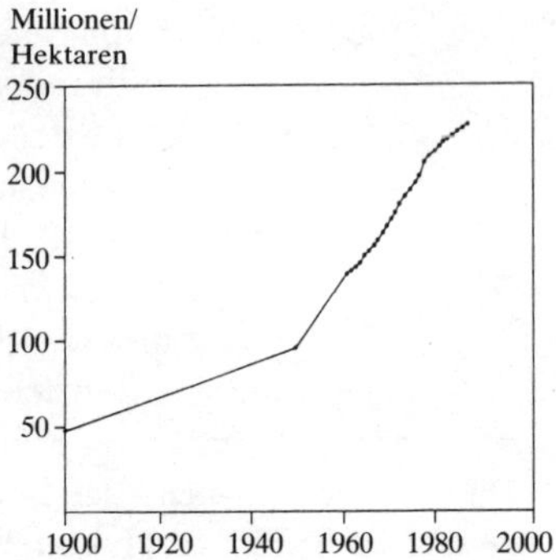

Quelle: FAO

Die Bedeutung der Bewässerung und der Verwendung ertragsstarker Sorten leitet sich im wesentlichen aus ihrer Fähigkeit ab, die Wirkung der Düngemittel zu steigern. Hybridmais, der ursprünglich in den Vereinigten Staaten entwickelt wurde, hat sich deshalb in der gesamten Welt verbreitet, weil er unmittelbar auf hohe Dosen Stickstoffdünger reagiert. Die Bauern in der Dritten Welt haben sich von den traditionellen Sorten auf Zwergweizen und -reis umgestellt, weil diese die Düngemittel besonders gut umsetzen; dies war auch einer der Bestandteile der »Grünen Revolution«.

Die großen Wachstumsraten beim Verbrauch chemischer Düngemittel sind deshalb eng mit der Ausbreitung ertragsstarker Getreidesorten verbunden. Aber auch hier gilt die S-förmige Wachstumskurve. Der Einsatz der neuen Sorten nimmt zunächst nur langsam zu; in dem Maße, in dem ihre Vorzüge bekannt werden, steigert sich auch die Verbreitung, bis der

Zuwachs schließlich wieder zurückgeht, weil alle geeigneten Flächen für den Anbau dieser Sorten genutzt werden.

Viele Entwicklungsländer machen heute die Erfahrung, daß der Einsatz chemischer Düngemittel in den Erträgen keine Entsprechung findet. In China und Indien ist das Verhältnis zwischen dem Ertrag und dem Düngereinsatz dem US-amerikanischen fast gleich; es ist damit zu rechnen, daß die Zuwachsrate in der Zukunft entsprechend gering ausfallen wird. Da außerdem die Wirksamkeit der Düngemittel vom Zugang zu Wasser abhängig ist, wird die eingeschränkte Ausweitung der bewässerten Flächen nicht ohne Auswirkungen auf deren Einsatzmöglichkeiten bleiben. Solange weiterhin neue Sorten mit einem nochmals gesteigerten Ertragspotential entwickelt werden, wird auch der Verbrauch chemischer Düngemittel zunehmen. Wo aber die Erträge nach internationalen Maßstäben schon hoch sind, werden die Gewinne bescheiden ausfallen.[23]

Abb. 3.2: Anteil angebauter Weizenflächen im Verhältnis zu Hochertragsarten in Indien, 1965–1983

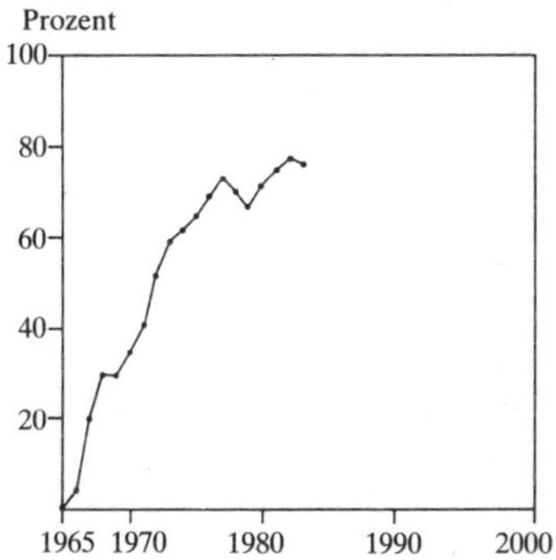

Abb. 3.2:

Quelle: Agency for International Development (AID)

Die letzte Grenze für die Steigerung der Erträge wird von den Kapazitäten der Photosynthese gezogen; sie ist von physikalischen und chemischen Grundregeln vorgegeben: Je mehr sich das genetische Potential neuer Sorten dieser Grenze nähert, desto geringer wird der Wirkungsgrad der Düngemittel. Fortschritte in der Pflanzenzucht, einschließlich der Gentechnologie, können dazu beitragen, die Erträge bis an die Grenzen der Photosynthese zu steigern. Es besteht aber kaum Hoffnung, die grundlegenden Mechanismen der Photosynthese zu verändern.

Gentechnologie: Ein Beitrag mit Grenzen

Seit den ersten Versuchen zur Genmanipulation in den frühen siebziger Jahren sind hochtrabende Behauptungen über die Rolle der Gentechnologie bei der Nahrungsmittelproduktion an der Tagesordnung. Noch im Jahr 1984 wurde vorausgesagt, daß »Saudi-Arabien in fünf bis zehn Jahren aussehen wird wie die Weizenfelder von Kansas«. Die traurige Realität des Jahres 1989, in dem Kansas durch die Trockenheit mehr als ein Drittel seiner Weizenernte einbüßte, war jedoch die, daß die Weizenfelder von Kansas eher der Wüste von Saudi-Arabien ähnelten.[24]

»Viele Entwicklungsländer machen heute die Erfahrung, daß der Einsatz chemischer Dünger in den Erträgen keine Entsprechung findet.«

Die Anwendung der Gentechnologie in der Landwirtschaft hat sich als schwieriger erwiesen, als es ihre Verfechter erwartet hatten. Sie wird die Landwirtschaft nicht über Nacht revolutionieren, kann aber eine gewisse Bedeutung im Kampf gegen den Hunger erlangen.

Um den möglichen Beitrag realistisch einschätzen zu können, den die Gentechnologie leisten kann, um die Lücke zwischen den unterschiedlichen Wachstumsraten der Nahrungsmittelproduktion und der Bevölkerung zu schließen, müssen zwei Fragen beantwortet werden: Ist diese neue Biologie technisch in der Lage, die landwirtschaftlichen Erträge – insbesondere der Getreidearten, die der Mehrheit der Weltbevölkerung als Grundnahrungsmittel dienen – entscheidend zu steigern, und zwar in einem Maße, das dem Wachstum der letzten vierzig Jahre entspricht? Und sind die Einrichtungen, die sich heute mit der Forschung beschäftigen, geeignet, den Durchbruch zu erzielen, der benötigt wird, um die Hungerleidenden der Welt zu ernähren?

Die Genmanipulation, die direkte Übertragung von Genen, in denen alle Lebensvorgänge kodiert sind, von einem Organismus auf einen anderen, ist die bekannteste und grundlegende der neuen Techniken. Die Gewebekultur, ein älteres Verfahren, das in den letzten Jahren erhebliche Fortschritte gemacht hat, ist für die Pflanzengentechnologie von besonderer Bedeutung, weil sie es erlaubt, ganze Pflanzen aus einzelnen Zellen oder kleinen Gewebeproben zu ziehen.[25]

In ihrer Anwendung bei Nutztieren können einige der neuen Techniken vielleicht die in sie gesetzten Erwartungen erfüllen. Hormone, die Gewichtszunahme des Viehs beschleunigen und die die Milchleistung von Kühen steigern, werden heute in großen Mengen durch genetisch manipulierte Bakterien hergestellt. Auf ähnliche Weise lassen sich Veterinärimpfstoffe und Medikamente mit Hilfe von Mikroben herstellen; genetische Techniken erlauben eine schnelle und kostengünstige Diagnose vieler Tierkrankheiten. Eine Vielzahl von Techniken – einschließlich der Manipulation von Sperma und Eizellen – kann dazu beitragen, die Viehzucht zu beschleunigen und berechenbarer zu machen.[26]

»Die Anwendung der Gentechnologie in der Landwirtschaft hat sich als schwieriger erwiesen, als es ihre Verfechter erwartet hatten.«

Die Tiergentechnologie macht große Fortschritte, weil man wesentlich mehr über die grundlegenden Vorgänge in Tierzellen als in Pflanzenzellen weiß und weil Produkte für die Humanmedizin zuerst in Tierversuchen erprobt werden. Obwohl die gesellschaftlichen Folgewirkungen, die Sicherheit und die Langzeitwirkung mancher der neuen tiergentechnologischen Verfahren sehr kontrovers diskutiert werden, entwickeln sie sich sehr schnell weiter; einige werden schon kommerziell vermarktet.[27]

Pflanzen dagegen, die Grundlage aller Nahrungsmittel, eignen sich weniger zur gentechnischen Manipulation. Der Wissenschaftler Norman Borlaug, der Pflanzenzuchtexperte, der wegen seiner ertragreichen Weizensorten den Nobelpreis erhielt, wies darauf hin, daß »die ergiebigsten Anwendungsgebiete für die Gentechnologie und die Molekulargenetik in der nächsten Zeit in der Medizin, den Tierwissenschaften und in der Mikrobiologie liegen werden. Es wird wahrscheinlich sehr viel mehr Zeit in Anspruch nehmen, gentechnologische Forschungstechniken zu entwickeln, um den Ertrag unserer hauptsächlichen Nutzpflanzen zu steigern.«[28]

Schwierigkeiten bei der Identifikation desjenigen Gens oder der Gene, in denen bestimmte Eigenschaften der Pflanzen kodiert sind, die unvorhersagbaren genetischen Variationen, die sich oftmals beim Gentransfer einstellen, und Probleme mit der Gewebekultur sind Ursachen für den langsamen Fortschritt der Pflanzengentechnologie. Getreide erweist sich, wie alle Gräser, als besonders resistent gegen genetische Manipulationen: Das Bakterium, das üblicherweise benutzt wird, um fremde Gene in Pflanzenzellen einzufügen, ist hier nicht anwendbar, und die Wiederherstellung der Pflanze aus veränderten Zellen erweist sich als schwierig. Erst im Jahr 1988 ist es Wissenschaftlern gelungen, ein fremdes Gen auf eine Getreidepflanze, nämlich Mais, zu übertragen.[29]

Konventionelle Zuchtmethoden sind nach der Genübertragung weiterhin erforderlich, um die erzielten Veränderungen bewerten zu können und das Saatgut für die weitere Verteilung an die Landwirte aufzubereiten. Dieser gesamte Vorgang, vom Gentransfer bis zum Vertrieb einer neuen Varietät, kann genauso lange dauern wie die konventionelle Zucht – im allgemeinen fünf bis fünfzehn Jahre. Die neue Gentech-

nologie wird es der Wissenschaft ermöglichen, die genetische Struktur von Pflanzen mit zunehmender Genauigkeit zu bestimmen, aber sie wird die Pflanzenzucht nur ergänzen, nicht ersetzen.[30]
Nichtsdestoweniger ist die konventionelle Zucht auf miteinander verwandte Arten beschränkt, die Genmanipulation dagegen kann die Barrieren zwischen den Arten umgehen und den Pflanzenzüchtern Zugang zu einer neuen Vielfalt genetischen Materials verschaffen. Mit dem weiteren Fortschritt der Wissenschaft wird es möglich sein, erwünschte Eigenschaften nicht verwandter Pflanzen auf bestimmte Nutzpflanzen zu übertragen; am häufigsten werden in diesem Zusammenhang Trockenheitsresistenz, Stickstoffbindung, Salztoleranz und Resistenz gegen Seuchen und Krankheiten genannt.[31]

»Konventionelle Zuchtmethoden sind nach der Genübertragung weiterhin erforderlich, um die erzielten Veränderungen bewerten zu können und das Saatgut für die weitere Verteilung an die Landwirte aufzubereiten.«

Der Hauptanteil der Mittel, die heute für die gentechnische Forschung ausgegeben werden, stammt nicht etwa von öffentlichen oder philanthropischen Organisationen, sondern von multinationalen Konzernen. In den Vereinigten Staaten betrugen die Forschungsausgaben der Industrie für die landwirtschaftlich nutzbare Gentechnologie im Jahr 1987 ungefähr 300 Millionen Dollar, während das Landwirtschaftsministerium in demselben Jahr für diesen Zweck 85 Millionen Dollar ausgab. Ein wachsender Anteil der Regierungsausgaben geht dabei in die Grundlagenforschung; die angewandte Forschung wird sehr oft der Industrie selbst oder von ihr unterstützten Universitätslabors überlassen.[32]
Die US-amerikanischen Gentechnologiefirmen sprechen gerne über Wunderpflanzen, von denen sich die

Hungrigen zu Millionen ernähren können; diese Versprechungen benutzen sie, um Investoren auf sich aufmerksam zu machen und um ihre Forderung nach möglichst großzügigen Vorschriften zu begründen. Dabei muß aber die Anwendung der Gentechnologie in den reichen Ländern nicht unbedingt die Wunder vollbringen, die kleine Bauern in den Entwicklungsländern benötigen.

Die Firmen nutzen die Gentechnologie, um Pflanzen und landwirtschaftliche Produkte herzustellen, von denen sie sich Gewinn versprechen und die sie, wenn möglich, patentieren lassen können. So konzentrieren sie zum Beispiel einen großen Teil ihrer Bemühungen auf die Entwicklung von Obst- und Gemüsesorten und auf teure Duft- und Süßeträger.[33]

Viele Betriebe der Agrochemie sehen ihre größten Verdienstmöglichkeiten darin, Saatgut, Düngemittel und Pestizide in einem Paket zu verkaufen. In Zusammenarbeit mit Tochterunternehmen aus der Saatgutbranche verbinden sie die chemische mit der Pflanzenforschung und entwickeln die zu ihren Produkten passenden Pflanzen. Obwohl die Resistenz gegen Seuchen und Krankheiten in der Werbung als oberstes Ziel der firmeneigenen Forschung angepriesen wird, hat eine möglichst hohe Resistenz gegen Herbizide in den Forschungs- und Entwicklungsetats den Vorrang; sie ist das ideale Mittel, um den Absatz eben dieser Herbizide zu steigern.[34]

Chemische Herbizide ersetzen die traditionellen Methoden der Unkrautbekämpfung. Sie steigern den Ertrag nur dann, wenn die vorher angewandten Methoden sich als unzureichend erwiesen haben. Landwirtschaft mit eingeschränkter Bodenbearbeitung bedeutet eine geringere Anzahl von Traktorfahrten, einen geringeren Treibstoffverbrauch und weniger Bodenerosion. Der massive Einsatz von Herbiziden bringt aber Gefahren für das Grundwasser und die Tierwelt mit sich. Einige Herbizide sind giftig oder krebserregend. Viele Fragen nach der Sicherheit selbst der »neuen Generation« von Herbiziden sind noch unbeantwortet.[35]

Dazu kommt, daß Herbizide den Bauern in den Entwicklungsländern nicht viel bieten können. Für sie ist es billiger, das Unkraut mit der Hand zu jäten, denn Arbeitskräfte sind reichlich und gegen geringen Lohn vorhanden; es ist auch sicherer als der Einsatz von Chemikalien. Herbizide sind in einer kapitalintensiven Landwirtschaft mit hohen Arbeitskosten ökonomisch sinnvoll. In den meisten landwirtschaftlichen Gebieten der Dritten Welt ist aber das Gegenteil der Fall.[36]

»Viele Fragen nach der Sicherheit selbst der ›neuen Generation‹ von Herbiziden sind noch unbeantwortet.«

Aus ähnlichen Gründen ist das Rinderwachstumshormon für die meisten Viehbesitzer in der Dritten Welt von geringer praktischer Bedeutung. Dieses Hormon ist eines der ersten gentechnischen Produkte, die auf den kommerziellen Markt gebracht wurden; es ist in der Lage, die Milchleistung der Kühe um 10 bis 25 Prozent zu steigern. Bei einem Preis von etwa 180 DM je Kuh und Jahr kostet es fast soviel, wie viele Menschen in der Dritten Welt für ihre Nahrung ausgeben. Darüber hinaus brauchen die mit Hormonen behandelten Tiere große und gleichbleibend hochwertige Futterrationen und häufige Impfungen – für Länder, in denen Impfungen gegen menschliche Infektionskrankheiten noch längst keine Routine sind, kaum eine praktikable Technik.[37]

Gentechnologische Forschung in der Privatwirtschaft kann wahrscheinlich nur dann für die Entwicklungsländer sinnvolle Produkte hervorbringen, wenn die Regierungen, private Stiftungen und internationale Entwicklungsagenturen die Gelegenheit – und die Mittel – haben, Lizenzen für firmeneigene Technologien zu erwerben und weiterzugeben; dies wird vorwiegend bei solchen Pflanzen möglich sein, von denen sich die Firmen selbst keinen interessanten Markt versprechen. So hat zum Beispiel die privatwirtschaftliche Forschung zur Virusresistenz von Tabak, Tomaten und anderen Arten zu Ergebnissen geführt, die für die Entwicklung einer ähnlichen Resistenz bei typischen Nutzpflanzen der Dritten Welt nützlich sein können, wie zum Beispiel bei Maniok, deren Ernten stark durch Viren beeinträchtigt werden.[38]

Diese Forschung der Privatwirtschaft zu überlassen, bedeutet, daß sie auch die Forschungsziele bestimmt. Die Entwicklung der Gentechnologie ist in öffentlichen Einrichtungen direkt und indirekt mit öffentlichen Mitteln gefördert worden. Wenn man privaten Firmen gestattet, Exklusivrechte an den Forschungsergebnissen der Universitäten gegen eine geringe Beteiligung an deren Forschungshaushalt zu erwerben, werden der Austausch wissenschaftlicher Informationen und genetischen Materials behindert und die Prioritäten der Forschung verschoben.[39]

Auch die internationalen landwirtschaftlichen Forschungszentren, jene Einrichtungen also, die am ehesten den Bedürfnissen der Bauern in den Entwicklungsländern entgegenkommen können, verdienen mehr Unterstützung. Die CGIAR-Zentren (Consultative Group on International Agricultural Research) benutzen heute schon gentechnische Verfahren wie genetische Untersuchungen, Zellfusion und Gewebekultur, um Pflanzenkrankheiten zu entdecken, bestehende Pflanzenarten resistent zu machen und krankheitsfreie Pflanzen zu entwickeln. Dieses Gebiet stellt aber nur einen kleinen Ausschnitt aus ihrer gesamten internationalen Tätigkeit in der Forschung, Ausbildung und Weiterbildung dar.[40]

Im Idealfall könnte das CGIAR-System neue Pflanzenvarietäten entwickeln, mit Wissenschaftlern in anderen internationalen Forschungszentren zusammenarbeiten, Wissenschaftler aus den Entwicklungsländern in der Gentechnologie ausbilden und so nationale und regionale Pflanzenentwicklungsprogramme unterstützen. In einem gewissen Umfang geschieht dies schon; größere Unterstützung wäre aber erforderlich. Die schwächsten Glieder in der Kette sind die zwischen den internationalen Forschungszentren, den Regierungen der Entwicklungsländer und den Bauern, denen sie am Ende dienen sollen.[41]

Die Kontroverse um die Verfügungsgewalt über die genetischen Ressourcen könnte die Entwicklung der Gentechnologie, soweit sie im Interesse der Entwicklungsländer liegt, behindern. Es ist nämlich deutlich geworden, daß die Gene dort heimischer Pflanzen dazu genutzt werden können, Ersatzpflanzen zu entwickeln, um die Exportchancen dieser Länder zu mindern oder diese Pflanzen sogar an sie zurückzuverkaufen. Die Entwicklungsländer sind deshalb verständlicherweise sehr zurückhaltend, wenn es darum geht, uneingeschränkten Zugang zu ihrem genetischen Erbe zuzulassen. Es müssen Verfahrensweisen gefunden werden, damit die Industrieländer die Entwicklung der Gentechnologie fördern, um den Hunger in der Dritten Welt zu bekämpfen – in gleichberechtigter Partnerschaft mit den betroffenen Ländern.[42]

»Die Kontroverse um die Verfügungsgewalt über die genetischen Ressourcen könnte die Entwicklung der Gentechnologie, soweit sie im Interesse der Entwicklungsländer liegt, behindern.«

Alle gentechnischen Bemühungen – ob privat oder öffentlich – bleiben aber vergeblich, wenn sich das Sterben von Pflanzen- und Tierarten ungebremst fortsetzt. Wenn die Artenvielfalt, sowohl der Nutz- als auch der wildwachsenden Pflanzen, nicht erhalten bleibt, wird auch das Rohmaterial für die genetische

Manipulation verlorengehen. Die Gentechnologie kann zwar Gene hin- und herbewegen; sie ist aber nicht in der Lage, sie neu zu erschaffen.

Aussichten für die sowjetische Landwirtschaft

Eine dramatische Zunahme der landwirtschaftlichen Erträge wird für die nächste Zukunft vielfach von der Sowjetunion erwartet. Anlaß dafür ist das kürzlich veröffentlichte marktorientierte Programm zur Reform der Landwirtschaft, das eine Ausrichtung an den Weltmarktpreisen einschließt. Die Erwartungen sind aus zweierlei Gründe hoch:
Ein Grund liegt in der höheren Produktivität der privatbewirtschafteten Flächen im Vergleich zu den staatlichen Kolchosen, der andere in den rekordträchtigen Zuwächsen in China, seitdem dort vor zehn Jahren die Landwirtschaftsreform in Kraft getreten ist *(Abb. 3.3)*.

Abb. 3.3: Getreideerträge in der Sowjetunion und China, 1950–1989

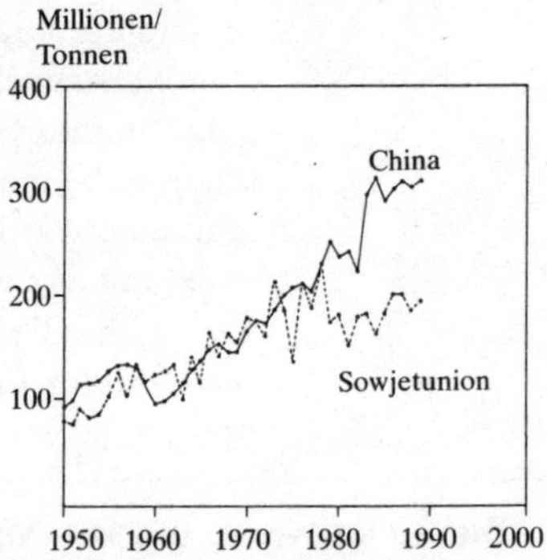

Quelle: US-Dept. of Agriculture

Vergleiche zwischen dem Ertrag privat genutzten Landes mit denen der Staatsbetriebe sind oft ideologisch motiviert und kaum von analytischer Schärfe geprägt; sie sind deshalb in mehrerer Hinsicht irreführend. Zum einen werden auf den privaten Flächen oftmals Spezialitäten angebaut, nicht aber Grundnahrungsmittel. Die Ernte des Hausgartens einer Ranch in Montana würde im Vergleich zum Ertrag der Weizenfelder derselben Ranch in einer ähnlichen Relation stehen wie sie oft für die Sowjetunion zitiert wird. Im Hausgarten, sorgfältig gepflegt und gewässert, werden Erdbeeren, Tomaten und Salat geerntet, deren Hektarertrag um ein Vielfaches über dem der umliegenden Weizenfelder liegt.

Was den zweiten Grund zur Hoffnung angeht, so ist es wahr, daß die vor zehn Jahren ins Leben gerufene Landwirtschaftsreform in China und die jüngste Entwicklung in der Sowjetunion einen Zweck gemeinsam haben, nämlich den, die Ernteergebnisse durch eine Verbesserung des Verhältnisses zwischen Aufwand und Ertrag zu steigern. Es gibt jedoch einige entscheidende Unterschiede.

Viele Chinesen, die heute auf dem Land arbeiten, haben vor der Kollektivierung, die der Revolution im Jahr 1949 folgte, schon einmal Familienbetriebe bewirtschaftet. Da die sowjetische Revolution wesentlich länger zurückliegt, können sich dort nur wenige Menschen daran erinnern, wie private Höfe in einer Marktwirtschaft zu führen sind.

Wegen ihrer enormen Größe beschäftigen die Staats- und Kollektivbetriebe vorwiegend Spezialisten wie etwa Traktorfahrer, Melker oder Buchhalter. Andere sind für die Geräte und deren Wartung verantwortlich. Die wenigen, die über eine umfassendere Kenntnis aller Phasen des landwirtschaftlichen Betriebsablaufs und der Vermarktung verfügen, finden sich in der höheren Verwaltungsebene; sie sind aber in der Minderheit. Landwirtschaft erfordert vielfältiges Wissen auf vielen Gebieten, wie zum Beispiel der Landbewirtschaftung, Pflanzenkrankheiten, Tierernährung, Maschinenkunde, um nur einige zu nennen. Den meisten sowjetischen Landarbeitern fehlen aber gerade diese Kenntnisse.

Im Gegensatz zu China ist die Landwirtschaft in der Sowjetunion hochmechanisiert; dort sind schwere Maschinen im Einsatz, die sich nicht für Familienbetriebe eignen. Es wird einige Zeit in Anspruch nehmen, bis die Maschinenbaubetriebe ihre Produktion so umgestellt haben, daß sie Geräte herstellen können, die auf Familienbetriebe zugeschnitten sind.

Ein anderer entscheidender Unterschied besteht im

Umfang des Einsatzes von Düngemitteln. In beiden Ländern ist es ein Teil der Reform, die Preise für landwirtschaftliche Produktionsmittel und Erzeugnisse denen des Weltmarkts anzupassen. Wenn dieses Niveau erreicht ist, müssen die Düngemittel wirtschaftlich eingesetzt werden, um Gewinne zu ermöglichen. Da die Landwirte auf der gesamten Welt mit denselben Preisen für ihre Erzeugnisse und denselben Kosten für Düngemittel arbeiten müssen, setzen sie unter vergleichbaren Bedingungen vergleichbare Düngermengen ein. In China waren diese Mengen in der Mitte der siebziger Jahre nach internationalen Maßstäben gering; die Reform brachte daher einen scharfen Sprung nach oben mit sich, der zwischen 1976 und 1984 von einer beeindruckenden Ertragssteigerung um fast die Hälfte begleitet wurde.[43]

»Im Gegensatz zu China ist die Landwirtschaft in der Sowjetunion hochmechanisiert; dort sind schwere Maschinen im Einsatz, die sich nicht für Familienbetriebe eignen.«

Im Gegensatz dazu ist der Düngemittelverbrauch in der Sowjetunion heute schon sehr hoch, begünstigt durch massive Subventionen. Das Ausmaß der Verschwendung ist an dem Verhältnis zwischen Düngemitteleinsatz und Ertrag abzulesen, besonders dann, wenn man es mit anderen Ländern in Vergleich setzt. In den Vereinigten Staaten, China und Indien, wo die Preise an den Weltmarkt gebunden sind, ernten die Landwirte 16 bis 18 Tonnen Getreide je eingesetzte Tonne Düngemittel *(Tab. 3.6)*. In der Sowjetunion liegt dieses Verhältnis bei 8 Tonnen Getreide je Tonne Dünger.

Die Übernahme der Weltmarktpreise bedeutet für die sowjetische Landwirtschaft, daß sich das Ausmaß verringert, in dem Düngemittel noch profitabel eingesetzt werden können. In einigen Sowjetrepubliken führte die Rücknahme der Subventionen im Jahr 1988

Tab. 3.6: Getreideernten und Düngemitteleinsatz in den vier wichtigsten Getreideanbauländern der Welt 1986

Land	Getreideernte	Düngemittel-einsatz	Getreide je Tonne Düngemittel
	Millionen Tonnen		Tonnen
China	300	16,9	18
Indien	137	8,5	16
UdSSR	202	25,4	8
USA	314	17,8	18

Quellen: Getreideernten aus U.S. Department of Agriculture, Economic Research Service, World Grain Harvested Area, Production, and Yield, 1950–88. Washington, D.C., 1989, unveröffentlicht; Düngemitteleinsatz aus U.N. Food and Agriculture Organization, *FAO Quarterly Bulletin of Statistics*, Vol. 1, No. 3, 1988.

dazu, daß der Verbrauch von Düngemitteln zurückging. Eine weitere Senkung der Subventionen scheint im Jahr 1989 in der gesamten Sowjetunion dasselbe bewirkt zu haben. Dies hat die Erträge zwar nicht merklich verringert; es zeigt jedoch, daß die Zunahme der chinesischen Getreideernten nicht auf die Sowjetunion übertragbar ist.[44]

Auch die bewässerte Fläche wird in den nächsten Jahren in der Sowjetunion kaum zunehmen. Nachdem der Plan, einige Flüsse nach Süden umzuleiten, zumindest auf unbestimmte Zeit zurückgestellt ist, bestehen kaum Aussichten auf eine Ausdehnung der Bewässerung *(Kapitel 2)*. Die sowjetische Landwirtschaft leidet zudem unter ihrer extrem nördlichen Lage. Moskau liegt etwa auf demselben Breitengrad wie Hudson Bay in Kanada, Leningrad auf der Breite von Südalaska. Die klimatischen Verhältnisse sind also, was die Böden, die Niederschläge und die Sonnenscheindauer angeht, eher mit denen Kanadas zu vergleichen als mit denen der Vereinigten Staaten.[45]

In demselben Ausmaß, in dem Informationen über den Zustand der sowjetischen Landwirtschaft veröffentlicht werden, steigt auch unser Wissen um die Verschlechterung der Umweltsituation in diesem Land. Die Probleme mit der Bewässerung in dem Gebiet rund um den Aralsee, das fast 40 Prozent der gesamten bewässerten Fläche in der Sowjetunion ausmacht, können sich soweit verschärfen, daß große Teile dieses Anbaugebietes aufgegeben werden müssen.[46]

Als größte Gefahr für die Landwirtschaft können sich aber Bodenerosion und Verödung erweisen. Die bearbeiteten Felder in der Sowjetunion sind die größten der Welt: Hecken, Baumreihen oder andere natürliche Vegetationsformen sind dort so gut wie nicht vorhanden; die Erosion durch Wind und Wasser fordert einen hohen Tribut. Ein Mitglied der sowjetischen Akademie der Wissenschaften hält es für gesichert, daß dies die Produktivität des sowjetischen Ackerlandes im Durchschnitt um 30 Prozent schmälert.[47]

»In demselben Ausmaß, in dem Informationen über den Zustand der sowjetischen Landwirtschaft veröffentlicht werden, steigt auch unser Wissen um die Verschlechterung der Umweltsituation in diesem Land.«

Das Ausmaß der Bodenverluste ist erschreckend. Berichte über eine sich ausbreitende ökologische Katastrophe sind in landwirtschaftlichen Kreisen in der Sowjetunion an der Tagesordnung. Schätzungsweise 100 000 Hektar Ackerland gehen jährlich dadurch verloren, daß sich ein Netz von unfruchtbaren Schneisen über das Land ausbreitet. Yuri Markish, ein Spezialist des amerikanischen Landwirtschaftsministeriums für Fragen der sowjetischen Landwirtschaft, hat auf Grund offizieller sowjetischer Quellen errechnet, daß 152 Millionen Hektar, knapp zwei Drittel der kultivierbaren Fläche, durch Wind- und Wassererosion an Fruchtbarkeit eingebüßt haben. Dies ist eine Erklärung dafür, daß die Ernten seit 1980 kaum größer geworden sind, obwohl sich der Düngemitteleinsatz in dieser Zeit um mehr als die Hälfte gesteigert hat.[48]

Die Sowjetunion investiert mehr in die Landwirtschaft als irgendein anderes Land; der Ertrag dieser Investitionen ist aber enttäuschend. Das Programm zur Intensivierung der Landwirtschaft, das sich am westeuropäischen Modell orientierte, hat nur bescheidene Verbesserungen der landwirtschaftlichen Erträge mit sich gebracht. Die durch Bodenerosion und -verdichtung, durch Überwässerung und Versalzung hervorgerufenen Einbußen wiegen diese geringen Gewinne oftmals wieder auf.[49]

Der gesamten Welt muß am Erfolg der sowjetischen Landwirtschaft gelegen sein, auch wenn er wahrscheinlich gering ausfallen und sich eher aus einer Verringerung der Verschwendung ergeben wird als aus einer Steigerung des Ertrags. Die sowjetische Landwirtschaft steht vor der schwierigen Aufgabe, eine Bevölkerung von 289 Millionen ernähren zu müssen, die jährlich um 3 Millionen zunimmt und die außerdem besser versorgt werden will; die natürlichen Grundlagen dieser Versorgung verschlechtern sich zusehends. Die Erwartung, daß die Landwirtschaftsreform der sowjetischen Abhängigkeit von Getreideimporten bald ein Ende setzen oder die Sowjetunion sogar zum Getreideexporteur aufsteigen lassen könnte, sind nicht realistisch.[50]

Ein schwieriges Jahrzehnt liegt vor uns

In einer Hinsicht sind Prognosen heute einfacher zu erstellen als in der Vergangenheit. Da sich die kultivierte Fläche in den neunziger Jahren kaum nennens-

wert verändern wird, hängt die Beurteilung der Zukunftsaussichten für die landwirtschaftliche Produktion allein davon ab, wie man die Geschwindigkeit des Produktivitätsanstiegs einschätzt. Dieser Anstieg war, gemessen am Getreideertrag je Hektar, in den sechziger Jahren mit 26 Prozent, verteilt auf zehn Jahre, am höchsten; in den siebziger Jahren stieg er nur noch um 21 Prozent, um in den achtziger Jahren auf geschätzte 20 Prozent weiter zurückzufallen.[51]
Vor dem Hintergrund der Auswirkungen aufgrund der Verschlechterung der Umweltbedingungen scheint es wahrscheinlich, daß sich die weltweite Steigerung der landwirtschaftlichen Produktion in den neunziger Jahren weiter verlangsamt. Vielleicht war der geringe Zuwachs in den Jahren 1984 bis 1989 ein Vorbote dieser Tendenz *(Abb. 3.4)*. Gegenwärtig ist es schwer zu beurteilen, ob es sich bei diesem Niveau nur um eine kurze Unterbrechung eines langfristigen Trends handelt, der seinen steilen Anstieg demnächst fortsetzt. Möglicherweise ist es aber auch ein Hinweis darauf, wie schwierig es geworden ist, die Ertragskraft der Böden dort noch zu steigern, wo die Erträge heute schon sehr hoch sind – beziehungsweise dort, wo der Verlust an Umweltqualität das Ertragspotential schon erheblich schmälert.[52]

»Vor dem Hintergrund der Auswirkungen aufgrund der Verschlechterung der Umweltbedingungen scheint es wahrscheinlich, daß sich die weltweite Steigerung der landwirtschaftlichen Produktion in den neunziger Jahren weiter verlangsamt.«

So haben sich zum Beispiel die Maisernte der USA und die Weizenernte Westeuropas seit dem Jahr 1950 fast verdreifacht. In Indien hat sich die Weizenernte seit 1965 mehr als verdoppelt, ebenso wie die chinesische Reisernte seit 1960. Offensichtlich läßt sich der Ertrag je Hektar nicht immer wieder im Laufe einiger Jahrzehnte verdoppeln oder verdreifachen.[53]

Abb. 3.4: Weltgetreideertrag pro Hektar, 1950–1989

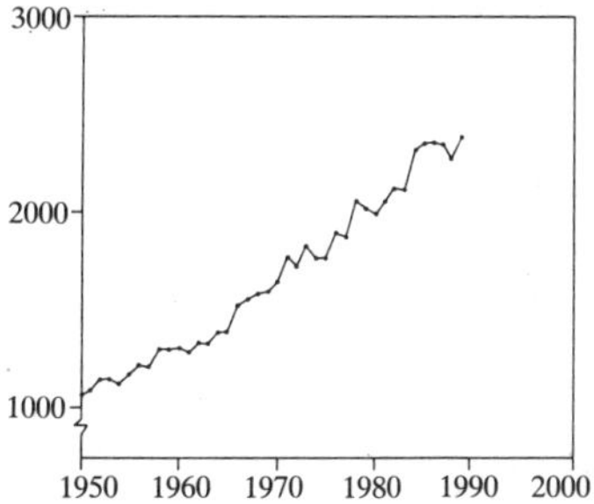

Quelle: US-Dept. of Agriculture

Vielleicht lassen sich diese Fragen mit einem Blick auf die japanische Entwicklung beantworten. Der lang andauernde Aufwärtstrend der Getreideernten begann dort um das Jahr 1880, einige Jahrzehnte bevor er in anderen Ländern einsetzte. Heute liegt der Getreideertrag weltweit, unter Berücksichtigung der sehr unterschiedlichen Anbaubedingungen, ungefähr dort, wo der japanische im Jahr 1970 lag.

Seit 1970 steigt der Reisertrag pro Hektar in Japan nur noch um durchschnittlich 0,9 Prozent im Jahr, das ist knapp die Hälfte des zu erwartenden Bevölkerungswachstums in den neunziger Jahren. Wenn es gelingt, den Ertrag in demselben Zeitraum weltweit mit dieser Rate zu steigern, wird er sich insgesamt um 158 Millionen Tonnen, oder 9 Prozent, erhöhen. Da aber das erwartete Bevölkerungswachstum der Welt mehr als 921 Millionen – 17 Prozent – betragen wird, fällt dann die Getreidemenge pro Kopf im Laufe dieser zehn Jahre um 7 Prozent *(Tab. 3.7)*. Das bedeutet: Wenn in den nächsten zehn Jahren weltweit keine besseren Ergebnisse erzielt werden als im Japan der vergangenen zwanzig Jahre, ist es unvermeidlich, daß die Ernährung vieler Menschen sich verschlechtert und daß der Hunger auf der Welt zunimmt.[54]

In den neunziger Jahren wird sich die Schlüsselfrage stellen, ob die Welt auch nur in der Lage sein wird, mit den japanischen Ergebnissen mitzuhalten. Obwohl der Inlandspreis als Produktionsanreiz auf der vierfachen Höhe des Weltmarktpreises gehalten wird, sind den japanischen Landwirten die landwirtschaftlichen Mittel ausgegangen, um die Ertragskraft ihrer Böden noch weiter zu steigern. In der übrigen Welt werden es die Landwirte, die nicht so gebildet oder wissenschaftlich orientiert sind wie die japanischen, schwer haben, den Stand Japans zu übertreffen.[55]

Inzwischen kann als gesichert gelten, daß sich für Teile der Menschheit die Ernährungslage verschlechtern und der Hunger zunehmen wird. In Afrika steigt sowohl die absolute Zahl als auch der Bevölkerungsanteil derer, die hungern müssen. In Lateinamerika deuten die wachsende Armut, die Abnahme der Nahrungsmittelproduktion pro Person und steigende Le-

Tab. 3.7: Weltgetreideernte, insgesamt und pro Kopf, 1950–1980, und Prognose bis zum Jahr 2000.

	Weltgetreideernte			Pro Kopf		
Jahr	Gesamt	Veränderung in zehn Jahren	Prozent	Gesamt	Veränderung in zehn Jahren	
	Millionen Tonnen			Kilogramm	Prozent	Kilogramm
1950	631			246		
1960	847	+ 216	+ 34	278	+ 13	+ 32
1970	1103	+ 256	+ 30	296	+ 6	+ 18
1980	1441	+ 338	+ 31	322	+ 9	+ 26
1990	1648[1]	+ 243	+ 17	316	− 2	− 6
2000	1842[2]	+ 158	+ 9	295	− 7	− 21

1 Angenommene Steigerung von 1 Prozent gegenüber der Ernte des Jahres 1989 von 1667 Millionen Tonnen, wie vom US-Landwirtschaftsministerium geschätzt.

2 Angenommen wird keine nennenswerte Zu- oder Abnahme der weltweiten Anbaufläche und eine Zuwachsrate des Hektarertrages zwischen den Jahren 1990 und 2000, die der Steigerungsrate der japanischen Reisernte um 0,9 Prozent pro Jahr zwischen 1969 und 1971 sowie zwischen 1986 und 1988 entspricht.

Quellen: Ernten 1950 bis 1980 aus U.S. Department of Agriculture (USDA), Economic Research Service (ERS), World Grain Harvested Area, Production, and Yield, 1950–88. Washington, D. C., 1989, unveröffentlicht; für das Jahr 1989 aus USDA, World Agricultural Outlook Board, World Agriculture Supply and Demand Estimates. Washington, D. C., 12. Oktober 1989; die Pro-Kopf-Zahlen sind abgeleitet aus den Bevölkerungsdaten (nach Daten des U. S. Bureau of the Census) in Francis Urban und Philip Rose, World Population by Country and Region, 1950–86, and Projections to 2000. Washington, D. C., 1988; der Zuwachs des japanischen Reisertrags aus USDA, ERS, World Grain.

bensmittelpreise auf eine ähnliche Tendenz hin. In vielen Ländern hat sich der Fortschritt bei der Bekämpfung der Säuglingssterblichkeit, ein Indikator für den Ernährungszustand der Gesellschaft, verlangsamt, ist angehalten oder sogar umgekehrt worden.[56]
Da dramatische technische Durchbrüche bei der Lebensmittelversorgung nicht zu erwarten sind, wird sich die Lücke zwischen der Produktion und dem Bevölkerungswachstum weiter vertiefen. Vielen Ländern hat die »Grüne Revolution« eine Verbesserung der Nahrungsmittelversorgung gebracht. Allzu viele Länder jedoch haben die dadurch gewonnene Zeit nicht genutzt, um das Bevölkerungswachstum zu bremsen. Sicher wird es durch die ertragsstarken Sorten auch in der Zukunft noch gesteigerte Erträge geben; sie werden aber an die beeindruckenden Erfolge der sechziger bis achtziger Jahre kaum heranreichen.
Die Landwirtschaft auf der Welt muß in jeder nur erdenklichen Hinsicht gestärkt werden. Massive internationale Bemühungen sind erforderlich, um die Böden zu erhalten, Wasser zu sparen und die Fruchtbarkeit des verödeten Landes wiederherzustellen. Die Erfahrungen aus Japan zeigen aber, daß es nicht ausreicht, alles Machbare nur auf einer Seite des Verhältnisses zwischen Versorgung und Bevölkerung zu tun.

»Inzwischen kann als gesichert gelten, daß sich für Teile der Menschheit die Ernährungslage verschlechtern und der Hunger zunehmen wird.«

Um der Menschheit in den neunziger Jahren eine angemessene Ernährung zu sichern, muß das Bevölkerungswachstum mit der wahrscheinlichen Zunahme der Nahrungsmittelproduktion in Einklang gebracht werden. Das einzig vernünftige Ziel kann nur sein, die Wachstumsrate zu halbieren, wie es im wesent-

lichen in den fünfziger Jahren in Japan und in den siebziger Jahren in China gelungen ist. Dazu gehört auch, in der Öffentlichkeit ein Verständnis für den Zusammenhang zwischen der heutigen Familiengröße und der zukünftigen Qualität menschlicher Existenz zu wecken. Solange diese Ziele in den Hauptstädten der Welt nicht obersten Vorrang erhalten, sind alle Bemühungen zum Scheitern verurteilt.[57]
Auch die Familienplanung wird sich in dem erforderlichen Umfang kaum durchsetzen können, wenn die internationale Gemeinschaft keine Lösung für das Schuldenproblem der Dritten Welt findet. Der wirtschaftliche und gesellschaftliche Fortschritt, mit dem im allgemeinen eine Verringerung der Familiengröße einhergeht, fehlt heute in vielen der hochverschuldeten Länder. Solange die Schulden nicht soweit erlassen werden, daß wirtschaftlicher Fortschritt wieder möglich wird, wird sich der erforderliche Rückgang der Fruchtbarkeit nicht einstellen.

Anmerkungen zu Kapitel 3

1 Getreidevorräte aus U.S. Department of Agriculture (USDA), Foreign Agricultural Service (FAS). World Grain Situation and Outlook. Washington, D.C., Oktober 1989; Getreidepreis in Dollar, inflationsbereinigt, entsprechend den Preisen in Internationaler Währungsfonds (IWF), International Financial Statistics. Washington, D.C., verschiedene Ausgaben; U.S. Department of Commerce, Bureau of Economic Analysis, Survey of Current Business. Washington, D.C., verschiedene Ausgaben.

2 USDA, FAS, World Grain Situation and Outlook, Oktober 1989.

3 Francis Urban und Philip Rose, World Population by Country and Region, 1950–86, and Projections to 2050. Washington, D.C., 1988.

4 Schätzung der von der Erosion betroffenen Flächen aus Lester R. Brown und Edward C. Wolf, Soil Erosion: Quiet Crisis in the World Economy. Worldwatch Paper 60. Washington, D.C. 1984.

5 Die Angaben zum jährlichen Umfang der Bodenerosion sind von den Autoren geschätzt; sie beruhen auf Brown und Wolf, Soil Erosion. Angenommen werden eine durchschnittliche Tiefe des Mutterbodens von 18 Zentimetern, 156 Tonnen Mutterboden je Hektarzentimeter und jeweils 24 Millionen Hektar Anbaufläche für Mais, Weizen und Sojabohnen. Das ergibt für die Vereinigten Staaten auf dieser Fläche 202 Milliarden Tonnen Mutterboden. Die Angaben zur Fläche entsprechen typischen Werten für die achtziger Jahre und sind entnommen aus USDA, ERS, World Grain Harvested Area, Production and Yield, 1950–88, unveröffentlicht. Washington, D.C., 1989 (Weizen und Mais), und aus USDA, FAS, World Oilseed Situation and Market Highlights. September 1989 (Sojabohnen).

6 Food and Agriculture Organization of the United Nations (FAO), Protect and Produce: Soil Conservation for Development. Rom 1983.

7 Leon Lyles, Possible Effects of Wind Erosion on Soil Productivity. *Journal of Soil and Water Conservation*, November/Dezember 1975.

8 Gerundete Zahlen; die Berechnungen beruhen auf nichtgerundeten Zahlen.

9 Die mit Getreide bebaute Fläche entspricht einer Schätzung der Autoren. Der Hektarertrag ist ebenfalls geschätzt, die Daten stammen aus USDA, ERS, World Grain.

10 Richard M. Weintraub, Bangladesh Braces for More Flooding as Casualities Climb. *Washington Post,* 7. September 1988.

11 Die gegenwärtige Einwohnerzahl von Madya Pradesh ist von den Autoren geschätzt; Grundlage sind die Bevölkerungs- und Wachstumszahlen aus Frank B. Hobbs, Demographic Estimates, Projections and Selected Social Characteristics of the Population of India. Washington, D.C., 1986; Daten zum Brennstoffverbrauch aus Centre for Science and Environment, The State of India's Environment 1984–85. Neu Delhi 1985; die Spirale aus Brennstoffverbrauch, Entwaldung und dem Verlust von Bodennährstoffen wird beschrieben in Kenneth Newcombe, An Economic Justification for Rural Afforestation: The Case of Ethiopia. Washington, D.C., 1984, und in: Kenneth Newcombe, Household Energy Supply: The Energy Crisis That Is Here To Stay! World Bank Senior Policy Seminar, Botswana, 18.–22. März 1985.

12 Die Ergebnisse dieser Studie (U.S. National Crop Loss Assessment Network) werden diskutiert in James J. MacKenzie und Mohamed T. El-Ashry, Ill Winds: Airborne

Pollution's Toll on Trees and Crops. Washington, D.C., 1988.

13 Ebd.

14 Ebd.

15 Die Erntedaten für 1987 aus USDA, ERS, World Grain; 1987 ist das zur Zeit letzte Jahr, für das Daten vorliegen und in dem keine der untersuchten Regionen dürrebedingte Ernteausfälle zu verzeichnen hatte.

16 Die Angaben zur Ausdünnung der Ozonschicht aus National Aeronautics and Space Administration, Executive Summary of the Ozone Trends Panel. Washington, D.C., 1988; die Relation zwischen Ozongehalt und ultravioletter Strahlung aus William Booth, Severe Ozone Depletion Likely Again This Year. *Washington Post,* 6. Oktober 1989; zu den Folgen gesteigerter ultravioletter Strahlung für den Sojaertrag s. Alan H. Teramura und N. S. Murali, Intraspecific Differences in Growth and Yield of Soybeans Exposed to Ultraviolett-B Radiation Under Greenhouse and Field Conditions. *Environmental and Experimental Botany,* Vol. 26, No. 1, 1986.

17 James E. Hansen u. a., Global Climate Changes as Forecast by the GISS 3-D Model. *Journal of Geophysical Research,* 20. August 1988.

18 Zu den Auswirkungen hoher Temperaturen auf die Bestäubung von Mais s. R. H. Shaw, Estimates of Yield Reductions in Corn Caused by Water and Temperature Stress, in C. D. Raper und P. J. Kramer, Hrsg., Crop Reactions to Water and Temperature Stresses in Humid, Temperate Climates. Boulder, Colo., 1983, und R. F. Dale, Temperature Perturbations in the Midwestern and Southeastern United States Important for Corn Production, ebd.; zu den Auswirkungen auf Reis s. Alan H. Teramura, Beitrag für das Committee on Agriculture, Nutrition and Forestry und das Subcommittee on Foreign Operations of the Committee on Appropriations, U.S. Senate, vom 10. Mai 1989.

19 Der Zuwachs der bewässerten Fläche ist von den Autoren geschätzt. Diese Schätzung beruht auf den Zuwachsraten in FAO, FAO 1988 Production Yearbook, Rom 1989; der jährliche Zuwachs des Düngereinsatzes ist von den Autoren nach neueren Trends in den Daten der FAO geschätzt.

20 FAO, Protect and Produce; Angaben zur Fläche des Ackerlandes aus USDA, ERS, World Grain.

21 Die Getreideanbaufläche für 1980 ist abgeleitet aus der Erntefläche in USDA, ERS, World Grain, und aus den Angaben zur Bevölkerung in Urban und Rose, World Population;

die Zahlen für 1990 sind von den Autoren nach den o. g. Quellen geschätzt. Dabei wurde davon ausgegangen, daß alle jene Getreideanbauflächen in den USA, die sich zur Zeit noch in Programmen zur Überschußbegrenzung befinden, ihre Produktion wieder aufnehmen.

22 Die Zahl zum Düngereinsatz im Jahr 1950: Persönliche Mitteilung durch Paul Andrilenas, Washington, D.C., vom 9. Mai 1986; der Wert für 1989 ist vom Autor geschätzt.

23 1986 produzierten chinesische und indische Bauern 17,8 resp. 16,1 kg Getreide für jedes eingesetzte Kilogramm Kunstdünger. In den USA waren es 17,6 kg. Schätzungen des Worldwatch Institute nach: USDA, ERS, World Grain, und: *FAO Quarterly Bulletin of Statistics,* Vol. 1, No. 3, 1988.

24 Jerome Mintz in der Zeitschrift *Venture,* zitiert in Jack Ralph Kloppenburg, First the Seed: The Political Economy of Plant Biotechnology. New York 1988; USDA, FAS, World Grain Situation and Outlook. Washington, D.C., Juli 1989.

25 Kloppenburg, First the Seed.

26 Jane E. Brody, Quest for Lean Meat Prompts New Approach. *New York Times,* 12. April 1988; Debora MacKenzie, Science Milked for All It's Worth, *New Scientist,* 24. März 1988; Charles C. Muscoplat, Commercialization and Research Perspectives for Vaccines, in Joel I. Cohen, Hrsg., Strengthening Collaboration in Biotechnology: International Agricultural Research and the Private Sector. Washington, D.C., 1989; George E. Seidel, Jr., Geneticists in the Pasture. *Technology Review,* April 1989.

27 Joseph J. Molnar und Henry Kinnucan, Introduction: The Biotechnology Revolution, in Joseph J. Molnar und Henry Kinnucan, Hrsg., Biotechnology and the New Agricultural Revolution. Boulder, Colo., 1989; Inter-American Development Bank, Economic and Social Progress in Latin America: 1985 Report. Washington, D.C., 1988.

28 Norman E. Borlaug, Conference Comments: Biotechnology and World Food Demand in U.S. Agency for International Development, Bureau for Science and Technology, Strengthening Collaboration in Biotechnology: International Agricultural Research and the Private Sector. Washington, D.C., 1989.

29 Kloppenburg, First the Seed; Jean L. Marx, Foreign Gene Transferred into Maize. *Science,* 8. April 1988.

30 Kloppenburg, First the Seed; Michael Lipton mit Richard Longhurst, New Seeds and Poor People. Baltimore, Md., 1989.

31 Nagesh Kumar, Biotechnology Revolution and the Third World: An Overview in Research and Information System for the Non-Aligned and Other Developing Countries (RIS), Biotechnology Revolution and the Third World. Neu-Delhi 1988; M. S. Swaminathan, Biotechnology and Sustainable Agriculture, ebd.; Nyle C. Brady, Application of Biotechnology and Other New Technologies in Developing-Country Agriculture, in Molnar und Kinnucan, Biotechnology and the New Agricultural Revolution; Peter R. Day, The Impact of Biotechnology on Agricultural Research, in Martin Gibbs und Carla Carlson, Hrsg., Crop Productivity: Research Imperatives Revisited. Proceedings of conference held at Boyne Highlands Inn, 13.–18. Oktober 1985, and at Airline House, 11.–13. Dezember 1985.

32 Die geschätzten Zahlen zur gentechnologischen Forschung in den USA stammen aus einer persönlichen Mitteilung durch John Chirichiello, National Science Foundation, vom 6. Oktober 1989; zur Diskussion der Prioritäten bei der Vergabe von Forschungsmitteln der US-Bundesregierung s. Kloppenburg, First the Seed; die Industrie unterstützt schätzungsweise 16 bis 24 Prozent der an den Universitäten geleisteten gentechnischen Forschung, s. David Blumenthal u. a., University-Industry Research Relationships in Biotechnology: Implications for the University. *Science,* 13. Juni 1986 (zitiert in Kloppenburg, First the Seed); zur weiteren Diskussion der Förderung universitärer Forschung durch die Industrie s. Martin Kenney, Biotechnology: The University-Industrial Complex. New Haven, Conn., 1986.

33 Kloppenburg, First the Seed; Calestous Juma, The Gene Hunters: Biotechnology and the Scramble for Seeds. Princeton, N.J., 1989.

34 Jack Doyle, Altered Harvest: Agriculture, Genetics, and the Fate of the World's Food Supply. New York, 1985; Kloppenburg, First the Seed; Lipton, New Seeds and Poor People.

35 Sandra Postel, Defusing the Toxics Threat: Controlling Pesticides and Industrial Wastes. Worldwatch Paper 79. Washington D.C., 1987; Doyle, Altered Harvests.

36 Lipton, New Seeds and Poor People.

37 Steigerung der Milchleistung aus MacKenzie, Science Milked for All It's Worth; die Kosten des Rinderwachstumshormons entsprechen einer Schätzung von Richard Fallert, USDA, ERS, vom 26. Oktober 1989.

38 Persönliche Mitteilung von Joel J. Cohen, U.S. Agency for International Development, vom 22. September 1989; Roger N. Beachy, Genetic Transformation for Virus Resis-

tance: Needs and Opportunities in Developing Countries, in Cohen, Strengthening Collaboration in Biotechnology; Roger N. Beachy und Claude Fauquet, Cassava Viruses and Genetic Engineering. St. Louis, Missouri o. J.

39 Kenney, Biotechnology: The University-Industrial Complex.

40 Donald L. Plucknett u. a., Future Role of the IARCs in the Application of Biotechnology in Developing Countries. Commissioned Paper, No. 20 for World Bank, International Service for National Agricultural Research, Australian International Development Assistance Bureau, and Australian Centre for International Agricultural Research. Wallingford.

41 Plucknett u. a., Future Role of the IARCs.

42 Jack A. Kloppenburg, Jr., Hrsg., Seeds and Sovereignty: The Use and Control of Plant Genetic Resources. Durham, North Carolina, 1988; Juma, The Gene Hunters; Cary Fowler u. a., The Laws of Life: Another Development and the New Biotechnologies. *Development Dialogue,* 1–2, 1988.

43 Angaben zum Düngemitteleinsatz in China aus FAO Fertilizer Yearbook, verschiedene Jahrgänge, zu den Getreideerträgen aus USDA, ERS, World Grain.

44 USDA, ERS, USSR Agriculture and Trade Report. Washington, D.C., Mai 1989.

45 Angaben zur Bevölkerung Kanadas und der Sowjetunion aus Population Reference Bureau (PRB), 1989 World Population Data Sheet. Washington, D.C., 1989.

46 Philip P. Micklin, The Water Management Crisis in Soviet Central Asia. Final Report to the National Council for Soviet and East European Research. Washington, D.C., Februar 1989.

47 A. Kashtanow, zitiert in Markish, Soviet Environmental Problems Mount. *CPE Agriculture Report.* Washington, D.C., Mai/Juni 1989.

48 Ebd.; Angaben zu den sowjetischen Ernten aus USDA, ERS, World Grain, zum Düngemitteleinsatz aus FAO, FAO Fertilizier Yearbook, verschiedene Jahrgänge, und aus *FAO Quarterly Bulletin of Statistics.* Vol. 1, No. 2, 1988.

49 Knapp 25 Prozent aller sowjetischen Investitionen sind für die Landwirtschaft bestimmt; in anderen Ländern sind es dagegen – nach einer persönlichen Mitteilung durch Edward C. Cook, USDA, ERS, vom 25. Oktober 1989 – nur etwa 10 Prozent; Angaben zu den Erntesteigerungen aus USDA, ERS, World Grain.

50 PRB, 1989 World Population Data Sheet.

51 USDA, ERS, World Grain; der Zuwachs für die achtziger

Jahre ist eine Schätzung der Autoren, ausgehend von World Grain, und der Schätzung für 1989 in USDA, WAOB, World Agriculture Supply and Demand Estimates. 12. Oktober 1989.

52 Ebd.

53 Ebd.

54 Prognose des Weltbevölkerungszuwachses aus United Nations, Department of International Economic and Social Affairs, World Population Prospects 1988. New York 1989.

55 William T. Coyle, Government Assistance in Japanese Agriculture. East Asia and Oceania Situation and Outlook Report. Washington, D.C., Mai 1987.

56 Angaben zu Afrika aus World Bank, Report of the Task Force on Food Security in Africa. Washington, D.C., 1988; s. *Kapitel 7* zu Fragen der Armut in Lateinamerika; Angaben zur Nahrungsmittelproduktion pro Person aus USDA, ERS, World Grain; Lebensmittelpreise aus IMF, International Financial Statistics, verschiedene Ausgaben; Angaben zur Kindersterblichkeit aus United Nations Childrens' Fund (UNICEF), State of the World's Children 1989. New York 1989.

57 Persönliche Mitteilung durch Carl Haub, Washington, D.C., vom 17. Oktober 1988; s. auch Lester R. Brown u. a., Global handeln in: Zur Lage der Welt 89/90. Frankfurt/M. 1989.

Jodi L. Jacobson

4. Meere: Zurückdämmen der Fluten

Die in den vergangenen hundert Jahren zu beobachtende zunehmende Besiedelung der Küstengebiete war nur in der stillschweigenden Annahme möglich, daß es eine Art Status quo für die Grenze zwischen Land und Meer gebe. Nach der Meinung vieler Wissenschaftler gerät aber diese Grenze, die im Laufe der Erdgeschichte ohnehin alles andere als statisch war, zusehends in Bewegung. Kalt- und Warmzeiten mit einer Dauer von 100000 Jahren, gekennzeichnet durch die Bildung und das Abschmelzen von Gletschern, halten den Meeresspiegel in ständigem Fluß. Diese Veränderungen sind aber ziemlich oft so langsam vor sich gegangen, daß sich die Menschen und ihre gesellschaftlichen Organisationen ihnen meistens anpassen konnten.

Dies wird sich durch die Erwärmung der Atmosphäre radikal ändern. Die zunehmende Konzentration der Treibhausgase wird die Durchschnittstemperatur in den nächsten hundert Jahren um 2,5 bis 5,5 Grad Celsius ansteigen lassen *(Kapitel 1)*. Daraus folgt, daß der Meeresspiegel ebenfalls schneller ansteigt, denn das Wasser dehnt sich mit zunehmender Temperatur aus, die alpinen und polaren Gletscher schmelzen ebenso wie die Eiskappen. Noch können wir nur Vermutungen darüber anstellen, mit welcher Geschwindigkeit der Meeresspiegel ansteigen wird; die Verluste für Wirtschaft und Umwelt der Küstenländer lassen sich jedoch in unterschiedlichen Szenarios einigermaßen genau vorhersagen. Eines haben alle Szenarios gemeinsam: Kein Küstenland, ob arm oder reich, wird verschont bleiben.[1]

Der beschleunigte Anstieg des Meeresspiegels stellt, wie auch die globale Erwärmung, eine riesige Umweltgefahr dar. Die Diskussionen über das bevorstehende Ansteigen der Meeresspiegel lassen aber eine kritische Erscheinung meistens außer Acht: in einigen Regionen steigt der relative Meeresspiegel – seine Höhe, gemessen in einer spezifischen geographischen Umgebung – schon heute rapide an. Bangladesch, Ägypten und die Vereinigten Staaten sind nur einige der Länder, in denen die ausgedehnte Verödung der Küstengebiete im Zusammenwirken mit den jüngsten, relativ geringen Veränderungen des Weltmeeresspiegels zu erheblichen Landverlusten geführt hat. Diese Entwicklung wird sich durch den Treibhauseffekt noch verschärfen.

Berechnungen der Umweltbehörde der USA (EPA) deuten für den Zeitraum bis zum Jahr 2100 auf einen erwärmungsbedingten Anstieg um einen halben bis zu zwei Metern hin. Ein Anstieg um einen Meter bis zum Jahr 2075, der durchaus im Rahmen der Prognosen liegt, würde erhebliche wirtschaftliche, ökologische und soziale Störungen auslösen. G. P. Hekstra vom niederländischen Umweltministerium bestätigt, daß alles Land bis zu einer Höhe von fünf Metern über NN davon betroffen wäre. Einschließlich der möglichen Schäden durch Sturmfluten und das Eindringen von Salzwasser in die Flüsse sind 5 Millionen Quadratkilometer in Gefahr. Obwohl dies nur drei Prozent der gesamten Landfläche der Welt ausmacht, leben eine Milliarde Menschen auf diesem Land, das dazu noch ein Drittel des Ackerlandes umfaßt.[2]

Der steigende Meeresspiegel stellt die Küstenländer vor die Wahl: Rückzug oder Eindeichung. Die Entscheidung darüber, welche dieser Strategien angewandt werden soll, muß relativ schnell fallen, denn die Vorlaufzeiten für die Errichtung von Deichen und anderen Bauwerken sind sehr lang; zwischenzeitlich wird die wirtschaftliche Erschließung der Küstenregionen weiterhin vorangetrieben. Der Einsatz knapper Mittel auf der Grundlage unbekannter zukünftiger Umstände ist jedenfalls mit einem hohen Risiko verbunden.

»Der steigende Meeresspiegel stellt die Küstenländer vor die Wahl: Rückzug oder Eindeichung.«

Die Frage stellt sich, wie weit die betroffenen Länder bei der Sicherung ihrer Küstenregionen gehen sollen. Der Schutz von Stränden, Siedlungen und Feriengebieten kann ein Land mit langen Küsten Milliarden kosten, die nur dann gut angelegt sind, wenn die Vorhersagen auch wirklich eintreffen. Die tatsächlichen ökologischen Kosten sind schwer abzuschätzen, weil die herkömmlichen Wirtschaftsmodelle nicht berücksichtigen, daß der Bau von Deichen sehr oft den Verfall von Ökosystemen beschleunigt, die für Fische und Vögel lebenswichtig sind. Dazu kommt, daß der Schutz privaten Eigentums in einem Küstenabschnitt die Erosion in anderen Abschnitten verstärkt.
Ein weiteres Problem liegt in der internationalen Lastenverteilung. Tiefgelegene Entwicklungsländer haben die größten Verluste zu erwarten und können sich den Bau von Dämmen und Deichen am wenigsten leisten. Sie müssen damit rechnen, vom Treibhauseffekt unverhältnismäßig hart getroffen zu werden, zu dessen Entstehung sie nur sehr wenig beigetragen haben. Gleichzeitig werden Entwicklungsprojekte vorangetrieben, die einen enormen Druck auf die Ökosysteme dieser Regionen ausüben und die gegenwärtigen und zu erwartenden Folgen des Anstiegs des Meeresspiegels noch verschärfen.

Globale Veränderungen, lokale Wirkungen

Meeresbecken verändern ihre Größe und Form in einer Weise, die der Landschaftsformation sehr ähnlich ist. Der Meeresboden baut sich über Ansammlungen von Lava auf, die aus unterirdischen Bergketten entspringt und mehrere Schichten bildet. Das Gewicht neuer Schichten läßt die Erdkruste absinken. Wenn dieses Absinken schneller vor sich geht als die Bildung neuen vulkanischen Gesteins, vertieft sich das Becken, und der Wasserstand fällt – vorausgesetzt, das Volumen des Wassers ist konstant. Eilt dagegen die Bildung neuer Felsen dem Absinken voraus, nimmt das Volumen des Beckens ab: der Wasserstand steigt.[3]

Das Volumen des Meerwassers kann sich wesentlich schneller verändern als die Größe und Form der Becken. Ein globaler Temperaturanstieg beeinflußt den Meeresspiegel auf unterschiedliche Weise: Die Dichte kann durch die Erwärmung und die damit verbundene Ausdehnung abnehmen, wodurch das Volumen steigt. Es nimmt ebenfalls zu, wenn die alpinen oder polaren Gletscher abschmelzen oder wenn größere Eismengen von den polaren Eiskappen ins Meer abbrechen.

Gletscher und Festlandeis, wie in der Antarktis oder Grönland, wachsen oder schmelzen in einem Zyklus von etwa 100 000 Jahren. In der letzten Zwischeneiszeit waren die Temperaturen um ein Grad Celsius und der Meeresspiegel um sechs Meter höher. Auch global und lokal ändert sich der Meeresspiegel unter dem Einfluß kurzfristiger meteorologischer und physikalischer Ereignisse von Tag zu Tag und von Jahr zu Jahr. Diese können ihrerseits wieder von der Erwärmung der Erde beeinflußt werden. Darüber hinaus ist die Höhe des Meeresspiegels von so unterschiedlichen Faktoren abhängig wie den Gezeiten, dem Luftdruck, von Wind und Wellen, Stürmen und sogar der Erdrotation.[4]

Die leichten Schwankungen des Weltklimas der vergangenen 5000 Jahre sind die Ursache für die entsprechend geringen Veränderungen des Meeresspiegels. In den letzten hundert Jahren jedoch hat sich der Anstieg leicht beschleunigt – auf 10 bis 15 Zentimeter. In der Diskussion über die möglichen Gründe behaupten einige Wissenschaftler, daß es bisher noch keine Anzeichen dafür gebe, daß der Anstieg auf die vom Menschen verursachte Erwärmung zurückgeht, während andere weniger gelassen sind.[5]
Das Absinken des Bodens ist für solche Flußmündungen von Bedeutung, wie etwa das Nil- oder Gangesdelta, in denen menschliche Aktivitäten in diejenigen geophysikalischen Prozesse eingreifen, die die Auswirkungen des Anstiegs auffangen könnten. Diese tiefliegenden Regionen, sowohl gesellschaftlich wie ökologisch außerordentlich bedeutend, werden die ersten sein, die einem auch nur geringen Anstieg des Meeresspiegels zum Opfer fallen.

»Gletscher und Festlandeis, wie in der Antarktis oder Grönland, wachsen oder schmelzen in einem Zyklus von etwa 100 000 Jahren.«

Unter natürlichen Bedingungen befinden sich die Mündungsgebiete in einem dynamischen Gleichgewicht; Neubildung und Zerfall bilden ein kontinuierliches Muster. Der Boden eines Flußdeltas sinkt örtlich und regional durch den Druck der vom Fluß transportierten und abgelagerten Sedimente. Solange dem Delta ausreichend Sedimente zugeführt werden, wächst es oder behält zumindest seinen Umfang. Wenn die Sedimente aber auf ihrem Weg aufgehalten werden, führen Verdichtung und Erosion des Bodens zu erheblichen Landverlusten, selbst bei gleichbleibendem Meeresspiegel.
In einigen der großen Mündungsdelten haben menschliche Eingriffe dramatische Folgen sowohl für die Höhe des Meeresspiegels als auch für die küsten-

nahen Ökosysteme. Durch Kanalisierung, Eindeichung oder Umleitung von Flüssen kann sich die Sedimentmenge, die das Delta erreicht, drastisch verringern. Dies ist am Ganges, am Mississippi und an den meisten anderen großen Flüssen geschehen; in der Folge ist es zu einer verstärkten Erosion der Küstenlinie und einem Anstieg der Wasserstände gekommen. Darüber hinaus kann sich das Absinken des Bodens noch dadurch beschleunigen, daß Grundwasserspeicher und unterirdische Gas- oder Ölvorkommen ausgebeutet werden. In Bangkok setzt sich der Boden jährlich um 13 Zentimeter, nachdem dort in den vergangenen dreißig Jahren die Grundwasservorräte leergepumpt worden sind *(Kapitel 2)*.[6]

Diese Faktoren können die lokalen Folgen der globalen Veränderungen erheblich beeinflussen. Das Absinken des Bodens kann den örtlichen Wasserstand auf das Fünffache des weltweiten Durchschnitts anheben. Ein Anstieg dieses Durchschnittswertes um 20 Zentimeter kann an der Atlantik- und der Golfküste der Vereinigten Staaten einen durchschnittlichen Anstieg um 33 Zentimeter verursachen, während er für die von der Bodensenkung betroffenen Gebiete in Louisiana und für Teile Kaliforniens und Texas' einen Anstieg um einen Meter bedeuten kann. Mit der Beschleunigung des weltweiten Anstiegs wird sich der Wasserstand absinkender Küstenregionen um ein Vielfaches erhöhen.[7]

»Tiefliegende Regionen, sowohl gesellschaftlich wie ökologisch außerordentlich bedeutend, werden die ersten sein, die einem auch nur geringen Anstieg des Meeresspiegels zum Opfer fallen.«

Die Diskussion um die möglichen Folgen der weltweiten Erwärmung wird von vielen Unsicherheiten beherrscht. Sehr wahrscheinlich ist zunächst eine Volumenvergrößerung des Wassers infolge der thermischen Ausdehnung. Die Geschwindigkeit dieser Aus-

Tab. 4.1: Schätzungen der unterschiedlichen Beiträge zum Anstieg des Meeresspiegels bis zum Jahr 2100

Untersuchung	Schmelzen				
	Thermische Ausdehnung	Alpengletscher	Grönland	Antarktis	Summe
	Zentimeter				
Nationale Akademie der Wissenschaften, USA, 1983	30	12	12		70
Umweltschutzbehörde, USA (EPA), 1983	28–115				56–345
Nationale Akademie der Wissenschaften, 1985	10–30	10–30	– 10 → – +100	50–200	
Thomas, 1985				0–200	
Hoffman u. a., 1980	28–83	12–27	6–27	12–220	57–368

Quellen: J. S. Hoffman u. a., Future Global Warming and Sea Level Rise in: Per Brun, Hrsg., Iceland Symposium '85. Reykjavik 1986.

dehnung hängt davon ab, wann das Meeresvolumen auf den Anstieg der Temperaturen reagiert, wie schnell sich die Oberflächenschichten erwärmen und diese Erwärmung die tieferen Schichten erreicht. Die Geschwindigkeit der Gletscherschmelze und die genauen Reaktionen großer Landmassen, wie etwa der Antarktis, sind ebensowenig gesichert *(Tab. 4.1)*. Auf lange Sicht aber wird der größte Beitrag zur Vergrößerung des Volumens von den Gletschern und Eiskappen ausgehen, wenn die Erwärmung ihren vollen Umfang angenommen hat. (Das Abschmelzen der arktischen Eismassen hätte keinen Einfluß auf die Höhe des Meeresspiegels, da dieses Eis schwimmt und eine Wassermenge verdrängt, die etwa der des im Wasser befindlichen Eises entspricht.)[8]

In den vergangenen fünf Jahren hat eine Reihe von

Wissenschaftlern versucht, den Umfang des treibhausbedingten Anstiegs des Meeresspiegels bis zum Jahr 2100 abzuschätzen. Gordon de Q. Robin prognostiziert einen Anstieg zwischen 20 und 165 Zentimetern. Nach Berechnungen anderer Wissenschaftler ist in den nächsten 110 Jahren ein Anstieg um 2 bis 4 Meter nicht auszuschließen. Die oft zitierten Schätzungen der EPA zum Anstieg des Meeresspiegels reichen von 50 bis zu 200 Zentimetern, je nach Geschwindigkeit der Klimaveränderungen *(Tab. 4.2)*.
In diesem Kapitel verwenden wir die Zahlen der EPA, soweit nicht anders vermerkt. Die meisten Modelle gehen davon aus, daß der Anstieg zu Beginn gering ausfallen wird, verglichen mit der rapiden Steigerung nach dem Jahr 2050. Für die Zeit nach dem Jahr 2100 können wir nur Vermutungen anstellen. In jedem Fall sagen selbst die vorsichtigen Schätzungen eine bemerkenswerte Steigerung der derzeitigen Geschwindigkeit voraus.[9]

Tab. 4.2: Anstieg des Meeresspiegels, geschätzt für die Zeit zwischen den Jahren 2000 und 2100 (in Zentimetern)

Umfang	2000	2025	2050	2075	2100
Niedrig	4,8	13	23	38	56
Niedrig bis mittel	8,8	26	53	91	144
Mittel bis hoch	13,2	39	79	137	217
Hoch	17,1	55	117	212	345

Quelle: John S. Hoffman u. a., Projecting Future Sea Level Rise, Washington, D. C., 1983.

Wenn die Erwärmung ungebremst ihren Lauf nimmt und die Temperaturen das obere Ende der Prognosen erreichen, werden weite Teile der Erde unter Wasser stehen. Zuerst wird wahrscheinlich die westantarktische Eisdecke abschmelzen. Im Unterschied zu denen Grönlands und der Ostantarktis ruht sie nicht auf Land, sondern auf unterseeischen Bergen und Bergketten; sie ist daher relativ instabil.

Ein deutlicher Anstieg des Meeresspiegels, wie er durch die thermische Ausdehnung zu erwarten ist, könnte sie von ihrer Basis abheben und ihren Abbruch auslösen. In dieser Region betragen die Sommertemperaturen im Durchschnitt −5 Grad Celsius; ein Anstieg um 5 Grad würde genügen, um diese Eismassen auf ihren zerstörerischen Weg zu bringen. Das Abschmelzen der gesamten Eisdecke würde 200 bis 500 Jahre dauern und den Meeresspiegel um weitere sechs Meter ansteigen lassen.[10]

»Wenn die Erwärmung ungebremst ihren Lauf nimmt und die Temperaturen das obere Ende der Prognosen erreichen, werden weite Teile der Erde unter Wasser stehen.«

Der Biochemiker Eric Golanty behauptet, daß allein das Schmelzwasser ausreichen würde, um 1,5 bis 2,1 Prozent der Landfläche der Vereinigten Staaten unter Wasser zu setzen. Dichtbesiedelte Gebiete – ein Viertel bis zu einem Drittel von Florida und Louisiana, ein Viertel von Delaware, die texanischen Städte Galveston, Beaumont, Port Arthur und Corpus Christi, Savannah in Georgia, Charleston in South Carolina, die tiefer gelegenen Teile von Atlantic City, New York, Boston und Washington, D.C., – würden zu modernen Nachfolgern von Atlantis.[11]

Die Geschwindigkeit, mit der der Meeresspiegel steigt, ist von großer Bedeutung. Der Anstieg in der überschaubaren Zukunft – ein Meter bis zum Jahr 2075 ist sicher plausibel –, ist nach menschlichen Zeitmaßstäben ohne Beispiel. Jeder höhere Wert bedeutet auch einen rascheren Anstieg des relativen Wasserstandes überall dort, wo die Küsten besonders schnell absinken: Bei dem heutigen Bevölkerungs- und Bebauungsniveau in den Küstenregionen hat die Menschheit mehr zu verlieren denn je.

Land und Menschen in Gefahr

Schon heute sind die Flußmündungen, die Küsten und die ihnen vorgelagerten Inseln erheblichen Belastungen durch die Bevölkerungsdichte und wirtschaftliche Nutzung ausgesetzt. Das rapide Absinken des Bodens und die Erosion der Küsten sind die Ursachen dafür, daß viele Gebiete schon einen Anstieg des Wasserstands um einen Meter zu gewärtigen haben, bevor er weltweit dieses Ausmaß angenommen hat. Dies bedeutet, daß Vermögenswerte in Milliardenhöhe in den Küstenstädten und den Häfen in Gefahr sind. Die Schwierigkeiten mit der natürlichen und künstlichen Entwässerung, mit dem Eindringen des Meerwassers in die Flüsse und das Grundwasser sowie die Erosion der Strände werden noch alltäglicher sein, als sie es heute schon sind.

Höhere Gezeiten werden mit Ebbe und Flut schwere Schäden an den verschiedensten küstennahen Ökosystemen anrichten. Feuchtgebiete und Küstenwälder, die den größten Teil derjenigen Flächen einnehmen, die weniger als einen Meter über dem Meeresspiegel liegen, werden überall gefährdet sein. Der heute sichtbare Verlust der Feuchtgebiete an der Küste Louisianas bietet sich als Fallstudie für die Zukunft an.

Küstenmoore und Marschen sind Gebiete von erstaunlicher biologischer Vielfalt. Die Marschen Louisianas bedecken zum Beispiel eine Fläche von 5,2 Millionen Hektar, das sind 41 Prozent aller Feuchtgebiete der Vereinigten Staaten. Aus dieser Region kommen 25 Prozent des Fischfangs der USA; die Freizeitindustrie, deren Stützen das Angeln, die Jagd und die Vogelbeobachtung sind, erreicht einen Umsatz von 500 Millionen Dollar (pro Jahr). Der ökologische Nutzen dieser Feuchtgebiete kann nicht hoch genug eingeschätzt werden. Fast zwei Drittel der Zugvögel auf der Mississippi-Zuglinie sind auf dieses

Ökosystem angewiesen; die Marschen und die küstennahen Inseln schützen es vor den verheerenden Hurrikanen. Die Marschen halten nicht nur das Salzwasser des Golfs von Mexiko von den Flüssen und Wasseradern des Binnenlandes fern, sie stellen darüber hinaus den Wasservorrat für die Küstenstädte, Landwirtschaft und Industrie.[12]

Was sich in Millionen Jahren auf dem Gebiet der USA durch die Ablagerungen des von den Rocky Mountains bis zu den Appalachen ausgewaschenen Schlamms angesammelt hat, droht nun innerhalb eines Zeitraums von etwas mehr als hundert Jahren zu verschwinden. Bis zum Jahr 2040 können die berühmten Bayous und Marschen Louisianas überflutet sein, wenn der Golf von Mexiko sich etwa 50 Kilometer weiter ins Landesinnere ausdehnt. Die Störung des empfindlichen Ökosystems der Marschen hätte einen scharfen Rückgang der Fischerei und der Jagd zur Folge; in einer Wellenbewegung wäre das gesamte Wirtschaftsleben der Küstenregion betroffen. Städte, Gemeinden, die Wasserversorgung und die gesamte Infrastruktur wären bedroht. Auch in anderen Gebieten der Vereinigten Staaten zeichnet sich eine ähnliche Entwicklung ab, wie sie in Louisiana schon eingesetzt hat.[13]

»Was sich in Millionen Jahren auf dem Gebiet der USA durch die Ablagerungen des von den Rocky Mountains bis zu den Appalachen ausgewaschenen Schlamms angesammelt hat, droht nun innerhalb eines Zeitraums von etwas mehr als hundert Jahren zu verschwinden.«

Nach Untersuchungen der EPA kann sich der Umfang der küstennahen Feuchtgebiete durch Erosion, Überflutung oder Vordringen des Salzwassers um bis zu 80 Prozent verringern, wenn der Meeresspiegel die prognostizierte Höhe erreicht. Nicht nur das Mississippi-Delta, sondern auch Chesapeake Bay und andere wertvolle Feuchtgebiete würden irreparablen

Schaden nehmen. Viele Feuchtgebiete in den Vereinigten Staaten sind trockengelegt worden und heftigen Eingriffen durch den Menschen ausgesetzt. Ohne diese Belastungen könnten sich die Sümpfe und Marschen bei steigendem Meeresspiegel im heutigen Binnenland neu bilden. Der fortschreitende Ausbau der Seebäder und anderer Besiedelungsformen läßt aber nur wenigen Feuchtgebieten den nötigen Spielraum zu »wandern«.[14]

Das Ausmaß der Feuchtgebietsverluste wird davon abhängen, wie weit die an der Küste gelegenen Städte und Gemeinden bereit sind, mit Maßnahmen des Küstenschutzes auf den Anstieg des Meeresspiegels zu reagieren. Die EPA nimmt an, daß bei einem Anstieg um einen Meter 46 Prozent aller Feuchtgebiete der USA verlorengingen, wenn die Küstenlinie sich selbst überlassen bliebe. Noch höher wären die Verluste, wenn die Wanderung der Feuchtgebiete durch Schutzwände und Dämme blockiert würde: 66 Prozent dieser Gebiete würden dem Küstenschutz zum Opfer fallen. Wenn nur die heute schon erschlossenen Festlandsgebiete und Inseln geschützt würden, ließe sich der Verlust auf 49 Prozent begrenzen, der allerdings bei einem höheren Anstieg auf bis zu 80 Prozent anwachsen kann.[15]

Durch den weltweiten Anstieg des Meeresspiegels und die Absenkung des Flußdeltas können bis zum Jahr 2040 die berühmten Bayous und Marschen Louisianas überflutet sein.

In jedem Fall wird der Lebensraum für Vögel und Fische sehr eingeschränkt werden. Noch hat niemand die immensen wirtschaftlichen und ökologischen Kosten berechnet, die den Vereinigten Staaten durch diese Verluste entstehen; genauso wenig gibt es Hochrechnungen für die gesamte Welt. Deutlich ist nur, daß sich diese Probleme mit dem Anstieg des Meeresspiegels überall verschärfen werden.

Ein Anstieg um einen Meter würde weite Teile der

Marschen, Strände und Tiefmoore Englands vernichten, wie eine Untersuchung des Natural Environment Research Council in London gezeigt hat. Besonders gefährdet ist der Osten des Landes, wie zum Beispiel die tiefgelegenen Moore und Marschen in Essex und im Norden der Grafschaft Kent. Mehr als die Hälfte aller europäischen Waldvögel überwintern an den Flußmündungen Großbritanniens; dieses Refugium werden sie verlieren.[16]

»Durch den weltweiten Anstieg des Meeresspiegels und die Absenkung des Flußdeltas können bis zum Jahr 2040 die berühmten Bayous und Marschen Louisianas überflutet sein.«

Auch die hochproduktiven Mangrovenwälder, die zum Beispiel in den Flußmündungen an der Atlantikküste Südamerikas die vorherrschende Vegetationsform sind, sind in Gefahr. An der Nordküste Brasiliens stellt sich die Veränderung der Küstenlinie nicht so sehr als Problem dar; die äußerst dünne Besiedlung läßt den Mangroven ausreichend Raum zur Anpassung. Im Süden dagegen ist der einst sehr ausgedehnte Mangrovenbestand schon heute weitgehend dezimiert oder vom Wachstum der Städte – besonders deutlich in der Umgebung von Rio de Janeiro – eingeengt. Von den vielen tausend Quadratkilometern Mangrovenwald sind kaum hundert noch erhalten. Mit dem Anstieg des Wasserstandes werden auch sie vernichtet.[17]
Der Wissenschaftler Eric Bird von der Universität Melbourne stellt fest, daß der Mangrovenbestand an den Küsten Australiens, Afrikas und Asiens in den letzten Jahrzehnten stark zurückgegangen ist. Als Gründe dafür nennt er die verbreitete Anlage von Fischfarmen und die Inanspruchnahme durch den Bergbau, den Städtebau und Mülldeponien. Wo sie überleben, stehen die Mangroven auf der Trennungslinie zwischen Salz- und Süßwasservegetation. Bird

stellt fest, daß bei steigendem Wasserstand die seewärts gelegenen Mangrovenwälder insbesondere dort vernichtet werden, wo ihrem Rückzug ins Landesinnere durch menschliche Siedlungen enge Grenzen gesetzt sind. In Asien werden die Gebiete in der Nähe der Mangroven sehr oft für die Fischzucht oder den Reisanbau genutzt. Der Anstieg des Meeresspiegels bedroht deshalb nicht nur die Mangroven, die keine neuen Standorte finden, sondern darüber hinaus auch zwei wichtige Wirtschaftszweige.[18]

Im Laufe der letzten zehn Jahre hat sich die Erosion der Küsten, Strände und Inseln durch den Anstieg des Meeresspiegels weltweit beschleunigt. Eine Untersuchung der Internationalen Geophysikalischen Vereinigung hat gezeigt, daß mindestens 70 Prozent aller Sandstrände innerhalb der vergangenen Jahrzehnte kleiner geworden sind.[19]

Das U.S. »Army Corps of Engineers« hat festgestellt, daß 24 Prozent der amerikanischen Küstenlinie, deren Länge insgesamt 134 984 Kilometer beträgt, als schwer erosionsgeschädigt eingestuft werden müssen. Im Durchschnitt der letzten hundert Jahre ist die Atlantikküste jährlich um 80 bis 90 Zentimeter zurückgegangen, die Golfküste sogar um 120 bis 150 Zentimeter. Nur wenige der vielbesuchten Seebäder an den Küsten der Vereinigten Staaten verfügen über Strände, die bei Flut mehr als 30 Meter breit sind. Die Prognosen über den Anstieg des Meeresspiegels innerhalb der nächsten 30 bis 40 Jahre legen den Schluß nahe, daß die meisten Erholungsstrände untergehen werden, sofern keine Gegenmaßnahmen eingeleitet werden.[20]

Bei einem Anstieg des Meeresspiegels können schon mäßige Stürme verheerende Auswirkungen haben. Schwere Stürme, die durchschnittlich alle fünfzehn Jahre vorkommen, können dann manches Gebiet unter Wasser setzen, das bisher nur alle hundert Jahre von besonders heftigen Stürmen heimgesucht wird.

Der Ozeanograph T. S. Murty stellt fest, daß bei zunehmender Kultivierung und Bebauung des neu gewonnenen Landes in den Mündungsgebieten »noch größere Sturmflutkatastrophen zu erwarten sind«.[21] Murtys Studie zeigt, daß die Verluste im Golf von Bengalen am größten sein werden. Ungefähr 60 Prozent aller sturmflutbedingten Todesfälle dieses Jahrhunderts sind in den tiefgelegenen landwirtschaftlichen Gebieten am Golf und der angrenzenden Andamansee zu verzeichnen. Murty schätzt die Sturmflutschäden der Jahre 1945 bis 1975 am Golf von Bengalen auf etwa 7 Milliarden Dollar, warnt aber, daß diese Zahl »kaum das wirkliche Ausmaß der Schäden für die betroffenen Entwicklungsländer ausdrücken kann«.[22]

»Bei einem Anstieg des Meeresspiegels können schon mäßige Stürme verheerende Auswirkungen haben.«

Zu 40 Prozent entstehen diese Schäden in Bangladesch, wo Sturmfluten bis zu 160 Kilometer weit ins Land vordringen können. 1970 wütete der schwerste Sturm dieses Jahrhunderts in diesem Land; er forderte unmittelbar 300 000 Menschenleben, einige Millionen Stück Vieh ertranken, und fast die gesamte Fischereiflotte wurde zerstört. Die Nachwirkungen des Sturms erhöhten diese Zahlen weiter. Mit dem Bevölkerungswachstum in dieser Region nimmt auch die Schwere möglicher kommender Katastrophen zu.[23] Auch für die Vereinigten Staaten muß mit einer Zunahme der sturmflutgefährdeten Gebiete gerechnet werden. Der Teil des Stadtgebietes von Charleston in South Carolina, der jetzt etwa alle zehn Jahre überflutet wird, würde sich von 20 auf 45 Prozent erhöhen, wenn der Meeresspiegel um einen Meter steigt. Bei einem Anstieg um 1,5 Meter werden 60 Prozent des Stadtgebietes betroffen; dies entspricht der Fläche, die unter den gegenwärtigen Bedingungen nur alle

hundert Jahre von einer Sturmflut getroffen wird. »Jahrhundertsturmfluten« würden also alle zehn Jahre wiederkehren.
Der Anstieg des Meeresspiegels bedroht auch die Trinkwasserversorgung. Miami ist hierfür ein gutes Beispiel. Die ersten Siedlungen wurden auf den wenigen Anhöhen errichtet, die sich dort fanden. Heute liegt der größte Teil der Stadt auf oder eben über Meereshöhe, auf dem trockengelegten Sumpfgebiet der Everglades. Das Trinkwasser wird einer Wasserader entnommen, die direkt unter der Stadt verläuft. Die Stadt verdankt ihre Existenz und ihren Wohlstand einem »hydrologischen Meisterwerk« natürlicher und künstlicher Systeme, die Sumpf und Meer zurückhalten.[24]

»Schwere Stürme, die durchschnittlich alle fünfzehn Jahre vorkommen, können manches Gebiet unter Wasser setzen, das bisher nur alle hundert Jahre von besonders heftigen Stürmen heimgesucht wird.«

Die einzige Möglichkeit, Miami gegen einen Anstieg des Meeresspiegels um einen Meter zu schützen, besteht im Bau eines kostspieligen Systems von Kaimauern und Deichen, das aber vermutlich nicht ausreichen wird, um die Stadt auch gegen einen Angriff aus dem Hinterhalt zu sichern: Süßwasser schwimmt, weil es leichter ist, auf Salzwasser, so daß das Grundwasser durch den steigenden Meereswasserstand etwa einen Meter näher an die Oberfläche gedrückt wird. Das Pump- und Entwässerungssystem, das die hochgradig poröse wasserführende Schicht im Gleichgewicht hält, wäre überfordert. Die Straßen würden sich wölben, Brückenpfeiler versinken, und das Land würde wieder zum Sumpf. Miami wäre allerdings nicht die einzige Stadt, die diese Erfahrung machen müßte. Auch andere große Städte – Bangkok, New Orleans, New York, Taipeh und Venedig, um einige zu nennen, haben mit ähnlichen Aussichten zu leben.

Schwere Stürme, die durchschnittlich alle fünfzehn Jahre vorkommen, können manches Gebiet unter Wasser setzen, das bisher nur alle hundert Jahre von besonders heftigen Stürmen heimgesucht wird.
Die Länder rund um das Mittelmeer müssen wahrscheinlich mit hohen wirtschaftlichen Einbußen rechnen. In Griechenland und Italien sind die Fremdenverkehrswirtschaft, die Agrarindustrie und bedeutende Häfen bedroht. An den Küsten des Mittelmeers konzentrieren sich 37 Prozent der Bevölkerung des gesamten Raumes, etwa 133 Millionen Menschen. Ein Bericht von UNEP weist auf bestehende Umweltprobleme dieses Raumes hin – von der Wasserverschmutzung über die Versalzung und Küstenerosion bis hin zum Verlust von Lebensraum für die Tierwelt –, die durch industrielle und landwirtschaftliche Nutzung sowie durch Tourismus und Urbanisierung verursacht sind. Zu diesen Problemen kommt, daß »ein Ansteigen des Meeresspiegels die Wirtschaft und das Wohlergehen vieler Länder erheblich beeinträchtigen wird, da viele tiefer gelegene Küstenabschnitte ihre Stabilität einbüßen werden«, weil sie absinken und die Sedimentation nachläßt.[25]

Am meisten gefährdet – am wenigsten verantwortlich

Die höchsten gesellschaftlichen, wirtschaftlichen und ökologischen Kosten wird der Anstieg des Meeresspiegels in denjenigen Ländern verursachen, in denen die Gebiete der Flußmündungen sehr ausgedehnt, dichtbevölkert und intensiv landwirtschaftlich genutzt sind. Die meisten dieser Länder befinden sich in der Dritten Welt; durch die Nutzung des Grundwassers und fertiggestellte oder geplante Aufstauungen oder Umleitungen der großen Flüsse beginnen sich dort Probleme mit dem steigenden Wasserstand abzuzeichnen. Die Prognosen für diese ungeschützten tiefliegenden Gebiete sind fast ohne Ausnahme düster.

In Asien ist diese Entwicklung besonders weit fortgeschritten. Die Aufstauung und Umleitung großer Flußsysteme, wie etwa des Indus, des Ganges-Brahmaputra oder des Gelben Flusses, haben die Sedimentzufuhr in die Mündungsgebiete erheblich verringert. Diese Gebiete stellen Lebensraum für sehr viele Menschen und eine große Anzahl wildlebender Tiere, sie dienen darüber hinaus als Schutzzonen zwischen dem Binnenland und dem Meer. An den Ufern dieser Flüsse sind große Städte wie Bangkok, Kalkutta, Dakka, Hanoi, Karatschi und Shanghai entstanden. Bei einem beschleunigten Anstieg des Meeresspiegels werden sie mit ziemlicher Sicherheit untergehen.[26]

Eine vom Umweltprogramm der Vereinten Nationen im Jahr 1989 durchgeführte Erhebung stellt den ersten Versuch dar, diejenigen Regionen systematisch zu erfassen, die den Auswirkungen des steigenden Meeresspiegels besonders schutzlos ausgeliefert sind.[27] Zur Ermittlung der verschiedenen Gefährdungsgrade wurden vier Kriterien entwickelt. Die ersten zwei, der Anteil der Gebiete auf einer Höhe zwischen null und fünf Metern über dem Meeresspiegel an der gesamten Fläche des jeweiligen Landes und die Bevölkerungsdichte der betroffenen Gebiete, dienen der Abschätzung der demographischen Auswirkungen. Als besonders gefährdet gelten Gebiete mit einer Bevölkerungsdichte von mehr als hundert Einwohnern je Quadratkilometer.

Die möglichen wirtschaftlichen und ökologischen Schäden werden an den anderen beiden Kriterien gemessen, nämlich dem Umfang der landwirtschaftlichen und biologischen Produktivität. In einem ersten Schritt ermittelte UNEP die Länder, in denen die Erträge der Tiefebenen zwischen 1980 und 1985 im Jahresdurchschnitt um mehr als 2 Prozent gewachsen

waren. Der zweite Schritt bestand in der Erfassung der Regionen mit dem größten Bestand an küstennahen Feuchtgebieten und Mangrovenwäldern.
Nach diesen Kriterien wurden zehn Länder – Bangladesch, Ägypten, Indonesien, die Malediven, Mozambique, Pakistan, Senegal, Surinam, Thailand und Gambia – in die Kategorie »sehr gefährdet« eingestuft. Diese Länder haben viele Gemeinsamkeiten, unter anderem die Tatsache, daß sie arm und dicht besiedelt sind *(Tab. 4.3)*. Sie tragen darüber hinaus nur sehr wenig zur Zunahme der Treibhausgase bei.

»Nach diesen Kriterien wurden zehn Länder – Bangladesch, Ägypten, Indonesien, die Malediven, Mozambique, Pakistan, Senegal, Surinam, Thailand und Gambia – in die Kategorie ›sehr gefährdet‹ eingestuft.«

UNEP unterscheidet in jedem Land primäre und sekundäre Schadensgebiete. Zu den primären Schadensgebieten zählen die Küstenregionen zwischen 0 und 1,5 Metern über NN, die bei einem Anstieg um 1,5 Meter völlig überflutet werden. Sekundäre Schadensgebiete (zwischen 1,5 und 3 Metern über dem heutigen Meeresniveau) sind nur bei einem entsprechend starken Anstieg des Meeresspiegels gefährdet. Sie sind aber anderen Belastungen ausgesetzt, die sich aus der Überflutung der küstennäheren Gebiete ergeben: einem Zustrom von Umweltflüchtlingen und einer größeren Nachfrage nach Lebensmitteln, Wohnungen und anderen Gütern.[28] Genaue Informationen über den Umfang der betroffenen Gebiete, die Bevölkerung und die möglichen wirtschaftlichen Schäden waren allerdings nur für Bangladesch und Ägypten verfügbar.
Die fruchtbaren Sedimente aus den großen Flüssen Asiens bilden die Grundlage für einen großen Teil der landwirtschaftlichen Produktion.
Die Küstenländer des indischen Subkontinents und

Tab. 4.3: Die zehn bei einem Anstieg des Meeresspiegels höchstgefährdeten Länder

Land	Bevölkerung	Pro-Kopf-Einkommen
	Millionen	Dollar pro Jahr
Bangladesch	114,7	160
Ägypten	54,8	710
Indonesien	184,6	450
Malediven	0,2	300
Mozambique	15,2	150
Pakistan	110,4	350
Senegal	5,2	510
Surinam	0,4	2360
Thailand	55,6	840
Gambia	0,8	220

Quellen: United Nations Environment Programme, Criteria for Assessing Vulnerability to Sea-Level Rise: A Global Inventory to High Risk Areas. Delft 1989; Einkommens- und Bevölkerungsdaten aus Population Reference Bureau, 1989 World Population Data Sheet. Washington, D.C., 1989.

Südostasiens sind auf ihre Küstenregionen und das Meer angewiesen, um ihre Verkehrs- und Siedlungsprobleme zu bewältigen und die Bevölkerung mit Lebensmitteln zu versorgen; Bangladesch bildet keine Ausnahme. Im Bengalischen Delta, der größten Küstenebene dieser Art, befinden sich 80 Prozent der Landfläche Bangladeschs; sie erstreckt sich über 650 Kilometer von der Westgrenze zu Indien bis zu den Höhenzügen von Chittagong. Der Wissenschaftler John Milliman von der »Woods Hole Oceanographic Institution« stellt fest, daß ein Anstieg des Meeresspiegels, verbunden mit einer stärkeren Sturmerosion der Küste, sich in diesem Delta, das sich kaum mehr als einen Meter über den Meeresspiegel erhebt, weit schwerwiegender auswirken würde als in jedem anderen Flußdelta der Welt.[29]

Als Bewohner eines der ärmsten und dichtest bevölkerten Länder der Welt lebt die Bevölkerung von

Bangladesch schon heute am Rande des Existenzminimums. Für die meisten Menschen bilden die meeresnahen Gebiete, die jährlich sowohl von den Flüssen als auch vom Meer aus überflutet werden, die wirtschaftliche und landwirtschaftliche Lebensgrundlage. Der Boden in dieser Region senkt sich bereits; die Untersuchung von Woods Hole weist darauf hin, daß der Wasserstand im Bengalischen Delta in der Folge der weltweiten Erwärmung bis zum Jahr 2050 um mehr als zwei Meter ansteigen kann. Die Verluste werden in diesem Land, das zur Hälfte weniger als fünf Meter über dem gegenwärtigen Meeresspiegel liegt, entsprechend groß ausfallen.[30]

»Die fruchtbaren Sedimente aus den großen Flüssen Asiens bilden die Grundlage für einen großen Teil der landwirtschaftlichen Produktion.«

Ausgehend von der gegenwärtigen Bevölkerungszahl und -dichte nimmt UNEP an, daß 15 Prozent der Landesfläche, die von 15 Millionen Menschen bewohnt werden, bei einem primären Anstieg des Meeresspiegels um 1,5 Meter von völliger Überflutung bedroht sind. Ein sekundäres Ansteigen um mehr als drei Meter würde weitere 28 500 Quadratkilometer (20 Prozent der Gesamtfläche) vernichten und 8 Millionen Menschen obdachlos machen. Diese Prognosen berücksichtigen aber weder den Bevölkerungszuwachs noch die zunehmende Besiedelung des Deltas; die Zahl der möglichen Umweltflüchtlinge ist deshalb zu gering angesetzt.[31]

Bis zum Ende des kommenden Jahrhunderts wird das Bangladesch, das man heute kennt, möglicherweise nicht mehr existieren. Um dem Bedarf an landwirtschaftlich genutzten Flächen nachzukommen, wird die Aufstauung und Kanalisierung der drei großen Flüsse Brahmaputra, Ganges und Meghna, beschleunigt vorangetrieben. Das bedeutet, daß die Sediment-

zufuhr dramatisch verringert wird und daß sich der Boden im Delta weiter absenkt.
Die Lage wird durch die zunehmende Entnahme von Grundwasser noch verschlimmert. Milliman registriert für die Jahre von 1978 bis 1985 eine Zunahme der Brunnen um das Sechsfache und in der Folge eine Verdoppelung der Absenkungsrate. Er zieht daraus den Schluß, daß die heute stattfindenden Eingriffe in das Ökosystem des Deltas ein weit größeres Gebiet und weit mehr Menschen dem Anstieg des Meeresspiegels ausliefern werden. Im schlimmsten Fall ist mit 40 Millionen Umweltflüchtlingen zu rechnen.[32]

»Bis zum Ende des kommenden Jahrhunderts wird das Bangladesch, das man heute kennt, möglicherweise nicht mehr existieren.«

Weil sich das Nildelta absenkt, das sich vom Westen der Hafenstadt Alexandria bis zum Osten von Port Said am nördlichen Ende des Suezkanals erstreckt, übersteigt der Anstieg des dortigen Wasserstands bei weitem den weltweiten Durchschnitt. Mit dem Bau der ersten Staudämme in den achtziger Jahren des vorigen Jahrhunderts ging die Zufuhr von Sedimenten in das Nildelta rapide zurück; diese Situation wurde durch den Bau des Assuan-Dammes im Jahr 1902 und seine Erweiterung im Jahr 1934 noch verschärft. Durch Umleitung der Flußläufe zu Bewässerungs- oder Landgewinnungszwecken sind seitdem viele Zuflüsse zum Nil stillgelegt, der deshalb weit weniger Wasser führt als zuvor.[33]
Trotz alledem wurden dem Nildelta noch jährlich 80 bis 100 Millionen Tonnen Sedimente zugeführt, bis die Schließung des Assuan-Dammes im Jahr 1964 dem ein Ende setzte. Seitdem steigt der Wasserstand beständig an. Die damit einhergehende Beschleunigung des Absinkens und der Erosion haben dazu geführt, daß sich die Küstenlinie an einigen Orten jährlich um bis zu 200 Meter landeinwärts verlagert.[34]

Millimans Untersuchung kommt zu dem Ergebnis, daß der örtliche Wasserstand bis zum Jahr 2050 um einen bis 1,5 Meter steigen und bis zu 19 Prozent des in Ägypten ohnehin knappen Bodens unbewohnbar machen kann. Bis zum Jahr 2100 können – bei einem Anstieg um 2,5 bis 3,3 Meter – 26 Prozent des bewohnbaren Landes von Ägypten unter Wasser stehen. Dort leben heute 24 Prozent der Bevölkerung, die einen entsprechenden Anteil am Bruttosozialprodukt erarbeiten.[35]

Um eine Bevölkerung zu ernähren, die jährlich um drei Prozent wächst, verfolgt die ägyptische Regierung eine Strategie der Landgewinnung und fördert die Weiterentwicklung der Lagunenfischerei an den Ufern des Deltas. Der wichtigste natürliche Schutz gegen das Meer besteht in einer Reihe von Dünen und daran anschließenden Süßwasserseen, die allerdings zunehmend brackig werden. Nach Aussagen des Wissenschaftlers James Broadus, ebenfalls von der »Woods Hole Institution«, wird in diesen Seen – Burullos, Idku, Manzalah und Maryut – der größte Teil der 100 000 Tonnen Fisch gefangen, die jährlich in Ägypten angelandet werden. Diese Fänge bestehen zu etwa 80 Prozent aus Süßwasserfischen. Die Seen und ihre Umgebung, deren weitere Erschließung sich zur Zeit in der Planung befindet, werden voraussichtlich im Lauf der nächsten hundert Jahre vom Meer verschlungen.[36]

»Bis zum Jahr 2100 können – bei einem Anstieg um 2,5 bis 3,3 Meter – 26 Prozent des bewohnbaren Landes von Ägypten unter Wasser stehen.«

Wenn nicht in nächster Zeit Schritte unternommen werden, um den Anstieg des Meeresspiegels zu bremsen, müssen sich die Ägypter auf Schäden an ihren Häfen, auf eine zunehmende Belastung des Grundwassers durch Versalzung und den Verlust der

Strände einrichten, von deren Existenz das weitere Gedeihen des Fremdenverkehrs abhängt.
Die Übertragung dieser Szenarien auf die anderen acht hochgefährdeten Länder bietet ein ernüchterndes Bild. Trotz des Datenmangels zeigen erste Erkenntnisse, daß dort die Lage genauso ernst ist. In einer weiteren Untersuchung kommt Milliman zu dem Ergebnis, daß sich der Wasserstand in den Mündungsgebieten um den Indischen Ozean um mehrere Meter erhöhen kann, wenn sich der globale Anstieg mit den regionalen Senkungen und der Wirkung der Staudämme und Umleitungen addiert. Dann kann sich die Küstenlinie bis zum 22. Jahrhundert um einige -zig Kilometer landeinwärts verlagern.[37]
Die Landfläche Indonesiens wird zu 40 Prozent als hochgradig gefährdet eingestuft. In diesem Land existiert eine außerordentlich große Zahl sehr verschiedenartiger Feuchtgebiete. Aber auch hier bedroht der Druck durch die wachsende Bevölkerung diese zerbrechlichen Ökosysteme. In den vergangenen Jahren sind Millionen Menschen von den überbevölkerten Inseln Java und Bali in die Sümpfe von Sumatra und Kalimantan umgesiedelt worden – eine politische Entscheidung, die man vielleicht bereuen wird, wenn diese Gebiete vom Meer überflutet werden. Zwar stehen Untersuchungen über die Anzahl der möglicherweise Betroffenen noch aus; daß die Zahlen sehr hoch sein werden, ist jedoch sicher.[38]

»Die Landfläche Indonesiens wird zu 40 Prozent als hochgradig gefährdet eingestuft.«

Ein Anstieg des Meeresspiegels um einen bis zwei Meter kann auch für die Wirtschaft Chinas katastrophale Folgen haben. Das Yangtse-Delta ist eines der intensivst genutzten landwirtschaftlichen Gebiete in China. Aufstauungen und Absenkungen tragen seit 1947 zu dem jährlichen Verlust von etwa 70 Quadratkilometern dieses wertvollen Landes bei. Eine Erhöhung des Meeresspiegels um nur einen Meter kann große Teile des Mündungsgebietes vernichten und erhebliche Einbußen in der Landwirtschaft des Landes verursachen.[39]

Kosten am laufenden Meter

Wenn die Annahme eines langfristigen Anstiegs des Meeresspiegels zutrifft, werden sich die davon betroffenen Länder der Entwicklung anpassen müssen. Grob gesagt, haben sie die Wahl: Flüchten oder standhalten. Viele Regierungen sehen keine Alternative zum Bau von Hafendämmen, Kaimauern, Buhnen oder Spundwänden, wenn es darum geht, das Meer zurückzuhalten. Die Kosten können sich aber als höher erweisen, als es sich selbst manches reiche Land leisten kann, zumal dann, wenn auch die langfristigen ökologischen Schäden, die diese Bauten mit sich bringen, in die Berechnung mit einbezogen werden.

»Ein Anstieg des Meeresspiegels um einen bis zwei Meter kann auch für die Wirtschaft Chinas katastrophale Folgen haben.«

Nirgends auf der Welt wird der Kampf gegen das Meer mit mehr Engagement geführt als in den Niederlanden. Sorgfältig gepflegte Deiche und Dünen mit einer Länge von vielen hundert Kilometern schützen den Teil – mehr als die Hälfte – des Landes, der deutlich unterhalb des Meeresspiegels liegt, vor Überschwemmungen. Holländische Ingenieure wissen, daß das Meer nicht ohne weiteres Land hergibt. Im Frühjahr 1953 verursachte eine Sturmflut eine Katastrophe von bis dahin nicht gekannten Ausmaßen. Die Deiche brachen auf einer Länge von über 160 Kilometern, über 1000 Quadratkilometer Land wurden überflutet, mehr als 1800 Menschen kamen ums Leben. Die Regierung erarbeitete daraufhin den Deltaplan, dessen Verwirklichung zwei Jahrzehnte in Anspruch nahm und bis zum Jahr 1986 jährlich 6 Prozent des Bruttosozialprodukts verschlang.[40]

Die Niederländer geben auch weiterhin viel Geld aus, um ihr ausgedehntes System von Deichen und Pumpwerken funktionsfähig zu halten; sie sind heute gegen Sturmfluten geschützt, die statistisch nur alle 10 000 Jahre einmal vorkommen. Dieses Sicherheitsniveau auch bei einem steigenden Meeresspiegel zu halten, kann aber bis zum Jahr 2040 Investitionen von bis zu 40 Milliarden Gulden erforderlich machen.[41]

Vorläufige Schätzungen der EPA über die Gesamtkosten des Küstenschutzes für die Vereinigten Staaten reichen bei einem angenommenen Anstieg des Meeresspiegels um einen halben bis zu zwei Metern von 32 bis zu 309 Milliarden Dollar. Darin eingeschlossen sind die Kosten für den Bau von Kaimauern und Dämmen, für die Sicherung vorgelagerter Inseln und für Sandaufspülungen, nicht aber für den Ersatz oder die Reparatur von Infrastruktureinrichtungen wie Straßen, Abwasserkanälen, Wasserleitungen oder unterirdischer Kabel. (Ein Anstieg um einen Meter würde zwischen 73 und 111 Milliarden Dollar kosten.) Die Übertragung dieser Prognosen auf die verarmten Küstengebiete von Afrika, Asien oder Südamerika unterstreicht die Vergeblichkeit dieses Ansatzes.[42]

Trotzdem sind, zumindest in den meisten Industrieländern, die Besitzer küstennaher Immobilien zu einer machtvollen Interessengruppe zugunsten des Küstenschutzes geworden, von dem sie sich die Erhaltung ihres Eigentums erhoffen, und sei es auch nur für begrenzte Zeit. Viele Länder haben erhebliche Mittel aufgewandt, um der Küstenbevölkerung Neuland zur Verfügung zu stellen: Beispiele dafür sind Singapur, Hongkong oder Tokio.

Um diese Gebiete zu bewahren, wird starker politischer Druck ausgeübt werden. »Die gesellschaftlichen Reaktionen auf den Anstieg des Meeresspiegels«, bemerkt G. P. Hekstra, »werden durch unterschiedliche Faktoren bestimmt wie etwa das Eigeninteresse derer, die sich bedroht sehen, den Umfang der verfügbaren finanziellen Mittel, . . . Beschäftigungsmöglichkeiten, politische Verantwortung und nationales Prestige.« Eric Bird sagt, daß die Hauptstädte von Bundesstaaten und andere australische Küstenstädte ebenso erhalten bleiben werden wie Feriensiedlungen in Afrika und Asien – und sei es mit Hilfe von Sandaufspülungen, für die der Sand aus anderen Gegenden ohne Rücksicht auf die Kosten herantransportiert wird.[43]

»In den Vereinigten Staaten hat das ständig wachsende Haushaltsdefizit zum Beispiel dazu geführt, daß die Ausgaben für die Unterhaltung und den Bau von Straßen und Brücken immer weiter zurückgegangen sind.«

Langfristig kann die politische Unterstützung für die Subventionierung der Küstengebiete jedoch durch konkurrierende finanzielle Forderungen in Frage gestellt werden. In den Vereinigten Staaten hat das ständig wachsende Haushaltsdefizit zum Beispiel dazu geführt, daß die Ausgaben für die Unterhaltung und den Bau von Straßen und Brücken immer weiter zurückgegangen sind. Inzwischen schätzt die zuständige Verwaltung die Kosten für eine Instandsetzung des Highway-Netzes auf dem untersten erträglichen Niveau für die kommenden zwanzig Jahre auf 565 bis 655 Milliarden Dollar. Heute liegt dieser Haushaltsansatz bei 13 Milliarden Dollar. Angesichts eines verschärften Wettbewerbs um die knappen Steuermittel kann es geschehen, daß die Immobilienbesitzer des Jahres 2050 auf eine widerwillige Öffentlichkeit treffen, wenn es darum geht, die Rechnung für die Küstenschutzmaßnahmen zu begleichen.[44]

Hinzu kommt, daß sich die sogenannten Schutzmaßnahmen oft nur als Mittel zur vorübergehenden Linderung erweisen. Wenn Betonbauwerke die Energie des Meeres von einem Strand ableiten, leiten sie sie an einen anderen Strand weiter. Solche Bauwerk greifen in die Strömung und den Fluß der Sedimente ein; sie unterbrechen die natürlichen Vorgänge, die es den Feuchtgebieten und Stränden erlauben, sich immer wieder neu zu bilden. Verödung und in vielen Fällen das völlige Verschwinden dieser Biotopc ist die Folge.[45]

Verfechter des Küstenschutzes vertreten die Meinung, daß die Erschließung der Küstengebiete in Grenzen gehalten werden sollte. Die meisten von ihnen erklären zum Beispiel, daß zukünftige Katastrophen verhindert oder doch in ihren Folgen gemildert werden können, wenn hochgradig gefährdete Gebiete geschützt werden. Auch die öffentliche Meinung neigt in jüngster Zeit dazu, Liegenschaften wieder ihrem natürlichen Zustand zu überlassen. Diese Einstellung kann sich natürlich ändern, wenn die Immobilienbesitzer von heute feststellen, daß sie morgen Besitzer von Marschen und Sümpfen sein können.

»Die Immobilienbesitzer von heute müssen damit rechnen, morgen Marschen und Sümpfe zu besitzen.«

Die rechtlichen Grundlagen des Eigentums und der Verpflichtung, für Schäden durch Naturkatastrophen aufzukommen, werden bereits in Frage gestellt. Wenn sich der Anstieg des Meeresspiegels beschleunigt und die Kosten der Anpassungsmaßnahmen in die Höhe treibt, werden diese Themen wahrscheinlich im Kontext einer erbitterten Debatte über das Verhältnis zwischen Eigentumsrechten und Einzelin-

teressen und den Rechten und Interessen der Gesellschaft diskutiert werden.
Hochentwickelte Gebiete, wie etwa die Insel Manhattan, die nur knapp zwei Meter oberhalb des normalen Flutwasserstandes liegt, wird man natürlich nicht dem Meer überlassen. Es muß eine Bewertungsmethode gefunden werden, die es erlaubt, Prioritäten zu setzen und Kosten und Nutzen der Schutzmaßnahmen gegen die Kosten der Überflutung aufzurechnen. Verschiedene Wissenschaftler haben versucht, ein solches Modell zu erstellen. Gary Yohe, ein Ökonom der Wesleyan University in Connecticut, entwickelt eine Methode, nach der sich die Kosten, die entstehen, wenn man der See freien Lauf läßt, von Jahr zu Jahr mit denen der Schutzmaßnahmen vergleichen lassen. Sein Modell ist ein erster Schritt »zur Ermittlung des Wertes von Einkommensquellen, die bedroht wären, wenn die Entscheidung getroffen würde, auf jeden Schutz gegen den steigenden Wasserstand zu verzichten«. In seiner vorläufigen Analyse am Beispiel von Long Beach Island, New Jersey, konzentriert er sich auf die Ermittlung des Marktpreises von Gebäuden, den Wert gefährdeter Vermögen und auf den sozialen Nutzen der bedrohten Küste.[46]
Ein repräsentatives Modell sollte Kosten und Nutzen für Schutzmaßnahmen und andere Optionen insgesamt berücksichtigen – wirtschaftliche, ökologische und soziale. Ein Kostenfaktor, der in Yohes Modell keine Rolle spielt, ist der Verlust an ökologischer Vielfalt, der als Nebenwirkung des Küstenschutzes auftritt. In Übereinstimmung mit den Zahlen für die gesamten Vereinigten Staaten haben einige Wissenschaftler ermittelt, daß 80 Prozent der Feuchtgebiete Charlestons bei einem Anstieg des Meeresspiegels um 1,5 Meter und der zur Zeit vorhandenen Ausstattung mit Küstenschutzvorrichtungen verlorengehen würden; die Einbeziehung weiterer bebauter Gebiete

in den Küstenschutz würde diesen Wert auf 90 Prozent erhöhen. Das Strandschutzgesetz von South Carolina soll dies verhindern; ob es politisch überleben kann, ist allerdings fraglich.[47]

Zur Erhaltung der Feuchtgebiete müssen auch Kompromisse geschlossen werden. Wer es damit ernst meint, muß bereit sein, einige heute genutzte oder planerisch für eine Nutzung vorgesehene Flächen dem Meer zu überlassen. Eine Untersuchung über den Umfang der Landverluste in Massachusetts von den Wissenschaftlern Graham Giese und David Aubrey von der »Woods Hole Oceanographic Institution« beleuchtet diese Vorgänge im Rahmen verschicdener Szenarien.[48] Sie unterscheiden zwischen einem Oberland – einem landeinwärts gelegenen, verhältnismäßig trockenen Gebiet hinter den Feuchtgebieten, das von den Wellen und Gezeiten kaum beeinflußt wird –, und den Feuchtgebieten selbst, einschließlich der Steilküsten, Dünen, Strände und Marschen, die diesen Kräften ausgesetzt sind. Die Feuchtgebiete verdrängen das Oberland, wenn sie landeinwärts wandern; der Umfang des Oberlandes wird dadurch geringer. Feuchtgebiete dehnen sich auf Kosten des Oberlandes aus, wenn sie gesetzlich gegen Trockenlegung und Aufschüttungen geschützt werden, wie dies in Massachusetts der Fall ist. Dabei wird der ökologische Nutzen höher bewertet als der rein wirtschaftliche.[49]

An den Küsten von Massachusetts steigt der Wasserstand seit 1950 jährlich um drei Millimeter. In ihrem ersten Szenario gehen Giese und Aubrey davon aus, daß sich die derzeitigen Tendenzen zwischen 1980 und 2025 fortsetzen; dies bedeutet einen Anstieg um 36 Zentimeter und einen damit verbundenen Verlust von 23 Hektar im Jahr oder 1200 Hektar im gesamten Betrachtungszeitraum. In ihrem zweiten Szenario gehen sie von einem höheren Anstieg des globalen Meeresspiegels (den niedrigen bis mittleren Werten der

EPA) aus. Die Verluste für Massachusetts betragen dann, die Absenkungen der Feuchtgebiete eingerechnet, 3000 Hektar. In ihrem dritten und letzten Szenario, bei einem Anstieg um 48 Zentimeter, büßt Massachusetts bis zum Jahr 2025 etwa 4200 Hektar wirtschaftlich nutzbare Flächen ein.[50]

Die finanziellen Möglichkeiten der Industrieländer, auf die veränderten Verhältnisse zu reagieren, sind, unabhängig von der zu wählenden Strategie, besser als die der Entwicklungsländer. Bangladesch zum Beispiel kann es sich nicht leisten, dem niederländischen Modell des Küstenschutzes nachzueifern, obwohl die Gefahr dort nicht geringer ist. In einem Land wie Bangladesch mag die Diskussion über die drohenden Landverluste rein akademisch erscheinen angesichts der Tatsache, daß Evakuierung und Aufgabe die einzig möglichen Reaktionen auf Überflutung, Erosion und die Versalzung von Boden und Wasser sind.

»Die finanziellen Möglichkeiten der Industrieländer, auf die veränderten Verhältnisse zu reagieren, sind, unabhängig von der zu wählenden Strategie, besser als die der Entwicklungsländer.«

Dies würde dazu führen, daß Millionen vertrieben werden und mit denen in Konkurrenz um Nahrung, Wasser und Land treten müssen, die heute schon weiter landeinwärts leben. Regionale Konflikte können dadurch an Schärfe zunehmen, die Auseinandersetzung über die Verteilung des Grundbesitzes wird heftiger. Die Spannungen zwischen einzelnen Ländern, wie etwa zwischen Bangladesch und seinem größeren Nachbarn Indien, werden sich verschärfen, wenn der langsame Zustrom von Umweltflüchtlingen aus dem vom Meer bedrohten Land sich zu einer Flut ausweitet.

Vorausplanen

Die Gefahr eines beschleunigten Anstiegs des Meeresspiegels wirft Fragen auf, mit denen sich die Regierungen und jeder einzelne heute schon beschäftigen müssen. Schnelle Fortschritte auf dem Weg zu einer verträglichen Entwicklung können die Auswirkungen der weltweiten Erwärmung und ihrer Folgen mildern. Voraussetzung dafür ist aber, daß einige Strategien sofort umgesetzt werden *(Kapitel 1)*. Dazu gehört eine bisher in dieser Form nie dagewesene internationale Zusammenarbeit in der Landwirtschafts-, Energie-, Aufforstungs- und Landnutzungspolitik. Von noch größerer Bedeutung ist möglicherweise die Entwicklung einer Vergleichsmethode für die Kosten der Abwendung der globalen Erwärmung und die Kosten der Anpassung. Unter den gegebenen Voraussetzungen müssen wir uns aber auf jeden Fall auf weltweite und regionale Veränderungen des Meeresspiegels einstellen.

Sofortmaßnahmen im Küstenschutz bringen einerseits unmittelbaren Nutzen; sie verhindern andererseits höhere Verluste für den Fall, daß sich der Anstieg des Meeresspiegels beschleunigt. Die eingeschränkte Erschließung der Küstenregionen ist ein erster Schritt, der allerdings von Land zu Land unterschiedliche Formen haben muß. Ein weiterer Schritt kann darin bestehen, daß die Grundstücksbesitzer verpflichtet werden, sich stärker an den Kosten der Küstenerschließung und -sicherung zu beteiligen. Der Wert von Zonen, die in ihrem Naturzustand belassen werden, muß den wirtschaftlichen und ökologischen Kosten der fortgesetzten Erschließung – einschließlich der Folgekosten für den Schutz der erschlossenen Gebiete – im Rahmen eines systematischen Vergleichs gegenübergestellt werden.

Eigentumsrechte müssen neu definiert werden. Eine ungezügelte Erschließung von Flußniederungen oder

Besiedelung gefährdeter Küsten und Flußmündungen hat zur Folge, daß immer mehr Menschen und deren Besitz den Landverlusten und den möglichen Katastrophen ausgesetzt werden, die zum Beispiel von Sturmfluten ausgelöst werden. Regierungen, die diese Erschließung auf längere Sicht begrenzen wollen, sparen nicht nur Geld, sie schonen auch natürliche Ressourcen, denn Strände und Feuchtgebiete, die nicht durch eine dauerhafte Bebauung eingegrenzt sind, können sich weiter landeinwärts neu ansiedeln. Den Vorteil hat die Gesellschaft, der die unersetzliche biologische Artenvielfalt erhalten bleibt.

»Eigentumsrechte müssen neu definiert werden.«

Die Einstellung so problematischer Vorhaben wie des Baus von Staudämmen oder Flußumleitungen bedeutet, die fortschreitende Zerstörung von Feuchtgebieten zu beschränken, die weitere Verringerung der Sedimentation zu verhindern und so das weitere Absinken der Flußmündungen zu minimieren. Die Schäden, die solche monumentalen Staudämme wie der Assuan-Damm verursachen, werden sich kaum beheben lassen. Aber auch bei vielen der heute geplanten Projekte läßt die Ermittlung der unmittelbaren und zukünftigen Umweltfolgen und anderer externer Kosten zu wünschen übrig. Durch bessere Bewirtschaftung und die Steigerung des Wirkungsgrades von Bewässerungssystemen kann viel Wasser gespart werden, ohne daß die landwirtschaftlichen Erträge darunter leiden *(Kapitel 2)*. Nach der Ermittlung des Minderverbrauchs durch solche Maßnahmen kann sich der Bau manchen neuen Staudamms als unnötig erweisen; dasselbe gilt für die Nutzung der Wasserkraft zur Stromerzeugung. Auch hier können die Planungen zurückgeschraubt werden, wenn dem Energiesparen Vorrang eingeräumt wird.
Für die globale und regionale Erforschung der Aus-

wirkungen des steigenden Meeresspiegels müssen mehr Mittel bereitgestellt werden. Untersuchungen zur Dynamik von Stränden und Feuchtgebieten sowie zur Ermittlung der regionalen Auswirkungen bedürfen ebenso der Unterstützung wie intensivierte Programme zur Messung der Entwicklung des Meeresspiegels und der regionalen Wasserstände. Darüber hinaus müssen kostengünstige und umweltverträgliche Wege gefunden werden, auf die Überflutung der Küstenregionen zu reagieren.

»Die Einstellung so problematischer Vorhaben wie des Baus von Staudämmen oder Flußumleitungen bedeutet, die fortschreitende Zerstörung von Feuchtgebieten zu beschränken, die weitere Verringerung der Sedimentation zu verhindern und so das weitere Absinken der Flußmündungen zu minimieren.«

Die Mehrheit der hochgradig gefährdeten Entwicklungsländer kann von sich aus nur wenig gegen die Erwärmung der Erde tun. Ihnen muß aber daran gelegen sein, durch schnelles Handeln den Druck auf ihre Küstengebiete zu reduzieren. An erster Stelle steht dabei die Verringerung des Bevölkerungswachstums. Wo es nötig ist, müssen diese Länder eine Reform des Bodenrechts einleiten, damit die ungerechte Landverteilung im Binnenland nicht länger dazu führt, daß an den Küsten immer größere Gebiete besiedelt werden müssen. Die Regierungen von Bangladesch, China, Ägypten, Indien und Indonesien, um nur einige zu nennen, planen auch heute noch Wasserbaumaßnahmen, die auf kurze Sicht die Ökosysteme der Mündungsgebiete schädigen und, auf längere Sicht, den Tag schneller herannahen lassen, an dem diese Gebiete für immer dem Meer zum Opfer fallen.

Die gerechte Verteilung der Anpassungskosten kann sich als außerordentlich schwierig erweisen. Die Industrieländer sind für den bei weitem größten Anteil der Treibhausgase verantwortlich; die Entwicklungsländer sind auf Unterstützung angewiesen, unabhängig davon, welche Strategien sie entwickeln, um mit dem steigenden Meeresspiegel fertig zu werden.

»Die Mehrheit der hochgradig gefährdeten Entwicklungsländer kann von sich aus nur wenig gegen die Erwärmung der Erde tun.«

Die Probleme des Küstenschutzes, der Umweltflüchtlinge, der Reformen bei der Zuteilung von Boden und Wasser sowie eine Unmenge anderer Schwierigkeiten werden für diese Länder erhebliche Belastungen mit sich bringen. Angesichts des steigenden Meeresspiegels wird der Umgang der Industrieländer mit ihrer eigenen Verantwortung eine entscheidende Rolle spielen, wenn es um die Weiterentwicklung der internationalen Zusammenarbeit in der zweiten Hälfte des einundzwanzigsten Jahrhunderts geht.

Anmerkungen zu Kapitel 4

1 James E. Hansen u. a., Global Climate Changes as Forecast by the GISS-3D Model. *Journal of Geophysical Research*, 20. August 1988.
2 John S. Hoffman u. a., Projecting Future Sea Level Rise. Washington, D.C., 1983; J. S. Hoffman u. a., Future Global Warming and Sea Level Rise, in Per Brun, Hrsg., Iceland Symposium '85. Reykjavik 1986; G. P. Hekstra, Global Warming and Rising Sea Levels: The Policy Implications. *The Ecologist*, Januar/Februar 1989.
3 John D. Milliman, Sea Levels: Past, Present, and Future. *Oceanus*, Sommer 1989.
4 James G. Titus, Causes and Effects of Sea Level Rise. First North American Conference on Preparing for Climate Change: A Cooperative Approach. Washington, D.C., 27.–29. Oktober 1987.
5 Milliman, Sea Levels: Past, Present, and Future.
6 I. M. Salinas u. a., Changes Occurring Along a Rapidly Sub-

merging Coastal Area: Louisiana, USA. *Journal of Coastal Resources*, Sommer 1986; John D. Milliman u. a., Environmental and Economic Impact of Rising Sea Level and Subsiding Deltas: The Nile and Bengal Examples. Woods Hole, Mass., 1988, unveröffentlicht.

7 G. Sestini u. a., Implications of Expected Climate Changes in the Mediterranean Region: An Overview. Athen 1989; Titus, Sea Level Rise.

8 Titus, Sea Level Rise.

9 Gordon de Q. Robin, Projecting the Rise in Sea Level Caused by Warming of the Atmosphere, in Bert Bolin u. a., Hrsg., The Greenhouse Effect, Climate Change, and Ecosystems. Chichester 1986; Titus, Sea Level Rise.

10 Milliman, Sea Levels; Titus, Causes and Effects.

11 Eric Golanty, The Global Experiment. *Oceanus*, Januar 1984.

12 Peter Hawxhurst, Louisiana's Responses to Irreversible Environmental Change: Strategies for Mitigating Impacts from Coastal Land Loss, in: Mark Meo, Hrsg., Proceedings of Symposium on Climate Change in the Southern United States. Washington, D.C., 1987.

13 Salinas u. a., Changes Occurring Along Submerging Coastal Area; Hawxhurst, Louisiana's Responses.

14 James G. Titus, Hrsg., Greenhouse Effect, Sea-Level Rise and Coastal Wetlands. Washington, D.C., 1987.

15 Ebd.

16 L. A. Boorman u. a., Climatic Change, Rising Sea Level and the British Coast. London 1989.

17 Eric C. F. Bird, Potential Effects of Sea Level Rise on the Coasts of Australia, Africa, and Asia, in: J. G. Titus, Hrsg., Effects of Changes in Stratospheric Ozone and Global Climate. Vol. IV: Sea Level Rise. Washington, D.C., 1986.

18 Ebd.

19 E. C. F. Bird, The Modern Prevalence of Beach Erosion. *Marine Pollution Bulletin*, Vol. 18, Nr. 4, 1987; Eric C. F. Bird, Coastal Erosion and a Rising Sea Level. Coastal Subsidence: Problems and Strategies. Chichester, im Druck; Cory Dean, As Beach Erosion Accelerates, Remedies are Costly and Few. *New York Times*, 1. August 1989.

20 Titus, Causes and Effects.

21 T. S. Murty u. a., Storm Surges in the Bay of Bengal. IOC/UNESCO Workshop on Regional Cooperation in Marine Science in the Central Indian Ocean and Adjacent Seas and Gulfs, Colombo, 8.–13. Juli 1985. Paris 1988; Titus, Causes and Effects.

22 Ebd.

23 Ebd.
24 Ted R. Miller u. a., Impact of Global Climate Change on Urban Infrastructure. Entwurf, Washington, D.C., 1988.
25 Sestini u. a., Implications of Expected Climate Changes.
26 John D. Milliman; R. J. N. Devoy, Sea Level Applications and Management. *Prog. Oceanog.*, Vol. 18, 1987; James Broadus u. a., Rising Sea Level and Damming of Rivers: Possible Effects in Egypt and Bangladesh in: Titus, Effects of Changes.
27 UNEP, Criteria for Assessing Vulnerability.
28 Ebd.
29 John D. Milliman, Rising Sea Level and Changing Sediment; Broadus u. a., Rising Sea Level.
30 Milliman u. a., Environmental and Economic Implications; zum Problem der Umweltflüchtlinge s. Jodi L. Jacobson, Environmental Refugees: A Yardstick of Habitability. Worldwatch Paper 86. Washington, D.C., 1988.
31 UNEP, Criteria for Assessing Vulnerability.
32 Milliman u. a., Environmental and Economic Implications.
33 Broadus u. a., Rising Sea Level.
34 Ebd.
35 Milliman u. a., Environmental and Economic Implications.
36 Broadus u. a., Rising Sea Level.
37 Milliman, Rising Sea Level and Changing Sediment.
38 Hekstra, Global Warming.
39 Broadus u. a., Rising Sea Level.
40 Tom Goemans und Pier Vellinga, Low Countries and High Seas. First North American Conference on Preparing for Climate Change: A Cooperative Approach. Washington, D.C., 27.–29. Oktober 1987; UNEP und Regierung der Niederlande, Impact of Sea Level Rise on Society: A Case Study for the Netherlands. Delft 1988.
41 Goemans und Vellinga, Low Countries; UNEP und Regierung der Niederlande, Impact of Sea Level Rise on Societies.
42 Titus, Sea Level Rise.
43 Hekstra, Global Warming; Bird, Potential Effects.
44 John Yoo, Bad Trip: As Highways Decay, Their State Becomes Drag on Economy. *Wall Street Journal*, 30. August 1989.
45 Orrin H. Pilkey und Howard L. Wright III., Seawalls Versus Beaches. *Journal of Coastal Research*, Herbst 1988; Aussage von Orrin H. Pilkey, Jr., Subcommittee on Environment, Energy, and Natural Resources, U.S. House of Representatives, vom 28. April 1989; Robert G. Dean, Managing Sand and Preserving Shorelines. *Oceanus*, Herbst 1988.

46 Gary W. Yohe, The Cost of Not Holding Back the Sea – Economic Vulnerability. Entwurf. Middletown, Conn. 1989.
47 Titus, Causes and Effects.
48 Graham S. Giese und David G. Aubrey, Losing Coastal Upland to Relative Sea-Level Rise: 3 Scenarios for Massachusetts. *Oceanus*, Herbst 1987; Graham S. Giese und David G. Aubrey, The Relationship Between Relative Sea-level Rise and Coastal Upland Retreat in New England, in J. C. Topping, Hrsg., Coping with Climate Change. Washington, D.C., 1989.
49 Giese und Aubrey, Losing Coastal Upland; Giese und Aubrey, The Relationship Between Relative Sea-level Rise and Coastal Upland Retreat.
50 Giese und Aubrey, Losing Coastal Upland; Giese und Aubrey, The Relationship Between Relative Sea-level Rise and Coastal Upland Retreat.

Hilary F. French

5. Luft: Reinigung eines Elementes*

Durch die Luftverschmutzung verursachte Gesundheitsprobleme kommen auf allen Kontinenten und allen Stufen der wirtschaftlichen Entwicklung vor. In den Vereinigten Staaten atmen etwa 150 Millionen Menschen eine Luft, die die Umweltschutzbehörde (EPA) für gesundheitsschädlich hält. Nach einer Untersuchung der medizinischen Fakultät an der Universität Athen ist die Zahl der Todesfälle an Tagen mit hoher Luftverschmutzung sechsmal höher als an Tagen mit relativ sauberer Luft. Ein kürzlich erschienener Bericht der Abteilung für Lufthygiene des Nationalen Gesundheitsinstituts stellt fest, daß in Ungarn »jeder 24. Fall von Erwerbsunfähigkeit und jeder 17. Todesfall auf die Luftverschmutzung zurückzuführen ist«. In Bombay kommt das Atmen dem Rauchen von täglich zehn Zigaretten gleich. In diplomatischen Kreisen gilt der Dienst in der mexikanischen Hauptstadt wegen der dort herrschenden Luftqualität als Strafversetzung. Einige Regierungen geben Frauen den Rat, ihren Kinderwunsch für die Zeit ihres Aufenthaltes in Mexico City zurückzustellen.[1]

Die Entwicklung der Luftverschmutzung wird von ihrer zunehmenden Komplexität bestimmt. Sobald ein Problem gelöst scheint, nimmt ein anderes seine Stelle ein. Nachdem es in den westlichen Industrielän-

* Eine erweiterte Fassung dieses Kapitels ist erschienen als Worldwatch Paper 94, Air Pollution and Acid Rain: A Strategy for the Nineties.

dern gelungen war, die Rauch- und Rußmengen in den Städten weitgehend zu reduzieren, traten die Autoabgase an die Stelle der Kohle verfeuernden Fabriken als Hauptverschmutzer. Der Bau hoher Schornsteine, die die Schadstoffe weiträumig verteilten, erschien auf den ersten Blick als Segen für die Luftqualität. Die Lösung dieses Problems barg aber schon die Entstehung eines neuen in sich: Es stellte sich heraus, daß Schwefeldioxid (SO_2) und Stickoxide (NO) sich in der Atmosphäre in säurebildende Partikel verwandeln, die in großen Entfernungen von ihrem Entstehungsort als saurer Regen zur Erde fallen.

Inzwischen sind in den Industrieländern die giftigen chemischen Emissionen als neuer Hauptgegner im Kampf um die Reinhaltung der Luft identifiziert. Noch ist dieses Problem nicht in seinem gesamten Ausmaß erkannt; neuere Daten zeigen aber, daß Milliarden Tonnen gefährlicher Chemikalien von der Industrie ausgestoßen werden. Der Wind trägt diese Stoffe über Entfernungen von Hunderten oder sogar Tausenden Kilometern, bevor sie wieder zur Erde zurückkehren.[2]

Der saure Regen macht aus Erscheinungen, die ursprünglich national oder sogar örtlich begrenzt waren, internationale Probleme, die dadurch noch verschärft werden, daß die weitere Ansammlung von Treibhausgasen in der Atmosphäre gebremst werden muß. Wer über politische Handlungsmöglichkeiten nachdenkt, sollte die Luftverschmutzung und die weltweite Erwärmung im Zusammenhang sehen; beide haben dieselben Verursacher – die Energieversorgung, den Verkehr und die Industrie (s. *Kapitel 1*).

Bedrohung der globalen Gesundheit

Während der industriellen Revolution wurde erstmals deutlich, daß die Luftverschmutzung gesundheitliche Gefahren mit sich bringt. Viele Städte in den Vereinigten Staaten und Europa waren damals in schwarze Rauchwolken gehüllt. An Tagen mit einer hohen Luftverschmutzung waren Krankheit und Tod allgegenwärtig. In London forderte im Jahr 1952 ein besonders heftiges Auftreten des »schwarzen Nebels« 4000 Tote und ließ Zehntausende erkranken.[3] Besonders tollkühn wären Strategien zur Luftreinhaltung, die den Bemühungen zuwiderlaufen, die Erwärmung der Erde in Grenzen zu halten.

Zwischenfälle wie dieser veranlaßten viele Regierungen, Vorschriften zu erlassen, um die damaligen Hauptschadstoffe, SO_2 und Ruß aus Kraftwerken, Fabriken und dem Hausbrand, zu bekämpfen. SO_2 und Ruß können – allein oder im Zusammenwirken – Erkrankungen der Atemwege auslösen, zum Beispiel Husten, Erkältungen, Bronchitis und Emphyseme. Mit dem Ruß können Schwermetalle in die tiefsten und empfindlichsten Bereiche der Lunge geraten.[4]

»Besonders tollkühn wären Strategien zur Luftreinhaltung, die den Bemühungen zuwiderlaufen, die Erwärmung der Erde in Grenzen zu halten.«

Durch Maßnahmen zur Kontrolle der Luftqualität und Fortschritte bei der Energieeinsparung ist es in vielen Ländern gelungen, die Emissionen dieser gefährlichen Stoffe zu verringern. Die Vereinigten Staaten zum Beispiel haben zwischen 1970 und 1987 ihre SO_2-Emissionen um 28 Prozent und die Rußemissionen um 62 Prozent reduziert *(Abb. 5.1)*. In Japan gingen sie zwischen 1973 und 1984 um 38 Prozent zurück; auch in vielen Ländern Westeuropas wurde der Ausstoß dieser Schadstoffe aus Kraftwerken und der

Industrie reduziert. In einigen Städten Europas hat jedoch die große Verbreitung von Dieselfahrzeugen, die große Mengen Ruß und einiges SO_2 ausstoßen, dazu geführt, daß diese positiven Entwicklungen fast wieder aufgehoben wurden.[5]

Die rasche Industrialisierung in Osteuropa und der Sowjetunion nach dem Zweiten Weltkrieg bezog ihre Energie vorwiegend aus der heimischen, sehr schwefelhaltigen Braunkohle; die Luftqualität erinnerte an den »schwarzen Nebel« von London. Die fehlenden Marktmechanismen hinderten diese Länder daran, bei der Energieeinsparung ähnliche Fortschritte zu machen, wie es den westlichen Ländern nach den Ölpreisschocks der siebziger Jahre gelungen war. Auch heute sind Investitionen zur Luftreinhaltung auf Grund der begrenzten finanziellen Mittel in diesen Ländern außerordentlich selten.[6]

Abb. 5.1: Emissionen ausgewählter Schadstoffe in den Vereinigten Staaten, 1950–1987

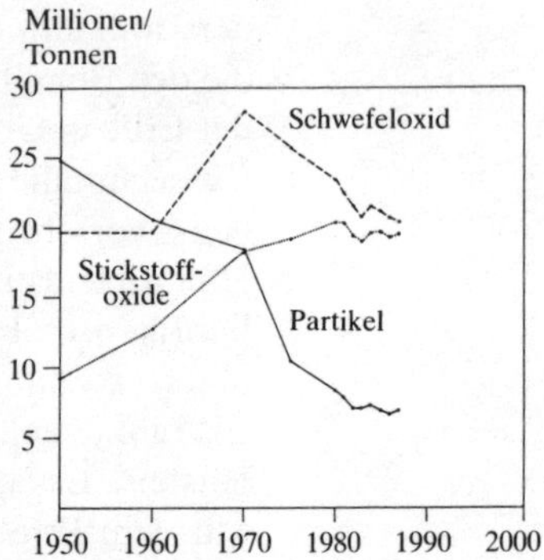

Quelle: Environment Protection Agency (EPA/USA)

Obwohl genaue Emissionsdaten aus den Ländern der Dritten Welt kaum zu erhalten sind, ist nicht zu übersehen, daß dort die Luftqualität vieler Städte katastrophal ist. Diese Situation kann sich noch verschlimmern, wenn Pläne in die Tat umgesetzt werden, die eine rasche Erweiterung der Energieerzeugung und der industriellen Produktion vorsehen. China hat den Kohleverbrauch zwischen 1949 und 1982 um mehr als das Zwanzigfache gesteigert; es plant, diesen Kurs fortzusetzen. Wenn die Ziele erreicht werden, verdoppelt sich der Kohleeinsatz bis zum Ende dieses Jahrzehnts. In Indien sind die SO_2-Emissionen durch den Verbrauch von Kohle und Erdöl seit den frühen sechziger Jahren um das Dreifache gestiegen. Im Jahr 1979 hatten sie einen Gesamtumfang von 3,2 Millionen Tonnen erreicht – einen Wert, der nur knapp unterhalb des britischen Niveaus im Jahr 1987 liegt. Die zu-

Tab. 5.1: Überschreitung der Grenzwerte für SO_2 und Ruß in ausgewählten Städten[1]

Stadt	Schwefeldioxid[2]	Ruß[3]
	Anzahl der Tage oberhalb des Höchstwertes	
Delhi	6	294
Xian	71	273
Peking	68	272
Shenyang	146	219
Teheran	104	174
Bangkok	0	97
Madrid	35	60
Kuala Lumpur	0	37
Zagreb	30	34
Sao Paulo	12	31
Paris	46	3
New York	8	0
Mailand	66	keine Angaben
Seoul	87	keine Angaben

1 Durchschnitt der Messungen an verschiedenen Punkten von 1980 bis 1984.
2 Der Höchstwert der WHO entspricht einem Tagesdurchschnitt von 150 Mikrogramm je Kubikmeter; er darf höchstens an sieben Tagen im Jahr überschritten werden.
3 Der Höchstwert der WHO entspricht einem Tagesdurchschnitt von 230 Mikrogramm Ruß und 150 Mikrogramm Rauch je Kubikmeter; auch dieser Wert darf höchstens an sieben Tagen überschritten werden. Die Werte für Madrid, Sao Paulo und Paris beziehen sich auf Rauch.

Quelle: United Nations Environment Programme und World Health Organization, Assessment of Urban Air Quality. Nairobi 1988.

nehmende Verstädterung der Dritten Welt bringt es mit sich, daß die Zahl der Menschen ständig zunimmt, die der verschmutzten Stadtluft ausgesetzt sind.[7]
Ein kürzlich erschienener Bericht des Umweltprogramms der Vereinten Nationen (UNEP) und der Weltgesundheitsorganisation (WHO) bietet den bis heute besten Überblick über die weltweite Verbreitung der Luftverschmutzung durch SO_2 und Ruß

(Tab. 5.1). Von den 54 Städten, die Daten zur Verfügung stellten, meldeten 27 für die Zeit von 1980 bis 1984 Durchschnittskonzentrationen über oder knapp unter dem Grenzwert der WHO. Dies zeigt, daß das SO_2-Problem noch nicht in allen Industrieländern gelöst ist. Mailand führt mit dem Dreifachen des WHO-Höchstwertes sogar die Liste der jährlichen Durchschnittskonzentration an. Obwohl sich die Bedingungen in den meisten der befragten Städte allmählich bessern, wird aus einigen Städten der Dritten Welt noch immer eine weitere Verschlechterung gemeldet.[8]

»Wenn zur Verbesserung der örtlichen Luftqualität hohe Schornsteine gebaut werden, bedeutet dies nichts anderes als einen Export der eigenen Gesundheitsprobleme.«

Besonders in der Dritten Welt stellen sich die Gefahren durch die Rußemissionen noch dramatischer dar. Insgesamt erreichten 37 der 41 untersuchten Städte den Grenzwert oder darüber liegende Werte. Zum Teil sind die außerordentlich hohen Werte in einigen Städten der Dritten Welt durch natürlichen Staub zu erklären. Andere Verursacher sind der schwarze, rußhaltige Rauch dieselgetriebener Busse und anderer Fahrzeuge, denen selbst die schlichtesten Vorrichtungen zur Abgasreinigung fehlen, sowie Motorroller mit Zweitaktmotoren. UNEP und die WHO errechnen eine Zahl von 625 Millionen Menschen, die gesundheitsschädlichen Konzentrationen von Schwefeldioxid ausgesetzt sind. Unter der Belastung durch Ruß leiden eine Milliarde Menschen – jeder fünfte.[9]
Wenn zur Verbesserung der örtlichen Luftqualität hohe Schornsteine gebaut werden, bedeutet dies nichts anderes als einen Export der eigenen Gesundheitsprobleme. Denn der saure Regen, vorwiegend als Gefahr für die Umwelt bekannt, kann auch gesundheitliche Schäden hervorrufen. Schwefeldioxid

kann sich chemisch in Sulfatpartikel verwandeln, die sich in der Luft mit Wasser vermischen, sich verflüssigen, zu Aerosolen werden und in die tiefsten, empfindlichsten Bereiche der Lunge vordringen, wo sie giftige Gase und Metalle ablagern. Saure Aerosole werden erst nach und nach als ernste Gefahr für die Gesundheit erkannt, da neue Instrumente das ganze Ausmaß dieses Problems deutlich werden lassen. Einige Wissenschaftler glauben, daß sie die Ursache für jährlich 50 000 bis 100 000 Todesfälle in den Vereinigten Staaten sind – das entspricht 2 bis 5 Prozent der jährlichen Sterberate.[10]

Der saure Niederschlag bedroht die menschliche Gesundheit auch auf indirektem Wege. Unter seinem Einfluß werden verschiedene gefährliche Metalle, wie Aluminium, Cadmium, Quecksilber und Blei, leichter löslich. Sie können aus dem Boden und den Sedimenten von Seen in das Grundwasser, in Flüsse und Wasserreservoirs sickern und das Trinkwasser sowie Fische vergiften. Säurehaltiges Wasser kann giftige Metalle auch aus den Rohren der Wasserversorgung herauslösen. In den Wasservorräten einiger Gebiete der Vereinigten Staaten und Schwedens, die sauren Niederschlägen ausgesetzt sind, fand sich eine erhöhte Konzentration bestimmter Metalle.[11]

Die vom Kraftfahrzeugverkehr verursachten Schadstoffe werden überall auf der Welt mit noch weniger Erfolg bekämpft als Schwefeldioxid und Ruß. Ozon ist in vielen Regionen ein sehr besorgniserregender Schadstoff. Es entsteht, wenn Kohlenwasserstoffe – ein Produkt der unvollständigen Verbrennung in Fahrzeugmotoren und ein Nebenprodukt vieler industrieller Prozesse – unter Einfluß des Sonnenlichts mit Stickoxiden reagieren, wie sie etwa beim Betrieb von Automobilen und Kraftwerken anfallen. Jüngste Forschungsergebnisse aus den Vereinigten Staaten deuten darauf hin, daß Ozon schon in geringeren Konzentrationen als bisher angenommen Atemnot

und – über eine längere Zeit – Lungenschäden verursacht. Andere durch den Verkehr bedingte Schadstoffe sind zum Beispiel Kohlenmonoxid, Stickstoffdioxid, Blei und toxische Kohlenwasserstoffe wie Benzol, Toluol oder Äthyldibromid *(Tab. 5.2)*.[12]
In vielen Teilen der Welt hat sich das bodennahe Ozon zu einem kaum lösbaren Gesundheitsproblem

Tab. 5.2: Gesundheitliche Wirkungen von Schadstoffen aus dem Kraftfahrzeugverkehr[1]

Schadstoff	Gesundheitliche Wirkung
Kohlenmonoxid	Beeinträchtigt die Sauerstoffaufnahme des Blutes; dies behindert Wahrnehmung und Denken, verlangsamt die Reflexe, verursacht Schläfrigkeit, kann zu Bewußtlosigkeit oder Tod führen; von Schwangeren eingeatmet, kann es Wachstum und geistige Entwicklung des Fötus beeinträchtigen.
Blei	Beeinträchtigt Kreislauf, Reproduktionsfähigkeit, Nieren und Nervensysten; ist im Verdacht, Hyperaktivität und verminderte Lernfähigkeit bei Kindern hervorzurufen; sammelt sich in Knochen und anderem Gewebe; bleibt gefährlich auch nach der unmittelbaren Einwirkung.
Stickoxide	Können die Anfälligkeit gegen Virusinfektionen wie Grippe steigern, können zu Lungenreizungen führen und Bronchitis und Lungenentzündung auslösen.
Ozon	Kann Reizungen der Atemwegsschleimhäute verursachen; verursacht Husten, Erstickungsanfälle und Einschränkungen der Lungenfunktion; verringert die Widerstandsfähigkeit gegen Erkältung und Lungenentzündung; kann chronische Herzbeschwerden, Asthma, Bronchitis und Emphyseme verschlimmern.
Toxische Emissionen	Im Verdacht, krebserregend zu sein, Reproduktionsprobleme und Geburtsfehler zu verursachen. Benzol ist als krebserregend bekannt.

1 Automobile sind die hauptsächliche, nicht die einzige Quelle dieser Schadstoffe.

Quellen: National Clean Air Coalition, The Clean Air Act: A Briefing Book for Members of Congress. Washington, D.C., 1985; U.S. Environmental Protection Agency, The Air Toxics Problem in the United States: An Analysis of Cancer Risks for Selected Pollutants. Washington, D.C., 1985.

entwickelt. In den Vereinigten Staaten sind im Sommer des Jahres 1988, dem heißesten und trockensten, der je registriert wurde, die höchsten Konzentrationen bodennahen Ozons gemessen worden. Laut dem Natural Resources Defense Council (NRDC) wurden die zulässigen Höchstwerte in New York an 34 Tagen überschritten – zwei- bis dreimal wöchentlich während des gesamten Sommers. In Washington wurde dieser Wert während der Sommermonate im Durchschnitt an jedem dritten Tag übertroffen. In Los Angeles überstieg die Ozonkonzentration während der Smogzeit sogar an 172 Tagen die zugelassenen Grenzen. Alles in allem nimmt die »American Lung Association« an, daß 382 Bezirke mit etwa 139 Millionen Einwohnern gegen die von der EPA gesetzten Normen verstoßen.[13]

Der Sommer des Jahres 1989 ähnelte in Westeuropa dem des Jahres 1988 in den Vereinigten Staaten: In einigen Ländern führten die ungewöhnlich sonnigen Wetterverhältnisse zu hohen Ozonwerten. Im normalerweise bewölkten Großbritannien lösten Ozonwerte oberhalb der WHO-Norm den Ruf nach einem Smogalarmsystem aus. Die Erkenntnisse aus der – wenn auch unvollständigen – Überwachung durch die Organisation für wirtschaftliche Zusammenarbeit und Entwicklung (OECD) deuten darauf hin, daß eine Ozonkonzentration oberhalb des Grenzwertes zumindest gelegentlich auch an anderen Orten in Europa anzutreffen ist.[14]

»In vielen Teilen der Welt hat sich das bodennahe Ozon zu einem kaum lösbaren Gesundheitsproblem entwickelt.«

Wenn es um die Ozonverhältnisse in der Sowjetunion, Osteuropa und den Entwicklungsländern geht, wird die Informationslage noch dürftiger. Wahrscheinlich wird der Zustand mit der weiteren Zunahme des Automobilbestandes aber nicht besser.

In Lateinamerika scheint die Lage wegen der ungünstigen Wetterbedingungen und der ständig wachsenden Zahl von Fahrzeugen ohne Abgasreinigung besonders problematisch. In Mexico City wird sogar der ziemlich großzügige amtliche Höchstwert, der bei 0.11 Teilen pro Million (ppm) liegt und täglich höchstens eine Stunde überschritten werden darf, an mehr als 300 Tagen im Jahr übertroffen – doppelt so häufig wie in Los Angeles und an fast jedem regenfreien Tag.[15]

Die Emissionen von Kohlenmonoxid und Stickstoffdioxid bleiben auch in den Ländern problematisch, die den Katalysator vorschreiben – in Australien, Österreich, Kanada, Japan, Norwegen, Südkorea, Schweden, der Schweiz und den Vereinigten Staaten; ganz zu schweigen von den Ländern, die diese Vorschrift nicht haben. In ihrem Bericht schätzen WHO und UNEP, daß in den Städten Nordamerikas und Europas etwa 15 bis 20 Prozent der Einwohner unvertretbar hohen Konzentrationen von Stickstoffdioxid ausgesetzt sind und daß 50 Prozent unter gesundheitsschädlichen Kohlenmonoxidwerten leiden.[16]

Mit Katalysatoren ausgerüstete Fahrzeuge vertragen glücklicherweise kein verbleites Benzin. Überall dort, wo der Katalysator obligatorisch ist, sind deshalb die Bleiemissionen, zum Nutzen der menschlichen Gesundheit, erheblich zurückgegangen. Die meisten Länder schreiben aber weder den Katalysator noch bleifreies Benzin vor. Der WHO/UNEP-Bericht geht davon aus, daß ein Drittel der Einwohner nordamerikanischer und europäischer Städte Bleikonzentrationen ausgesetzt sind, die knapp unterhalb oder aber deutlich oberhalb der Grenze zur Gesundheitsschädlichkeit liegen. In einer begrenzten Stichprobe hatte Paris die höchsten Werte zu verzeichnen; die durchschnittliche Jahreskonzentration überschritt den Höchstwert der WHO bei weitem. In Mexico City fand sich bei sieben von zehn Neugeborenen eine unzulässig hohe Bleikonzentration.[17]

In den Vereinigten Staaten richtet sich die Aufmerksamkeit erst jetzt auf die Gesundheitsgefahren, die von giftigen Chemikalien in der industriellen Produktion ausgehen. Diese Chemikalien, sie können Krebs, Geburtsfehler und genetische Veränderungen verursachen, fallen sehr oft durch das Netz der Verordnungen. Die zur Zeit zu beobachtende Welle der Betroffenheit ist durch eine Veröffentlichung der EPA ausgelöst worden, in der sie bekanntgab, daß die Industrie im Jahr 1987 1,2 Milliarden Kilogramm gefährliche Schadstoffe freigesetzt hat, darunter 105 Millionen Kilogramm, die als krebserregend bekannt sind. Aber selbst diese Zahlen sind noch zu niedrig angesetzt, denn sie vernachlässigen die Emissionen von Mülldeponien, chemischen Reinigungen, Automobilen und der Stoffe, die nach ihrer Einleitung in den Boden oder die Gewässer nach und nach verdunsten. Die EPA räumt ein, daß die tatsächliche Menge mehr als 1,2 Milliarden Kilogramm betragen kann.[18]

»In Mexico City fand sich bei sieben von zehn Neugeborenen eine unzulässig hohe Bleikonzentration.«

In einer Untersuchung aus dem Jahr 1986 kommt die EPA zu dem Schluß, daß bis zu 2000 Todesfälle durch Krebs jährlich auf toxische Emissionen zurückgeführt werden können. Da die Behörde aber nur etwa ein Drittel der krebserregenden Chemikalien untersucht hat, kann diese Zahl kaum die wirklichen Verhältnisse wiedergeben. Hätte man alle toxischen Emissionen und deren synergetische Effekte berücksichtigt, wäre sie vermutlich wesentlich größer; andere Untersuchungen haben gezeigt, daß die Krebsraten in der Umgebung bestimmter Fabriken in West Virginia und Louisiana ungewöhnlich hoch sind. Die Aufzeichnungen der staatlichen Gesundheitsbehörde weisen zum Beispiel aus, daß im Kanawha Valley in West Virginia – Wohnort für 250000 Menschen und Standort von 13 chemischen Fabriken – Krebserkrankungen der Atemwege in den Jahren von 1968 bis 1977 um 21 Prozent häufiger auftraten als im Bundesdurchschnitt.

In anderen Ländern sind solche Daten leider nicht verfügbar. Wo immer aber umweltbelastende Industrien wie chemische Fabriken, metallverarbeitende Betriebe oder Papierfabriken angesiedelt sind, ist mit hohen Emissionen zu rechnen. Messungen des Bleigehalts im Boden der polnischen Städte Olkosz und Slawkow ergaben Werte, die zu den höchsten der Welt gezählt werden müssen. Der hohe Gehalt an Blei, Zink, Cadmium und Quecksilber in einigen Städten – 30 bis 70 Prozent über dem Höchstwert der WHO – hat die polnische Regierung veranlaßt, dort ein Verbot des Gemüseanbaus in Erwägung zu ziehen.[19] Mit der weiteren Industrialisierung der Entwicklungsländer wird die chemische Luftverschmutzung auch dort zunehmen. Ihr Anteil an der Welteisen- und -stahlproduktion stieg von 3,6 Prozent im Jahr 1955 auf 17,3 Prozent im Jahr 1984. In Indien stieg die Pestizidproduktion um fast das Dreißigfache, von 1460 Tonnen im Jahr 1960 auf 40000 Tonnen im Jahr 1980.

»Es ist schwierig, für die von der Luftverschmutzung verursachten Gesundheitsschäden einen Geldwert zu ermitteln.«

Heute kann als erwiesen gelten, daß giftige Emissionen, wie etwa der saure Niederschlag, sehr weite Wege zurücklegen, bevor sie den Boden wieder erreichen. Dies erklärt zum Teil, warum sich DDT und PCB, vermutlich aus Mittelamerika oder Mexiko, in der gesamten Nahrungskette der Eskimos finden, vom Schnee über Beeren und Fische bis hin zu den Bären.[20]

Es ist schwierig, für die von der Luftverschmutzung verursachten Gesundheitsschäden einen Geldwert zu ermitteln. Dies würde Aussagen über den Wert der Gesundheit und des menschlichen Lebens voraussetzen. Die wenigen Schätzungen, die trotzdem angestellt wurden, kommen zu einem sehr hohen Preis. So nimmt zum Beispiel der Wissenschaftler Thomas Crocker von der University of Wyoming an, daß den Vereinigten Staaten durch die medizinische Versorgung und Produktionsausfälle jährliche Kosten in Höhe von 40 Milliarden Dollar entstehen.

Der ökologische Tribut

Die ersten warnenden Stimmen waren in den späten sechziger Jahren zu vernehmen, als bei skandinavischen Wissenschaftlern der Verdacht aufkam, daß SO_2-Emissionen aus den urbanisierteren und industrialisierteren Ländern Europas, zum Beispiel aus Großbritannien und der Bundesrepublik Deutschland, die Ursache für das Fischsterben in den skandinavischen Seen sein könnten. Amerikanische Wissenschaftler kamen bei entsprechenden Untersuchungen zu ähnlichen Ergebnissen. Umfangreicher Studien in den siebziger Jahren machten deutlich, daß der saure Niederschlag die Gewässer tatsächlich übersäuert und in den geologisch anfälligen Regionen Skandinaviens und Nordamerikas Fische und andere im Wasser lebende Organismen tötet.[21]

Der kanadische Biologe David Schindler warnt vor tiefgreifenden ökologischen Folgen. Nachdem sich die Aufmerksamkeit zunächst auf die Fische konzentriert hatte, ist inzwischen deutlich geworden, daß auch andere Organismen betroffen sind. Um die biologischen Auswirkungen des Vorgangs zu untersuchen, versetzten Schindler und seine Kollegen zwei

Tab. 5.3: Durch Übersäuerung geschädigte Seen in ausgewählten Ländern

Land	Schaden
Kanada	Mehr als 14 000 Seen stark übersäuert; 15 000 Seen im Osten (einer von sieben) biologisch geschädigt.
Finnland	Eine Untersuchung von 1000 Seen hat gezeigt, daß Seen, die kaum noch Säure neutralisieren können, über das gesamte Land verteilt sind; 8 Prozent dieser Seen, von denen die meisten in Südfinnland zu finden sind, sind schon übersäuert.
Norwegen	In Gewässern mit einer Gesamtfläche von 13 000 Quadratkilometern ist der Fischbestand vernichtet und auf weiteren 20 000 Quadratkilometern geschädigt.
Schweden	14 000 Seen ungeeignet für empfindliche Organismen; 2200 Seen fast ohne jedes Leben.
Großbritannien	Einige übersäuerte Seen in Südwestschottland, Westwales und im Lake District.
USA	Ungefähr 1000 übersäuerte und 3000 chemisch veränderte Seen; 1984 ermittelte die EPA 552 stark saure Seen und 964 Seen mit einem Säuregehalt in der Nähe des Grenzwertes.

Quellen: Jim Ketcham-Colwill, Acid Rain: Science and Control Issues. Environmental und Energy Study Institute Special Report, 12. Juli 1989; U.N. Economic Commission for Europe, Current Geographical Extent of Acidification in Rivers, Lakes, and Reservoirs in the EEC Region. Berichtsentwurf, 14. Juni 1988.

Seen im Nordwesten Ontarios mit Säure. Nachdem der pH-Wert in acht Jahren von 6,5 auf 5,0 zurückgegangen war, war annähernd ein Drittel der untersuchten Arten ausgestorben. Aus dem Ergebnis seiner Untersuchung schließt Schindler, daß in den Regionen Adirondack und Pokonos-Catskills mehr als die Hälfte der empfindlichen Arten – Molluskeln, Egel und Krustentiere – vernichtet sind.[22]

Flüsse und Seen ohne Fische, sterbende Wälder und antike Skulpturen ohne Gesichter sind traurige Beispiele für die Zerstörungskraft der Industrie.

Jüngste Erkenntnisse deuten darauf hin, daß die Bedrohung der Küstengewässer eine ähnliche Größenordnung angenommen hat. Eine Untersuchung des »Environmental Defense Fund« (EDF) aus dem Jahr

1988 kommt zu dem Ergebnis, daß der saure Niederschlag eine der Hauptursachen für die Verödung der Chesapeake Bay ist. In einem als »Eutrophierung« bezeichneten Vorgang wirkt Stickstoff aus den unterschiedlichsten Quellen als Algendünger. Dies geht soweit, daß die Sauerstoffzufuhr aussetzt und der Einfall des Sonnenlichts blockiert wird; die anderen Pflanzen und Tiere sind aber von beiden abhängig. Die Studie zeigt, daß der Eintrag aus der Luft 25 Prozent der gesamten Stickstofflast der Bucht ausmacht. Dieser Anteil würde sich bei einer Fortsetzung des Trends bis zum Jahr 2030 auf 42 Prozent erhöhen. Andere Untersuchungen zeigen, daß 27 Prozent des Stickstoffgehalts der Ostsee über den Luftweg dorthin gelangen.[23]

»Flüsse und Seen ohne Fische, sterbende Wälder und antike Skulpturen ohne Gesichter sind traurige Beispiele für die Zerstörungskraft der Industrie.«

In den frühen achtziger Jahren wurden, nach den Seen und Flüssen, die Folgen des sauren Regens auch für die Wälder deutlich. Die ersten Anzeichen weitverbreiteter Schäden wurden in der Bundesrepublik Deutschland sichtbar. Seitdem hat sich die Sorge um den Zustand der Wälder über die gesamte Welt verbreitet. Mehrere europäische Länder veröffentlichen inzwischen jährliche Übersichten, die in einem Jahresbericht der UN-Wirtschaftskommission für Europa zusammengefaßt werden. Der Bericht des Jahres 1988 stellte für jedes der 26 untersuchten Gebiete zumindest erste Schäden fest. In einundzwanzig dieser Gebiete lag die Schadensrate bei 30 Prozent oder darüber; sieben wiesen Schäden von 50 Prozent oder mehr auf. Auf dem gesamten Kontinent werden 48 Millionen Hektar, oder 30 Prozent der europäischen Waldfläche, als geschädigt klassifiziert *(Tab. 5.4)*.

In Nordamerika deutet die Entwicklung in eine ähnliche Richtung. Obwohl Waldschäden bisher nur in isolierten, hochgelegenen Gegenden dokumentiert sind, fürchtet man allgemein, daß es nur eine Frage der Zeit ist, bis sie sich weiter ausdehnen. Der Niedergang etwa der Jeffrey- und der Ponderosakiefer in Kalifornien und der Weißkiefer im Osten ist mit großer Sicherheit auf hohe Konzentrationen bodennahen Ozons zurückzuführen, während die Forschung bei anderen Bäumen wie der Rottanne, der Fraserfichte, Gelbkiefer und Zuckerahorn sich über die Rolle der Luftverschmutzung nicht so sicher ist. Aber auch bei diesen Arten weisen die Schadensgebiete sehr oft eine hohe Luftbelastung auf, so daß eine ursächliche Verbindung naheliegt.[24]

»Umweltwissenschaftler schätzen den Schaden, der Polen bis zum Jahr 1992 durch den Waldverlust entsteht, auf 2,7 Milliarden DM.«

In der Gipfelregion des Mount Mitchell in North Carolina sind fast alle Rottannen und Fraserfichten abgestorben. Die Ozonkonzentration liegt dort oberhalb der Werte, deren Baumschädlichkeit in Laborversuchen nachgewiesen ist. Proben, die an diesem Berg den Wolken entnommen wurden, zeigten pH-Werte zwischen 5,4 (leicht sauer) und 2,2 (fast essigsauer); der Durchschnitt lag bei 3,4.
Die Schäden für die Forstwirtschaft und den Fremdenverkehr können erhebliche Ausmaße annehmen. Umweltwissenschaftler schätzen den Schaden, der Polen bis zum Jahr 1992 durch den Waldverlust entsteht, auf 2,7 Milliarden DM. Die Ökonomen Werner Schulz und Lutz Wicke beziffern die Kosten der Waldschäden in der Bundesrepublik Deutschland im Lauf der nächsten 70 Jahre auf 5,5 bis 8,8 Milliarden DM jährlich; die genaue Höhe dieses Betrages ist vom Erfolg der Bemühungen um Emissionsminderung abhängig.

Tab. 5.4: Waldschäden in Europa 1988

Land oder Region	Waldfläche[1]	Schadensfläche (geschätzt)	Anteil an der Gesamtfläche
	Tausend Hektar		Prozent
Tschechoslowakei	4578	3250	71
Griechenland	2034	1302	64
Großbritannien	2200	1400	64
Estland	1795	933	52
Bundesrepublik Deutschland	7360	3827	52
Toskana	150	77	51
Liechtenstein	8	4	50
Norwegen[2]	5925	2963	50
Dänemark	466	228	49
Polen	8654	4240	49
Niederlande	311	149	48
Flandern	115	53	46
DDR	2955	1300	44
Bulgarien	3627	1560	43
Schweiz	1186	510	43
Luxemburg	88	37	42
Finnland	20059	7823	39
Schweden	23700	9243	39
Wallonien[2]	248	87	35
Jugoslawien	4889	1564	32
Spanien	11792	3656	31
Irland	334	100	30
Österreich	3754	1089	29
Frankreich	14440	3321	23
Ungarn	1637	360	22
Litauen	1810	380	21
Südtirol	307	61	20
Portugal	3060	122	4
Andere[3]	13474	Keine Ang.	Keine Ang.
Summe[4]	140956	49647	35

1 In solchen Gebieten, in denen nur Koniferen erfaßt sind, ist die Waldfläche die mit Koniferen bestandene Fläche. Aus Jugoslawien liegt nur eine regionale Untersuchung vor; »Waldfläche« ist daher gleichbedeutend mit »erfaßter Fläche«.

2 Nur Koniferen.

3 Einschließlich nichterfaßter Flächen in den Ländern, für die nur regionale oder Koniferenstudien vorliegen.

4 Ausschließlich Türkei und UdSSR, bis auf Estland und Litauen.

Quelle: Worldwatch Institute, nach UNEP und United Nations Economic Commission for Europe, Forest Damage and Air Pollution: Report of the 1988 Forest Damage Survey in Europe. 1989.

Unter der Luftverschmutzung leiden nicht nur die Wälder. Auch die Ernten sind betroffen. Ozon ist hier der Hauptschadstoff, wenn auch davon auszugehen ist, daß SO_2, Stickoxide, Sulfate und Nitrate ebenfalls schädlich sein können. Die umfassendsten Untersuchungen zu diesem Problem sind in den Vereinigten Staaten angestellt worden. Eine von der Regierung in Auftrag gegebene Studie des »National Acid Precipitation Assessment Program« aus dem Jahr 1987 kommt zu dem Ergebnis, daß die Ernten bei den vorherrschenden Ozonwerten um 5 bis 10 Prozent zu gering ausfallen. Dies entspricht schätzungsweise einem Verlust von 5,4 Milliarden Dollar.[25]

Auch aus der Dritten Welt gibt es ähnliche Berichte. Die Waldschäden im Südwesten der Volksrepublik China werden zunehmend mit der Luftverschmutzung in Verbindung gebracht, die auf die Verwendung sehr schwefelhaltiger Kohle zurückgeht. In den Kiefernwäldern von Maocaoba in der Provinz Szechuan sind 90 Prozent der Bäume abgestorben. In der Nähe von Chongqing, der größten Stadt im Südwesten Chinas, ist ein 1800 Hektar großer Kiefernwald um die Hälfte dezimiert. Diese Gebiete leiden unter sehr sauren Niederschlägen und hohen Schwefeldioxidkonzentrationen. Die Zeitschrift *Science and Technology Daily* berichtete im Mai 1989 von schweren Schäden durch den sauren Regen in der Provinz Hunan, die unter anderem zu Ernteeinbußen im Wert von 1 Milliarde Yüan (etwa 360 Millionen DM) jährlich führen. Ähnliche Wald- und Ernteschäden durch Luftverschmutzung und – möglicherweise – sauren Regen werden aus Chile, Brasilien und Mexiko gemeldet.[26]

In den Regenwäldern hat man erhöhte Säure- und Ozonwerte festgestellt, die in Lateinamerika mit den riesigen Feuern in Verbindung gebracht werden, mit denen die Rinderfarmer und Siedler das Land roden. In Afrika entsteht diese Art der Luftverschmutzung durch die Savannenfeuer, die sich auf Tausenden Kilometern oft über Monate halten. Diese Feuer werden von Farmern und Herdenbesitzern gelegt, um das Land von Gebüsch zu befreien und Flächen für die Acker- und Weidewirtschaft zu gewinnen. Tropische Gebiete sind durch die Übersäuerung besonders gefährdet, da ihre Böden nur eine geringe Pufferwirkung haben.[27]

»In den Regenwäldern hat man erhöhte Säure- und Ozonwerte festgestellt, die in Lateinamerika mit den riesigen Feuern in Verbindung gebracht werden, mit denen die Rinderfarmer und Siedler das Land roden.«

Im Unterschied zu den Schäden an Seen und Wäldern sind Gebäudeschäden meistens ein örtlich begrenztes Phänomen. Bis zu einem gewissen Grad mögen diese Schäden auf das Alter der Bauwerke zurückzuführen sein; die Luftverschmutzung beschleunigt den Vorgang jedoch erheblich. T. N. Skoulikidis, ein griechischer Spezialist auf dem Gebiet der Säurekorrosion, nimmt an, daß die historischen Bauwerke in Athen in den vergangenen 20 bis 25 Jahren stärker verfallen sind als in den 2400 Jahren zuvor. Überall in Italien sind die Schäden an historischen Kunst- und Bauwerken zu besichtigen. In der Gegend von Kattowitz in Südpolen müssen Eisenbahnzüge des öfteren ihre Geschwindigkeit verringern, weil die Schienen – offensichtlich unter der Einwirkung der sauren Niederschläge – korrodiert sind. Möglicherweise wird die Luftverschmutzung die historischen Bauwerke der Vereinigten Staaten daran hindern, jemals das Alter der europäischen Baudenkmäler zu erreichen.[28]
Die Dritte Welt folgt auch auf diesem Gebiet dem Beispiel der Ersten Welt. Das Tadsch Mahal wird von einer in den siebziger Jahren erbauten Ölraffinerie bedroht, deren Emissionen seinen Marmor und Sandstein zerfressen. Der saure Regen, der über der Halb-

insel Yucatan und dem gesamten Süden Mexikos niedergeht, zerstört, wie neuere Untersuchungen zeigen, die Tempel, Mauern und Megalithen der Maya. Diese Schäden werden vorwiegend von den Emissionen der mexikanischen Ölquellen und der Abfackelung auf den Ölfeldern bei Coatzacoalcos und Ciudad del Carmen am Golf von Mexiko verursacht. Auch die Auspuffgase der Touristenbusse sind vermutlich am Verfall der Denkmäler nicht ganz unbeteiligt.[29]

Die volkswirtschaftlichen Kosten der Korrosion sind enorm. Es ist zwar schwierig, die Kosten zu ermitteln, da über den genauen Verlauf des Verfalls zu wenig bekannt und die Unterscheidung zwischen natürlicher und säurebedingter Korrosion nicht einfach ist; grobe Schätzungen liegen aber trotzdem vor. Im Jahr 1984 schätzten Mitarbeiter des schwedischen Korrosionsinstituts, daß ihrem Land durch Korrosionsschäden aller Art jährliche Kosten in Höhe von etwa 2,5 Milliarden Dollar entstehen. Eine Studie des niederländischen Umweltministeriums aus dem Jahr 1980 zeigt, daß die Schäden an Denkmälern, Büchereien und Archiven jährliche Kosten von 10 bis 15 Millionen Dollar verursachen. Untersuchungen in den Vereinigten Staaten deuten auf jährliche Kosten von einigen Milliarden Dollar hin. Diese Zahlen und die übrigen durch die Luftverschmutzung und den sauren Regen entstehenden Kosten lassen die Bemühungen um eine Verringerung der Emissionen vergleichsweise preisgünstig erscheinen.[30]

Strategien der Entlastung

Das am weitesten verbreitete Mittel zur Reinhaltung der Luft sind Rußfilter in Kraftwerken. Sie sind in allen OECD-Ländern (Westeuropa, USA, Kanada und

Japan) vorgeschrieben. Diese Vorrichtungen verringern den Rußausstoß der Schornsteine um bis zu 99,5 Prozent, sie können aber Sulfate oder Nitrate, deren Auswirkungen für die menschliche Gesundheit und die Umwelt besonders schädlich sind, nicht an ihrer Entstehung hindern.[31]

Das vorherrschende Hilfsmittel zur Verringerung der Schwefeldioxidemissionen sind Rauchgasentschwefelungsanlagen, die einen Reinigungsgrad von 95 Prozent erreichen können. Im Jahr 1988 waren in den OECD-Ländern Kraftwerke mit einer Leistung von insgesamt 140000 Megawatt mit solchen Anlagen ausgerüstet. In den Vereinigten Staaten waren im Januar 1987 jedoch nur 20 Prozent der Kohlekraftwerke mit einer Rauchgasentschwefelung ausgerüstet, verglichen mit etwa 40 Prozent in der Bundesrepublik Deutschland, 50 Prozent in Schweden, 60 Prozent in Österreich und 85 Prozent in Japan. In den neunziger Jahren wollen mehrere OECD-Länder ihre Kapazität noch erheblich ausweiten.[32]

Die Tschechoslowakei hat am Anfang des Jahres eine Umweltschutzinitiative angekündigt, in deren Rahmen auch etwa 2 Milliarden DM in die Rauchgasentschwefelung der neun schmutzigsten Kohlekraftwerke investiert werden sollen. China hat im Dezember des Jahres 1987 angedeutet, daß es ein geplantes Kohlekraftwerk erstmals mit einer Entschwefelungsanlage ausstatten will.[33]

Zur Begrenzung der Stickstoffemissionen von Kohlekraftwerken werden verschiedene Verfahren mit unterschiedlichem Erfolg angewandt. Mit den einfacheren Lösungen, Veränderungen im Verbrennungsvorgang, läßt sich eine Reduzierung um 30 bis 50 Prozent erzielen. Die Vereinigten Staaten haben für diese Verfahren erhebliche Summen aufgebracht, auch Großbritannien und Portugal investieren, wenn auch in kleinerem Maßstab. Kostspieliger, aber auch wirksamer, sind Katalysatoren, die das Rauchgas von NO reinigen. Die Emissionsminderung erreicht dabei Werte von 80 bis 90 Prozent. In Japan wird diese Technik zur Verhinderung von Smog eingesetzt; dort hat sie in den siebziger Jahren die größten Fortschritte gemacht. Am Jahresende 1986 waren dort 91 Anlagen in Betrieb – etwa 90 Prozent aller in den OECD-Ländern installierten Anlagen und 54 Prozent aller fossil befeuerten Kraftwerke des Landes. Weitere acht Anlagen werden in der Bundesrepublik Deutschland und vier in Österreich, den Niederlanden und den Vereinigten Staaten betrieben.[34]

Intensiv erforscht wird die sogenannte saubere Kohletechnologie, die die Emissionen von SO_2 und NO während der Verbrennung reduziert. Diese Technik zeichnet sich dadurch aus, daß sie sowohl die Emissionen drastisch verringert als auch den Wirkungsgrad der Verbrennung erhöht. Einige Anlagentypen haben inzwischen Marktreife erlangt, während andere sich noch im Stadium von Demonstrationsvorhaben befinden.[35]

Im allgemeinen unterliegen neue Kraftwerke in den meisten westlichen Ländern einer recht scharfen Kontrolle, größere Schwierigkeiten bereitet die Umrüstung bestehender Anlagen. Dies ist deshalb von Bedeutung, weil in der industrialisierten Welt nur noch wenige Anlagen neu errichtet werden. Bis heute unternehmen in der OECD nur Dänemark, die Niederlande, Schweden, Großbritannien und die Bundesrepublik Deutschland nennenswerte Schritte zur Umrüstung.[36]

Die vorhandenen Techniken zur Luftreinhaltung sind noch nicht die endgültige Lösung, sie fungieren nur als notwendige Sofortmaßnahmen. Zum einen schaffen sie nämlich ihre eigenen Umweltprobleme, wie etwa die Lagerung der Reinigungsrückstände, die als Sondermüll zu behandeln sind. Zum zweiten leisten sie, wenn überhaupt, nur wenig zur Verringerung der CO_2-Emissionen; ihr Beitrag zur Lösung des Problems der weltweiten Erwärmung ist deshalb unerheblich. Im besten Fall haben sie die Funktion einer Überbrückungstechnik, bis zu dem Zeitpunkt, an dem sparsamer Umgang mit Energie die Norm ist und die erneuerbaren Energiequellen wie Sonne, Wind und Wasser den größten Anteil am Weltenergieverbrauch decken *(s. Kapitel 1)*.

Bis heute neigt man eher zu technischer Soforthilfe als dazu, das Problem an der Wurzel anzugehen.

Das Sparen von Energie ist eine wesentliche Strategie zur Emissionsminderung von Kraftwerken, auch wenn sie selten aus diesem Grund gefördert wird. Das »American Council for an Energy-Efficient Economy« (ACEEE) hat eine Region im mittleren Westen der USA untersucht, in der 33 Prozent der Schwefeldioxidemissionen aller US-Kraftwerke anfallen. Dabei ist es zu dem Ergebnis gekommen, daß die Einführung bekannter und bewährter Energiesparmaßnahmen den Strombedarf um 15 Prozent unter die von der Stromwirtschaft prognostizierten Werte sinken lassen würde. Dies hätte zur Folge, daß die SO_2-Emissionen in dem Zeitraum von 1992 bis zum Jahr 2002 um 7 bis 11 Prozent zurückgingen und die NO-Emissionen um einen nicht näher bestimmten Betrag.[37]

»Bis heute neigt man eher zu technischer Soforthilfe als dazu, das Problem an der Wurzel anzugehen.«

Die finanziellen Einsparungen vermiedener Kraftwerksneubauten können die Kosten der Emissionsbegrenzung bestehender Kraftwerke mehr als aufwiegen. ACEEE hat festgestellt, daß die Verbraucher im mittleren Westen 4 bis 8 Milliarden Dollar netto einsparen können, wenn Emissionsbegrenzung und Energiesparen vorangetrieben werden – verglichen mit einem Szenario, in dem nichts dergleichen geschieht. Eine Reduzierung der Emissionen ohne gleichzeitige Energiesparmaßnahmen würde dagegen Milliarden Dollar kosten.[38]

Wirtschaftliche Anreize für eine Reform der Energiewirtschaft müssen in jedem Land Bestandteile der Luftreinhaltungspolitik werden. Eine Möglichkeit besteht zum Beispiel darin, den Stromversorgungsunternehmen höhere Verdienstspannen für den Fall einzuräumen, daß sie durch Energieeinsparungen zu einem geringeren Stromverbrauch ihrer Kunden beitragen. Eine Marktorientierung der Energiewirtschaft, bei der die Umweltkosten in die Kalkulation einbezogen werden müssen, ist eine weitere Möglichkeit, die sparsame Energienutzung und erneuerbare Quellen zu fördern. Der Staat New York befindet sich schon auf diesem Weg: In zwei Versorgungsgebieten dieses Staates müssen die Unternehmen auf die Kosten jeder fossil erzeugten Kilowattstunde einen Penny Luftverschmutzungsabgabe aufschlagen; einen weiteren halben Penny müssen sie für andere Umweltkosten zahlen.[39]

»Grundsätzlich ist eine verbesserte Luftqualität in den Städten nur durch ein Zurückdrängen des Automobils zu erreichen.«

Die öffentliche Diskussion über das Recycling beschränkt sich vorwiegend auf den Aspekt der Deponievermeidung. Von gleicher Bedeutung ist aber das Potential dieser Verfahren zur Verringerung der Luftverschmutzung. Die Herstellung von Aluminium aus wiederverwandten Dosen reduziert die Emission von Stickoxiden um 95 Prozent und von Schwefeldioxid um 99 Prozent.[40]

Um die Emissionen von Automobilen zu verringern, müssen ebenfalls vorbeugende Maßnahmen ergriffen werden. Bisher werden technische Veränderungen an den Motoren vorgenommen und Katalysatoren eingesetzt, um zu einer Reduzierung zu kommen. Aber selbst in denjenigen Ländern, in denen Katalysatoren

vorgeschrieben sind, wird deren Wirkung durch die steigende Zahl der Fahrzeuge wieder aufgehoben. Katalysatoren steigern sogar den Ausstoß von Kohlendioxid. Auch hier sind also grundlegendere zusätzliche Maßnahmen unerläßlich.[41]
Grundsätzlich ist eine verbesserte Luftqualität in den Städten nur durch ein Zurückdrängen des Automobils zu erreichen. Tatsächlich haben viele Städte den Autoverkehr bereits eingeschränkt. In Florenz bleibt der Stadtkern tagsüber den Fußgängern vorbehalten. Budapest verbannt den Autoverkehr bis auf zwei Straßen aus seiner Altstadt. In Lagos bleibt die Benutzung der Straßen abwechselnd den Inhabern von Zulassungsschildern mit gerader oder ungerader Nummer vorbehalten. Die Erfahrung in dieser Stadt zeigt allerdings, daß solche Pläne sehr umsichtig in die Tat umgesetzt werden müssen – reiche Einwohner hielten sich zwei Fahrzeuge, eines mit einer geraden und eines mit einer ungeraden Zahl.[42]
Bevor es zu einer völligen Verbannung von Privatwagen aus den Innenstädten kommt, können die städtischen Gremien die Pendler dazu ermutigen, ihre Wagen zu Hause zu lassen, indem sie den öffentlichen Nahverkehr zu einer preisgünstigen und bequemen Alternative ausbauen. Parkverbote, die Erhebung einer Parkplatzsteuer oder Straßenbenutzungsgebühren sind andere Mittel, das Ziel zu erreichen.
An vielen Stellen wird über die Einführung von Fahrzeugen nachgedacht, die mit Methanol, Ätnanol oder Erdgas betrieben werden. Diese Lösung ist auf den ersten Blick sehr attraktiv. Andererseits zeigt sich aber, daß der Einsatz von Methanol im Vergleich mit Benzin zwar die Ozonbildung reduziert, den Ausstoß von Formaldehyd jedoch um das Zwei- bis Fünffache steigert. Wenn Methanol einen nennenswerten Anteil an der Treibstoffversorgung erhalten soll, kann es eines Tages dazu kommen, daß es aus Kohle gewon-

nen wird. Dies würde eine Steigerung der Kohlendioxidemissionen um 20 bis 160 Prozent mit sich bringen – undenkbar in einer vom Treibhauseffekt bedrohten Welt.

Methanol ist eine hochgiftige, farb- und geruchlose Substanz, die das Grundwasser verseuchen kann, wenn Tanks brüchig werden. Die Berührung mit Methanol kann darüber hinaus beim Tanken zu Verletzungen führen; es ist tödlich, wenn es versehentlich eingenommen wird. Nach Aussagen des Wissenschaftlers Toby Litovitz vom »National Capital Poison Center« in Washington, D.C., ist »das unmittelbare Risiko durch die Umstellung auf Methanol wegen der vorhersehbaren Zunahme von Todesfällen, Erblindungen und neurologischen Erkrankungen nicht hinnehmbar«.[43]

Im Kampf gegen die Luftverschmutzung und die weltweite Erwärmung sollten die Herstellung und der Erwerb von Fahrzeugen mit geringen Emissionen und sparsamem Treibstoffverbrauch eine hohe Priorität einnehmen. Obwohl die Automobilindustrie seit Jahren behauptet, daß die Ziele der Emissionsminderung und der Treibstoffeinsparung miteinander in einem direkten Widerspruch stehen, sagen sowohl EPA als auch »Office of Technology Assessment (OTA), daß dies nicht der Fall sei. Einige Maßnahmen zur Minderung der Emissionen können zu einem erhöhten Treibstoffverbrauch führen, müssen es aber nicht. Eine Untersuchung des Wissenschaftlers Chris Calwell vom »Natural Resources Defense Council«, die sich auf 781 Automodelle bezog, zeigt, daß die 50 sparsamsten Autos im Vergleich zum Durchschnitt etwa ein Drittel weniger Kohlenstoff ausstoßen; im Vergleich mit den 50 verschwenderischsten ist es sogar weniger als die Hälfte.[44]

Die Bemühungen um eine Verringerung der Giftstoffe in der Luft sind dann besonders erfolgversprechend, wenn sie zusätzlich auf eine Minimierung der

Abfallmenge zielen, anstatt auf deren bloße Kontrolle. Eine solche Strategie trägt auch dazu bei, den Abfall nicht immer wieder von einer Form in die nächste zu verwandeln. Der größte Anreiz zur Abfallreduzierung besteht wahrscheinlich in der strengen Reglementierung seiner Beseitigung. Dies treibt die Entsorgungskosten in die Höhe und macht die Verringerung der Abfallmenge für die Unternehmen wirtschaftlich. Auch andere Anreize sind möglich. Zu denken wäre etwa an ein »Pfand/Erstattungs«-System, durch das der Einkauf gefährlicher Ausgangsstoffe zunächst besteuert wird; die Unternehmen erhalten jedoch eine Erstattung, wenn sie die Abfälle dieser Stoffe zurückgewinnen oder weiterverarbeiten.[45]

»Der größte Anreiz zur Abfallreduzierung besteht wahrscheinlich in der strengen Reglementierung seiner Beseitigung.«

Die Erfahrung in den Vereinigten Staaten hat gezeigt, daß der öffentliche Zugang zu den Informationen über die Emissionen einer chemischen Fabrik sehr schnell Reaktionen nach sich zieht: Wenige Wochen nach der Veröffentlichung solcher Daten im Rahmen der gesetzlichen Regelung des freien Informationszugangs gab die Firma Monsanto ihre Absicht bekannt, die giftigen Emissionen bis zum Jahr 1992 um 90 Prozent zu verringern.[46]

Die meisten europäischen Länder müssen erst noch die Voraussetzungen für den freien Zugang zu den Emissionsdaten der chemischen Industrie schaffen. Es wird allerdings berichtet, daß die Europäische Gemeinschaft den Entwurf einer Richtlinie vorbereitet, in der der freie Zugang zu umweltrelevanten Informationen geregelt wird. Dies würde die Lage etwas verbessern. Im Zuge von Glasnost verbessert sich auch der Fluß von Umweltdaten in einigen osteuropäischen Ländern und der Sowjetunion – entscheidende

Fortschritte sind bisher aber ausgeblieben. In einigen Entwicklungsländern beginnen »Bürgerinitiativen« ebenfalls, die Schranken der Geheimhaltung zu durchbrechen.[47]

Für eine saubere Luft mobil machen

Obwohl die Zeit für eine Reform der gängigen Ansätze zur Luftreinhaltung reif scheint, nehmen nur wenige Politiker die Umsetzung der notwendigen, umfassenden Strategien in Angriff. Die jüngsten nationalen und internationalen Entwicklungen führen zwar in die richtige Richtung, sie reichen aber keineswegs aus, um die Aufgaben zu bewältigen.

In den Vereinigten Staaten debattiert der Kongreß zur Zeit wesentliche Änderungen des Gesetzes zur Reinhaltung der Luft (Clean Air Act) aus dem Jahr 1970. Diese Diskussion hat sich durch eine eigene Vorlage des amerikanischen Präsidenten beschleunigt, nach der diejenigen Emissionen, die den sauren Regen verursachen, um die Hälfte verringert, die Abgasnormen für Automobile verschärft und die Luftschadstoffe stärker kontrolliert werden sollen.[48]

Jede Gesetzgebung stellt gegenüber dem Status quo eine Verbesserung dar. Die Vorschläge der US-Regierung versäumen aber, das Problem von den Grundlagen her anzugehen, nämlich durch Energieeinsparung, eine Reform des Verkehrswesens und eine Verringerung des Abfallaufkommens. Unter dieser Voraussetzung versprechen die Vorschriften im Zusammenhang mit dem sauren Regen vielleicht noch am meisten, weil sie den Stromversorgungsunternehmen die Wahl der Verfahren zur Vermeidung von Emissionen, einschließlich der Energiesparmaßnahmen, selbst überlassen. Gezielte Anreize hätten jedoch dazu beigetragen, das Energiesparen zum ersten Mittel der Wahl zu machen, anstatt zu einer von vielen Optionen.

Da die Luftverschmutzung die europäischen Grenzen ungestraft überschreitet *(Tab. 5.5)*, ist die internationale Zusammenarbeit unabdingbar. 96 Prozent des in Norwegen niedergehenden Schwefels kommen zum Beispiel aus anderen Ländern; die Norweger können also ohne die Hilfe ihrer Nachbarn nur wenig für die Rettung ihrer Seen tun.

»Jede Gesetzgebung stellt gegenüber dem Status quo eine Verbesserung dar.«

Obwohl die Zahl der internationalen Foren in jüngster Zeit beträchtlich zugenommen hat, bleibt noch viel Raum für Verbesserungen. Unter der Schirmherrschaft der UN-Wirtschaftskommission für Europa sind Abkommen zur Verringerung der Schwefel- und Stickstoffemissionen zustandegekommen. Das SO_2-Protokoll verlangt bis zum Jahr 1993 eine Verringerung der Emissionen bzw. der grenzüberschreitenden Mengen um 30 Prozent unter dem Stand des Jahres 1980. Das Protokoll zum Stickoxid fordert ein Einfrieren der Emissionen im Jahr 1994 auf dem Stand von 1987, und darüber hinaus, beginnend im Jahr 1996, weitere Diskussionen mit dem Ziel einer tatsächlichen Verringerung.[49]

Die meisten, wenn auch nicht alle, größeren Staaten haben diese Protokolle unterzeichnet; einige haben sich sogar verpflichtet, noch weiter zu gehen. Neun Länder haben zumindest erklärt, daß sie bis zum Jahr 1995 ihre Schwefeldioxidemissionen auf weniger als die Hälfte des Wertes von 1980 senken wollen. Österreich, Liechtenstein, Schweden und die Bundesrepublik Deutschland wollen eine Verringerung um zwei Drittel erreichen. Zwölf westeuropäische Länder haben sich darauf geeinigt, die Emissionen von Stickoxiden nicht nur einzufrieren, sondern bis zum Jahr 1998

Tab. 5.5: Verschmutzung durch Schwefel in ausgewählten europäischen Ländern, 1988[1]

Land	Emissionen[2]	Ablagerungen	Anteil exportierter Emissionen[3]	Anteil importierter Ablagerungen
	Tausend Tonnen		Prozent	
Norwegen	37	210	76	96
Österreich	62	181	74	91
Schweden	110	302	69	89
Schweiz	37	65	81	89
Niederlande	145	104	80	72
Frankreich	760	622	67	59
BRD	750	628	63	56
ČSFR	1 400	659	75	47
Polen	2 090	1 248	68	46
UdSSR[4]	5 150	3 201	61	38
Italien	1 185	510	72	36
DDR	2 425	787	75	22
Spanien	1 625	590	72	22
Großbritannien	1 890	536	71	15

1 Entweder als Schwefeldioxid oder als saures chemisches Derivat abgelagert.
2 Soweit nicht anders vermerkt, handelt es sich um vorläufige Emissionsdaten für das Jahr 1988. Die Daten für Österreich, Schweden und Frankreich stammen aus dem Jahr 1987, für Italien aus dem Jahr 1986 und für Spanien aus 1983.
3 Entweder in einem anderen Land oder auf einer Wasserfläche abgelagert.
4 Nur der europäische Teil der Sowjetunion. Die Exportzahlen schließen daher auch die Exporte in den asiatischen Teil mit ein.

Quellen: Worldwatch Institute, nach Emissionsdaten aus Economic Commission for Europe, Annual Review of Strategies and Policies for Air Pollution Abatement. Entwurf, 26. September 1989, und nach Daten des European Monitoring and Evaluation Programme.

um 30 Prozent zu senken. Zur Zeit wird an einem Abkommen über die Verringerung der Kohlenwasserstoffemissionen, die zur Bildung bodennahen Ozons beitragen, gearbeitet.[50]

Eine EG-Richtlinie vom November 1988 verpflichtet die Mitgliedsstaaten, die den sauren Regen verursachenden Emissionen deutlich zu senken. In dem Zeitraum von 1980 bis 2003 wird sich auf Grund dieser

Richtlinie der Ausstoß von SO_2 aus bestehenden Kraftwerken europaweit um 57 Prozent verringern; die Emissionen von Stickoxiden sollen bis zum Jahr 1998 um 30 Prozent reduziert werden. Die Beiträge der einzelnen Länder bemessen sich nach ihrem Anteil an der grenzüberschreitenden Luftverschmutzung, ihrem industriellen Entwicklungsstand, ihrer Abhängigkeit von heimischer, schwefelhaltiger Kohle und ihren Bemühungen um die Reinhaltung der Luft in der Zeit vor dem Jahr 1980. Belgien und die Bundesrepublik Deutschland müssen ihre SO_2-Emissionen demnach bis zum Jahr 2003 um 70 Prozent senken, während Irland seinen Anteil um 25 Prozent und Portugal seinen sogar um 79 steigern darf.[51]

Diese Verpflichtungen sind besser als nichts, gehen aber nicht weit genug. Zum einen ist nicht sicher, daß alle Unterzeichner ihre Zielwerte erreichen. Zum anderen ist die angestrebte Reduzierung zu gering; sie kommt außerdem zu spät, um die Umwelt in angemessener Weise zu entlasten. Einige Ökologen sind der Meinung, daß eine Verringerung der Schwefel- und Stickoxide in der Größenordnung von 90 Prozent den tatsächlichen Notwendigkeiten entsprechen würde. Welchen Weg die einzelnen Länder zur Erreichung ihrer Ziele gehen werden, bleibt eine offene Frage. Das Energiesparen erscheint auf ihren Listen leider nur selten ganz oben.[52]

Bei der Bekämpfung des sauren Regens ist Europa wesentlich schneller gewesen als die Vereinigten Staaten; im Kampf um die Luftreinhaltung in den Städten ist es dagegen im allgemeinen deutlich langsamer. Dies änderte sich erst im Juni des Jahres 1989, als der Rat der europäischen Umweltminister eine fast vier Jahre währende Debatte beendete und neue Abgasnormen für Kleinwagen billigte, die sich mit denen der Vereinigten Staaten messen können. Danach müssen auch Kleinwagen mit Katalysatoren ausgestattet werden. Inzwischen erwägt der EG-Umweltkommissar darüber hinaus strengere Normen für mittlere und große Wagen. Von der Einführung einer EG-weiten Geschwindigkeitsbegrenzung wird auch ein Beitrag zur Emissionsminderung erwartet. Dies ist zwar ein Schritt vorwärts; es trägt jedoch ironische Züge, daß die Übernahme der amerikanischen Normen genau zu dem Zeitpunkt als Erfolg gefeiert wird, zu dem man sich in den Vereinigten Staaten bewußt wird, daß diese Normen nicht ausreichen.[53]

»Bei der Bekämpfung des sauren Regens ist Europa wesentlich schneller gewesen als die Vereinigten Staaten; im Kampf um die Luftreinhaltung in den Städten ist es dagegen im allgemeinen deutlich langsamer.«

Los Angeles, die Stadt mit der schlechtesten Luft der Vereinigten Staaten, hat als eine der ersten Städte verstanden, daß dauerhafte Veränderungen sich nicht einstellen, wenn man versucht, den Status quo zu kurieren. Im Rahmen eines mutigen Plans zur Reinhaltung der Luft wird das Autofahren erschwert, der öffentliche Nahverkehr ausgebaut, und die Emissionen von Haushalten und Industrie werden einer strengen Kontrolle unterworfen. Wenn die Regelungen in Kraft treten, müssen neue Zusammensetzungen für Farben und Lösungsmittel gefunden werden; benzingetriebene Rasenmäher werden ebenso verbannt wie die Zündflüssigkeiten für bestimmte Brennstoffe. Die Zahl der Automobile im Besitz einer Familie wird begrenzt.[54]

In der Sowjetunion und Osteuropa hat sich die Luftverschmutzung erst in jüngster Zeit zu einem gewichtigen politischen Thema entwickelt. Fjodor Morgun, der Vorsitzende des staatlichen Umweltschutzkomitees, berichtete dem 19. Parteitag der KPdSU im Juli des Jahres 1988, daß die Belastung der Luft in 102 sowjetischen Städten mit insgesamt mehr als 50 Millionen Einwohnern bis zu zehnmal höher ist, als die Grenzwerte es zulassen. Schon die öffentliche Bekanntgabe dieses Mißstands war ein großer Fortschritt. Bei den polnischen Gesprächen am Runden Tisch im März 1989 standen allgemeine Umweltfragen und insbesondere die Luftverschmutzung an der Spitze der Tagesordnung. Zur Lösung der Probleme reichen allerdings Lippenbekenntnisse nicht aus.[55]

Um Fortschritte auf dem Gebiet der Luftreinhaltung zu erzielen, bedürfen Osteuropa und die Sowjetunion sowohl technologischer Hilfe aus dem Westen als auch eigener innerer Reformen. Angesichts der wirtschaftlichen Schwierigkeiten der Länder in Osteuropa wird aber ein Programm zur »Umwelthilfe« aus dem Westen erforderlich sein, um ihnen den Einkauf von Technologien zur Emissionsbegrenzung, zum Energiesparen, zur Nutzung erneuerbarer Energien und zur Abfallreduzierung zu ermöglichen. Solche Hilfe liegt auch im Interesse der Lieferanten, denn eine Reduzierung der Schadstoffe, bevor sie die Grenze überschreiten, ist meistens wirtschaftlicher als die entsprechenden Gegenmaßnahmen im eigenen Land. Die Erwärmung der Erde sollte den westlichen Ländern zusätzliche Motivation verleihen.

»Um Fortschritte auf dem Gebiet der Luftreinhaltung zu erzielen, bedürfen Osteuropa und die Sowjetunion sowohl technologischer Hilfe aus dem Westen als auch eigener innerer Reformen.«

Einige Länder leisten diese Hilfe schon heute. Der amerikanische Präsident Bush hat im Kongreß 40 Millionen Dollar für Polen und Ungarn beantragt – angesichts der gewaltigen Probleme eine geringe Summe, die aber von hohem symbolischem Wert ist. Schweden spielt eine aktive Rolle beim Technologietransfer nach Polen. Zwischen beiden Ländern werden Pläne für ein Tauschgeschäft »Schulden gegen Verschmutzung« diskutiert. Die DDR und die Bundesrepublik haben 1988 ein Drei-Jahres-Programm zum Umweltschutz in Kraft gesetzt, in das die DDR 120 Millionen DM und die Bundesrepublik 300 Millionen DM einzahlt. Im Rahmen dieses Programms sollen unter anderem Maßnahmen zur Begrenzung des Schadstoffausstoßes von Kohlekraftwerken beschafft werden. Beide Länder werden ihre Datenerhebung zur Luftbelastung vereinheitlichen, um bei der Vorhersage des photochemischen Smogs zusammenarbeiten zu können.[56]

Allmählich erscheint die Luftverschmutzung auch auf der Tagesordnung der Städte in der Dritten Welt. In der brasilianischen Stadt Cubatao, einer hochbelasteten Industriestadt, die auch »das Tal des Todes« genannt wird, zeigen sich erste Erfolge einer vor fünf Jahren ins Leben gerufenen Kampagne zur Verringerung der Luftbelastung. Die Rußemissionen gingen seit 1984 von 236000 Kilogramm täglich auf 70782 Kilogramm im Jahr 1989 zurück. In Mexico City beginnt ebenfalls ein ehrgeiziges Reinigungsprogramm. Mit Unterstützung der Weltbank und der Regierungen der Bundesrepublik Deutschland, der Vereinigten Staaten und Japans hofft die Stadtverwaltung, die Belastungen durch den Straßenverkehr innerhalb von zwei oder drei Jahren dramatisch senken zu können.[57]

Die Industrieländer sind an einer Vielzahl von Projekten beteiligt, die die Entwicklungsländer bei der Bekämpfung der Umweltverschmutzung unterstützen sollen. Das Internationale Umweltbüro in der Schweiz und das World Environment Center in New York leisten Hilfe beim Transfer der erforderlichen Informationen und Technologien in die Dritte Welt. Die Weltbank erkundet zur Zeit geeignete Wege, um ihre Aktivitäten auf dem Gebiet der Verhinderung der Luftverschmutzung auszuweiten. Ein gemeinsames Projekt der Weltbank und des UN-Entwicklungsprogramms soll den Verwaltungen asiatischer

Großstädte die Mittel zur Lösung städtischer Umweltprobleme, einschließlich der Luftverschmutzung, an die Hand geben. Ein zur Zeit im Kongreß beratener Gesetzentwurf verlangt, daß die internationale Entwicklungsagentur der USA Energiesparmaßnahmen und die Nutzung erneuerbarer Energiequellen fördert, um auch auf diese Weise einen Beitrag zur Begrenzung der weltweiten Erwärmung zu leisten.[58]

Bei dem Versuch, Osteuropa, der Sowjetunion und der Dritten Welt bei der Bewältigung der Luftverschmutzung zu helfen, müssen die westlichen Industrieländer darauf achten, nicht jene Strategien zur Luftreinhaltung pauschal zu übertragen, die bei ihnen zu Hause nur begrenzt erfolgreich waren.

Eine Strategie zur Verhinderung der Luftverschmutzung wird einige Investitionen erfordern, deren Rendite allerdings nicht hoch genug eingeschätzt werden kann. Angesichts der ständig steigenden Kosten für die menschliche Gesundheit und die Umwelt stellt sich die Frage nicht mehr, ob die Gesellschaft es sich leisten kann, die Luftverschmutzung zu bekämpfen.

Anmerkungen zu Kapitel 5

1 Die Zahlen für die USA aus American Lung Association, Breath in Danger. New York 1989, unveröffentlicht; University Study Correlating Pollution, Mortality Prompts Complaints in Athens. *International Environment Reporter*, 10. August 1988; dic Zahlen für Ungarn zitiert nach Don Hinrichsen, The Danube Blue No Longer. *Earthwatch*, No. 36, 1989; die Zahlen für Indien aus Vehicular Pollution Makes Breathing Dangerous. *Indian Post* (Bombay), 11. Februar 1989; Larry Rohter, Mexico City's Filthy Air. *New York Times*, 12. April 1989.

2 U.S. Environmental Protection Agency (EPA), The Toxics-Related Inventory: A National Perspective. Washington, D.C., 1989.

3 Zum historischen Hintergrund des Londoner Nebels und ähnlicher Zwischenfälle s. Erik P. Eckholm, Down to Earth.

New York 1982; ein Überblick über wissenschaftliche Untersuchungen zu diesem Londoner Nebelereignis findet sich in American Lung Association, Health Effects of Air Pollution. New York 1989.

4 National Clean Air Coalition, The Clean Air Act. Washington, D.C., 1985; s. auch Dr. Morton Lippman, Health Benefits from Controlling Exposure to Criteria Air Pollutants, in: John Blodgett, Hrsg., Health Benefits of Air Pollution Control: A Discussion. Washington, D.C., Februar 1989.

5 Die Zahlen für die USA aus EPA, National Air Pollution Estimates, 1940–1987. Research Triangle Park, N.C., 1989; die Informationen zu Europa und Japan aus United Nations Environment Programme (UNEP) und World Health Organization (WHO), Assessment of Urban Air Quality. Nairobi 1988; Claire Holman, Particulate Pollution from Diesel Vehicles. London, April 1989.

6 Zu Informationen über die Umweltprobleme Osteuropas s. Hilary F. French, Industrial Wasteland. *World Watch*, November/Dezember 1988, und Hilary F. French, The Greening of the Soviet Union. *World Watch*, Mai/Juni 1988.

7 Sandra Postel, Air Pollution, Acid Rain, and the Future of Forests. Worldwatch Paper 58. Washington, D.C., 1984; die Prognose für das Jahr 2000 aus Lori Heise, Air Pollution Attacks China's Forests. *World Watch*, Januar/Februar 1988; die Informationen zu Indien aus C. K. Varshney und J. K. Garg, A Quantitative Assessment of Sulfur Dioxide Emission from Fossil Fuels in India. *Journal of the Air Pollution Control Association*, November 1978, zitiert in Postel, Air Pollution; die Emissionen Großbritanniens aus U.N., Economic Commission for Europe (ECE), Annual Review of Strategies and Policies for Air Pollution Abatement. Genf 1988.

8 UNEP und WHO, Assessment of Urban Air Quality.

9 Ebd.

10 Lippman, Health Benefits from Controlling Exposure; Michael Weisskopf, Acid Aerosols and a Link to Childhood Bronchitis. *Washington Post*, 6. Juni 1989; U.S. Office of Technology Assessment (OTA), Acid Rain and Transported Air Pollutants: Implications for Public Policy. Washington, D.C., 1984.

11 OTA, Acid Rain and Transported Air Polutants; Sandra Postel, Altering the Earth's Chemistry: Assessing the Risks. Worldwatch Paper 71. Washington, D.C., 1986; Daniel an Atta, Thousands of Swedish Wells Acidified. *Acid*, 6. März 1988.

12 Philip A. Bromberg, M.D. und Morton Lippman, Ph.D.,

Aussagen vor dem Subcommittee on Environmental Protection, U.S. Senate, vom 18. April 1989; David Stipp, Regular Ozone Levels in Cities May Hurt Lungs, *Wall Street Journal*, 18. September 1989.

13 EPA, EPA Lists Places Failing to Meet Ozone or Carbon Monoxide Standards. Presseerklärung, Washington, D.C., 27. Juli 1989; Aussage von Don Theiler vor dem Subcommittee on Health and Environment, U.S. House of Representatives, Washington, D.C., 28. Februar 1989; die Informationen zu Washington und New York aus Richard E. Ayres, Aussage ebd.; die Zahlen zu Los Angeles aus Smog Season One of Worst in California. *Washington Post*, 3. Dezember 1988; Zahlen zur Nichteinhaltung der Grenzwerte aus American Lung Association, Breath in Danger.

14 Friends of the Earth Limited, Clean Air Week off to a bad start as WHO ozone levels are exceeded several times. Presseerklärung, London, 26. Mai 1989; P. Greenfelt u. a., Regional Ozone Concentrations in Europe, in P. Mathy, Hrsg., Air Pollution and Ecosystems: Proceedings of an International Symposium held in Grenoble, France, 18.–22. Mai 1987. Dordrecht 1988.

15 William Branigin, Bracing for Pollution Disaster. *Washington Post*, 28. November 1988; persönliche Mitteilung von Michael P. Walsh, 12. Oktober 1989.

16 Brasilien, Taiwan, Mexiko und die EG planen die Einführung von Normen, die denen der USA entsprechen; die europäischen Vorhaben werden weiter unten diskutiert. Michael Renner, Rethinking the Role of the Automobile. Worldwatch Paper 84. Washington, D.C., 1988; Michael P. Walsh, Global Trends in Motor Vehicle Pollution Control: A 1988 Perspective. Schenectady, N.Y., 1989; UNEP und WHO, Assessment of Urban Air Quality.

17 WHO und UNEP, Assessment of Urban Air Quality; Guillermo X. Garcia, High Lead Levels Threatening Mexico's Next Generation. *Times Advocate*, 14. April 1988.

18 EPA, Toxics Release Inventory; Michael Weisskopf, U.S. Air Pollution Exceeds Estimates. *Washington Post*, 23. März 1989.

19 Stanley Kabala, Poland: Facing the Hidden Costs of Development. *Environment*, November 1985; Michael Kenney, Poland's Environmental Crisis. *Journal of Commerce*, 23. August 1988.

20 Michael Weisskopf, »Toxic Clouds« Can Carry Pollutants Far and Wide. *Washington Post*, 16. März 1988; Airborne Pollution May be Hurting Eskimo Health. *Multinational Environmental Outlook*, 5. Januar 1989; s. auch Jost Heintzen-

berg, Arctic Haze: Air Pollution in Polar Regions. *Ambio*, Vol. 18, No. 1, 1989.

21 Eine Schilderung der Zusammenarbeit zwischen amerikanischen und skandinavischen Wissenschaftlern findet sich in Gene E. Likens, Some Aspects of Air Pollutants Effects on Terrestrial Ecosystems and Prospects for the Future. *Ambio*, Vol. 18, No. 3, 1989.

22 David W. Schindler, Acid Precipitation and Global Change. Rede vor dem Forum on Global Change and Our Common Future der National Academy of Sciences. Washington, D.C., 2.–3. Mai 1989.

23 Diane Fisher u. a., Polluted Coastal Waters: The Role of Acid Rain. New York 1988; Nordic Council of Ministers, Europe's Air – Europe's Environment. Stockholm 1986.

24 James J. MacKenzie und Mohamed T. El-Ashry, Ill Winds: Airborne Pollution's Toll on Trees and Crops. Washington, D.C., 1988.

25 National Acid Precipitation Assessment Program (NAPAP), Interim Assessment: The Causes and Effects of Acidic Deposition, Vol. IV, Washington, D.C., 1987; die Schätzung der wirtschaftlichen Einbußen stammt von Walter W. Heck, zitiert nach MacKenzie und El-Ashry, Ill Winds.

26 Heise, Air Pollution Attacks China's Forests; s. auch James N. Galloway u. a., Acid Rain: China, United States, and a Remote Area. *Science*, 19. Juni 1987; Acid Rain Eats into Province. *China Daily*, 31. Mai 1989; Peter Muello, Acid Rain Falling on Latin America. *Los Angeles Time*, 30. September 1984.

27 Henning Rodhe, Acidification in a Global Perspective. *Ambio*, Vol. 18, No. 3, 1989; Marlise Simons, High Ozone and Acid-Rain Levels Found Over African Rain Forests. *New York Times*, 19. Juni 1989; s. auch Rodhe und Herrera, Acidification of Tropical Countries.

28 ECE, Air Pollution Across Boundaries. New York 1985; die Angaben zu Athen und Kattowitz nach John McCormick, Acid Earth. London 1985; Paul Hoffmann, Italy's Endangered Treasures. *New York Times*, 30. Juli 1989.

29 McCormick, Acid Earth; John Noble Wilford, New Threat to Maya Ruins: Acid Rain. *New York Times*, 8. August 1989.

30 Die schwedische und die niederländische Untersuchung aus McCormick, Acid Earth; zu weiteren Untersuchungen in den Vereinigten Staaten s. Henry L. Magaziner, Aussage vor dem Subcommittee on Health and the Environment, U.S. House of Representatives, vom 6. April 1989; zum Ent-

wurf einer amerikanischen Untersuchung, die niemals in einer endgültigen Version veröffentlicht wurde, s. Philip Shabecoff, Draft Study Puts Acid Rain Damage at $ 5 Billion for 17 States. *New York Times*, 18. Juli 1985.

31 International Energy Agency (IEA), Emissions Controls in Electricity Generation and Industry. Paris 1988.

32 NAPAP, Interim Assessment, Vol. 1; IEA, Emissions Controls.

33 Die Information zur Tschechoslowakei aus Ambitious Program Under Way to Improve Environment by 2000. *International Environment Reporter*, Januar 1989; Wellington Chu, Coal Pollution Plagues China's Modernization. *Journal of Commerce*, 26. August 1988.

34 IEA, Emissions Controls.

35 Ebd.; NAPAP, Interim Assessment, Vol. II.

36 IEA, Emissions Controls.

37 Howard S. Geller, Aussage vor dem Subcommittee on Health and the Environment, U.S. House of Representatives, Washington, D.C., 6. April 1989; zu einer ausführlicheren Darstellung s. Howard S. Geller u. a., Acid Rain and Electricity Conservation. Washington, D.C., 1987.

38 Geller, Aussage; Geller u. a., Acid Rain and Electricity Conservation.

39 David H. Moscowitz, Cutting the Nation's Electric Bill. Issues in Science and Technology, Frühjahr 1989; persönliche Mitteilung von Larry DeWitt, New York, 13. Oktober 1989; New York State Department of Public Service, Consideration of Environmental Externalities in Competitive Bidding Programs of Orange and Rockland Utilities. Unveröffentlicht, o. J.; New York State Department of Public Service, Consideration of Environmental Externalities in Competitive Bidding Programs to Acquire Future Electric Capacity Needs of Niagara Mohawk Power Corporation. Unveröffentlicht, o. J.; Sury N. Putta, Competition in Electric Generation – Environmental Externalities. Albany, N.Y., unveröffentlicht, o. J.

40 Postel, Air Pollution.

41 Renner, Rethinking the Role of the Automobile.

42 Athens Smog Forces Another Auto Ban. *Multinational Environmental Outlook*, 29. September 1988; Clyde Haberman, Is It Over Then? City Closes Its Heart to the Car. *New York Times*, 10. Oktober 1988; Central Budapest Seeks to Curb Air Pollution. *Reuters*, 30. März 1988; New Mexican President Promises Action to Control Air Pollution. *Multinational Environmental Outlook*, 22. Dezember 1988; Smog-Filled Santiago to Clean Up. *Multinational Environ-*

mental Outlook, 2. Mai 1989; O'seun Ogunseitan, Wedenesday is Odd Day in Lagos. *New Internationalist*, März 1989.

43 Die Angaben zu Formaldehyd aus Renner, Rethinking the Role of the Automobile; zum Kohlenstoff aus James MacKenzie, Aussage vor dem Committee on Energy and Natural Resources, U.S. Senate, Washington, D.C., 17. Oktober 1989; zur Sicherheit ebd. und aus James S. Cannon, Drive for Clean Air: Natural Gas and Methanol Vehicles. New York 1989; s. auch David E. Gushee, Alternative Fuels from Motor Vehicles: Some Environmental Issues. Congressional Research Service, Washington, D.C., 20. September 1988, und David E. Gushee, Carbon Dioxide Emissions from Methanol as a Vehicle Fuel. Washington, D.C., 3. Juni 1988.

44 Richard D. Wilson und Steve Plotkin, Aussage vor dem Subcommittee on Energy and Power, U.S. House of Representatives. Washington, D.C., 13. Juli 1989; Chris Calwell, Fuel Economy/Emissions Interactions in Automobiles. Aussage bei der Anhörung zum 1989 Fuels Report durch die State of California Energy Resources Conservation and Development Commission, 12. Juni 1989. Calwell stellte auch fest, daß die 50 sparsamsten Automobile 24 Prozent weniger Kohlenmonoxid ausstießen als der Durchschnitt und 35 Prozent weniger als die 50 schlechtesten. Bei den Stickoxiden fand er keine Korrelation. Er stellt fest, daß »der einzige Schluß, der im Zusammenhang mit NO mit Sicherheit gezogen werden kann, darin besteht, daß mehr oder weniger sparsamer Treibstoffverbrauch keine statistischen Auswirkungen auf die NO-Emissionen hat«. Ausführlicheres dazu in Chris Calwell, The Near-Term Potential for Simultaneous Improvements in the Fuel Efficiency and Emissions of U.S. Automobiles. Berkeley 1989.

45 Project '88, gefördert von den Senatoren Timothy E. Wirth und John Heinz, Harnessing Market Forces to Protect Our Environment: Initiatives for the New President. Washington, D.C., 1988.

46 Persönliche Mitteilung von David Sarokin, 10. Oktober 1989.

47 Helmut Weidner, A Survey of Clean Air Policy in Europe. Berlin 1989; European Commission Considers Directive on Freedom of Information on the Environment. *International Environment Reporter*, Oktober 1988.

48 Zu einer ausführlicheren Darstellung dieses Vorschlags s. Executive Office of the President, Section-by-Section Analysis of the Clean Air Act Amendments of 1989. Washington, D.C., 20. Juli 1989. Im Kongreß werden die un-

terschiedlichsten Vorschläge diskutiert. Es ist noch nicht abzusehen, welche Form die endgültige Vorlage haben wird.

49 ECE, Acid Rain: Protocol on Emissions Enters into Force. Presseerklärung, Genf, 25. August 1987; 25 ECE Members Sign Protocol To Limit Emissions of Nitrogen Oxides. *International Environment Reporter*, November 1988; s. auch Peter H. Sand, Air Pollution in Europe: International Policy Responses. *Environment*, Dezember 1987.

50 Sand, Air Pollution in Europe; 25 ECE Members Sign Protocol. *International Environment Reporter*; Probability Seen as Highly Desirable for Volatile Organic Compound Protocol. *International Environment Reporter*, August 1989.

51 Europäische Kommission zitiert nach Jim Skea, Reducing Fossil Fuel Emissions: The Policy Framework. University of Sussex 1988, unveröffentlicht; s. auch Nigel Haigh, New Tools for European Air Pollution Control. *International Environmental Affairs*, Winter 1989, und Limits Set for Large Combustion Plants. *Acid News*, 27. Mai – 5. Juni 1989.

52 NGO Strategy Meeting on Air Pollution, Menningen, 3.–4. April 1989, Statement; Christer Agren, Critical Loads Remain Most Important Factor. *Acid News*, 27. Mai – 5. Juni 1989; s. auch Jan Nilsson, Hrsg., Critical Loads for Sulphur and Nitrogen: Report from a Nordic Working Group. Solna 1986.

53 European Community Environment Ministers Agree on New Emission Levels for Small Cars. *International Environment Reporter*, Juni 1989; Common Market Finally Adopts Tight Vehicle Standards. *Car Lines* (Michael P. Walsh), Arlington, Va., Juni 1989.

54 South Coast Air Quality Management District, Air Quality Management Plan: South Coast Air Basin. El Monte, Ca., 1989; Robert Reinhold, Southern California Takes Steps to Curb Its Urban Air Pollution. *New York Times*, 18. März 1989.

55 Marjorie Sun, Environmental Awakening in the Soviet Union. *Science*, 26. August 1988; Report of the Round Table Subunit on Ecology. Warschau, März 1989. (Material für die Anhörung des US-Kongresses am 28. September 1989.)

56 George Ingram, Mitarbeiter beim Committee on Foreign Affairs, U.S. House of Representatives, Washington, D.C., persönliche Mitteilung, 21. November 1989; Antipollution Technology Crosses from West Germany to the East, *New Scientist*, 15. Juli 1989; siehe auch Helmut Schreiber, East and West Germany Cooperate to Control Pollution. *European Environmental Review*, Dezember 1988.

57 Debbie Macklin, Rebirth in Death Valley. *South*, März

1989; Tyler Bridges, Brazilian City Battles Pollution. *New York Times*, 23. Mai 1988; New Mexican President Promises Action to Control Pollution. *Multinational Environment Outlook*, 22. Dezember 1988; William Branigin, Japan Plans $ 1 Billion in Aid for Mexico to Combat Severe Air Pollution. *Washington Post*, 30. August 1989; Mexico, U.S. Sign Accords for Joint Clean-Up Action. *Multinational Environmental Outlook*, 17. Oktober 1989; persönliche Mitteilung von Walsh.

58 John Elkington und Jonathan Shopley, Cleaning Up: U.S. Waste Management Technology and Third World Development. Washington, D.C., 1989; persönliche Mitteilung von Fiona Sebastian, 1. August 1989; persönliche Mitteilung von Ramesh Ramankutty, 11. Oktober 1989; persönliche Mitteilung von Carol Werner über die AID-Gesetzgebung, 11. Oktober 1989.

Marcia D. Lowe

6. Zukunft: Mit dem Fahrrad in die Zukunft*

In einer Welt, in der das Automobil ganze Landschaften und Lebensstile prägt, wird eine bedeutende Tatsache leicht übersehen: Obwohl unter Fortbewegung in allen Ländern der Welt der motorisierte Verkehr verstanden wird, bewegt sich der Mensch in der Hauptsache mit eigener Kraft voran.

Von den 10-Gang-Rädern in Boston bis zu den schwarzen Straßenfahrrädern in Peking – mit 800 Millionen Exemplaren gibt es doppelt so viele Fahrräder wie Automobile. Jährlich werden dreimal so viele Fahrräder hergestellt wie Autos; Fahrräder transportieren allein in Asien mehr Menschen als alle Pkws der Welt zusammengenommen.[1]

In den Entwicklungsländern fahren die Arbeiter mit dem Fahrrad zur Arbeit, Lebensmittel werden in den ländlichen Gebieten auf zwei- oder dreirädrigen Gefährten transportiert. Das Fahrrad ist in diesen Ländern ein bedeutender Wirtschaftsfaktor. Für viele Menschen ist es die einzige Alternative zum Gehen, die sie sich leisten können. In den Industrieländern ergänzen Fahrräder den motorisierten Verkehr.

Inzwischen hat die Dichte des motorisierten Verkehrs in den großen Ballungsgebieten unerträgliche Ausmaße angenommen. Verkehrsstaus und die Verbrennungsprodukte des Benzins – Luftverschmutzung in

* Eine erweiterte Fassung dieses Kapitels erschien als Worldwatch Paper 90, The Bicycle: Vehicle for a Small Planet.

den Städten, saurer Regen und die weltweite Erwärmung – sind Indizien für die Notwendigkeit von Alternativen. Die verstärkte Nutzung des Fahrrads und der Ausbau des öffentlichen Nahverkehrs können einiges dazu beitragen, daß das Atmen in den Städten möglich bleibt und daß der Verkehr nicht völlig zum Erliegen kommt.[2]

Die schweigende Mehrheit

Die meisten Fahrräder dieser Welt fahren auf den Straßen Asiens – 300 Millionen allein in der Volksrepublik China, wo im Gegensatz dazu nur einer von 74 000 Einwohnern ein Auto besitzt. Die Pendler sind also auf ihre Fahrräder angewiesen. Die steigenden Einkommen der letzten zehn Jahre haben auch die Zahl der Fahrradkäufe ansteigen lassen, so daß sich der Bestand fast verdreifacht hat. Im Jahr 1987 wurden in China 35 Millionen Fahrräder verkauft – eine Zahl, die den weltweiten Absatz von Automobilen übertrifft.[3]

In anderen asiatischen Ländern stellen Fahrräder oftmals zwei Drittel aller Fahrzeuge in den Verkehrsspitzenzeiten der Städte. In vielen Städten Asiens gehören dreirädrige, pedalgetriebene Fahrzeuge, die mehrere Passagiere befördern, zum Nahverkehrssystem. Sie leisten dieselben Dienste, die sonst von Automobilen erbracht werden. Fahrradrikschas sind die Taxis Asiens; Lastdreiräder, die Lasten mit einem Gewicht von einer halben Tonne transportieren, sind seine Kleinlastwagen. In Bangladesch befördern sie mehr Waren als alle Motorfahrzeuge zusammen.[4]

Die anderen Regionen der Dritten Welt haben dagegen im Fahrradverkehr noch manches aufzuholen. In vielen Teilen Afrikas und – noch ausgeprägter – in Lateinamerika haben das Sozialprestige und die gesellschaftliche Macht des Autobesitzes dazu geführt, daß die staatlichen Stellen das Fahrrad ignorieren und die Menschen es als Verkehrsmittel der Armen verachten.

In Afrika und Lateinamerika fehlt, im Gegensatz zu Asien, eine heimische Fahrradindustrie. Die wenigen Fahrräder, die man kaufen kann, sind oft von minderwertiger Qualität, Ersatzteile sind knapp, und Reparaturen werden unzureichend ausgeführt. Trotz dieser Beschränkungen und wegen seiner vielseitigen Verwendbarkeit und mangelnder Alternativen setzt sich das Fahrrad auch dort allmählich durch. In Teilen von Burkina Faso, in Ghana, Zimbabwe und einigen anderen Ländern hat das Fahrrad schon weite Verbreitung gefunden.[5]

»Im Jahr 1987 wurden in China mehr Fahrräder verkauft als Automobile weltweit.«

Nischen für das Fahrrad finden sich auch dort in Lateinamerika, wo praktische Erwägungen sein geringes Prestige in den Hintergrund treten lassen. Als erste in Lateinamerika förderte die nicaraguanische Regierung das Radfahren, als sie sich im Jahr 1987 dafür einsetzte, das kriegsgeschädigte Verkehrswesen durch 50 000 Fahrräder zu verbessern, von denen sie einige selbst kaufte; andere kamen als Spenden aus dem Ausland.[6]

In Osteuropa und der Sowjetunion ist die Förderung des Fahrrades Teil einer Strategie zur Entlastung derjenigen Gebiete, die besonders stark unter der Luftverschmutzung leiden. Die litauische Stadt Siauliai rief im Jahr 1979 das erste umfassende Fahrradprogramm der Sowjetunion ins Leben; ein neu angelegtes Netz von Fahrradwegen und ausgedehnte Abstellmöglichkeiten haben sich seitdem positiv auf die Fahrradbenutzung ausgewirkt.

Die Industrieländer verfügen über eine erstaunlich

Tab. 6.1: Anteil des Fahrrades an den täglich zurückgelegten Wegen in ausgewählten Städten

Stadt	Anteil Prozent
Tianjin	77[1]
Shenyang	65
Groningen	50
Peking	48
Delft	43
Dacca	40[2]
Erlangen	26
Odense	25
Tokio	25[3]
Moskau	24[3]
Neu-Delhi	22
Kopenhagen	20
Basel	20
Hannover	14
Manhattan	8[4]
Perth (Austr.)	6
Toronto	3[4]
London	2
Sydney	1

1 Anteil an den nicht zu Fuß zurückgelegten Wegen.
2 Nur Fahrradrikscha.
3 Zu Fuß oder mit dem Fahrrad zurückgelegte Wege zur Arbeit.
4 Mit Fahrzeugen zurückgelegte Wege.

Quelle: Worldwatch Institute, nach verschiedenen Quellen.

hohe Zahl von Fahrrädern je Einwohner, wenn man bedenkt, wie wenige sich davon auf den Straßen der Städte wiederfinden. In vielen Ländern erreicht diese Zahl das Zwei- bis Dreifache asiatischer Länder *(Tab. 6.1)*. Von 4 Briten besitzt einer ein Fahrrad, und doch wird nur jeder 33. Weg mit dem Fahrrad zurückgelegt. In den Vereinigten Staaten wird nur jedes 40. Fahrrad im Berufspendelverkehr eingesetzt; der Rest findet aus Fitneßgründen, bei Sport oder Spiel Verwendung – oder verstaubt im Keller.[7]

Ein Vergleich des Fahrrad- und Autobesitzes zeigt die unterschiedlichen Rollen, die das Fahrrad in einzelnen Ländern spielt *(Tab. 6.2)*. Die Vereinigten Staaten verfügen pro Einwohner über siebenmal so viele Fahrräder wie Indien. Weil aber jeder zweite Amerikaner ein Auto besitzt – in Indien ist es nur jeder 500. – nimmt das Fahrrad im Verkehrswesen der USA einen weitaus bescheideneren Platz ein.

Tab. 6.2: Fahrräder und Automobile in ausgewählten Ländern, ca. 1985

Land	Fahrräder	Automobile	Verhältnis Fahrrad/Auto
	Millionen		
China[1]	300,0	1,2	250,0
Indien	45,0	1,5	30,0
Südkorea	6,0	0,3	20,0
Ägypten	1,5	0,5	3,0
Mexiko	12,0	4,8	2,5
Niederlande	11,0	4,9	2,2
Japan[1]	60,0	30,7	2,0
BRD	45,0	26,0	1,7
Argentinien	4,5	3,4	1,3
Tansania	0,5	0,5	1,0
Australien[1]	6,8	7,1	1,0
USA[1]	103,0	139,0	0,7

1 1988

Quellen: Worldwatch Institute nach Motor Vehicle Manufacturers Association (MVMA), Facts and Figures. Detroit, verschiedene Ausgaben; MVMA, verschiedene persönliche Mitteilungen; International Trade Centre, Bicycles and Components: A Pilot Survey of Opportunities for Trade Among Developing Countries. Genf 1985; Japan Cycle Press International, verschiedene Ausgaben, und andere Quellen.

Westeuropa ist derjenige Teil der industrialisierten Welt, in dem das Fahrrad am intensivsten genutzt wird. In mehreren Ländern, darunter Dänemark, die Niederlande und die Bundesrepublik Deutschland, übertrifft die Zahl der Fahrradbesitzer die der Nichtbesitzer. Die fahrradfreundlichen Länder Europas zeichnen sich durch ihre den Bedürfnissen der Radfahrer angemessene Planung aus, und nicht etwa, wie oft angenommen wird, durch günstige Witterungsbedingungen oder ihre flachen Geländeformationen. Die Niederlande und Dänemark sind auf diesem Gebiet führend; 20 bis 30 Prozent aller innerstädtischen Wege werden dort mit dem Fahrrad zurückgelegt, in einigen Städten sogar bis zu 50 Prozent.[8]

»Westeuropa ist derjenige Teil der industrialisierten Welt, in dem das Fahrrad am intensivsten genutzt wird.«

In mehreren europäischen Ländern fahren 10 bis 55 Prozent der Eisenbahnpassagiere aus den Vor- und Kleinstädten mit dem Fahrrad zum Bahnhof. Die häufigen Verkehrsstaus und die Luftverschmutzung haben die Behörden in Österreich, der Schweiz und der Bundesrepublik Deutschland veranlaßt, die Benutzung des Fahrrades zu fördern. In Belgien, Frankreich, Großbritannien und in den südeuropäischen Ländern warten die Radfahrer noch darauf.[9]

Fahrräder für den kleinen Planeten

Das Automobil, das der Industriegesellschaft ein zuvor nicht gekanntes Maß an individueller Mobilität und Bequemlichkcit verleiht, galt über viele Jahre als das Fahrzeug der Zukunft. Die Abhängigkeit vom Auto verlangt aber einen hohen Preis: Jahr für Jahr steigen die Zahl der Unfälle, der Grad der Luftverschmutzung, die Verkehrsdichte und die Rechnung für die Ölimporte. Ein Verkehrsangebot, das über die motorisierten Transportmittel hinausgeht, wirkt sich positiv auf den Zustand der Umwelt und die mensch-

liche Gesundheit aus; es kann dazu beitragen, Urbanität wiederherzustellen.[10]
Fast jeder Einwohner einer großen Stadt ist einer Gefahrenquelle des Automobilzeitalters ausgesetzt: der Luftverschmutzung. Durch Pkws und andere Kraftfahrzeuge entsteht mehr Luftverschmutzung als durch irgendeine andere menschliche Aktivität. Diese Belastungen machen jedoch an den Stadtgrenzen nicht halt. Der Verkehr ist eine wesentliche – in den Vereinigten Staaten die vorherrschende – Quelle für Stickoxide und organische Stoffe, die die Ausgangsstoffe für das Ozon bilden. Bodennahes Ozon verursacht allein in den Vereinigten Staaten jährliche Ernteausfälle in Höhe von 5,4 Milliarden Dollar. Stickoxide gelangen chemisch in den schon vorhandenen Säuregehalt der Atmosphäre, von dem man weiß, daß er das Leben in Seen und Flüssen vernichtet, und von dem man annimmt, daß er die Wälder in Europa und Nordamerika schädigt.[11]
So schwer diese Schäden auch sein mögen, verblassen sie doch im Vergleich mit den Störungen, die sich für die Biosphäre aus der Erwärmung der Erde ergeben können *(Kapitel 1)*. Den Kraftfahrzeugen sind schätzungsweise 17 Prozent des weltweiten Kohlendioxid-(CO_2-)Ausstoßes zuzuschreiben. Kohlenmonoxid trägt indirekt zur weltweiten Erwärmung bei, indem es den Abbau von Methan und Ozon, zwei anderen Treibhausgasen, verlangsamt.[12]
Die übermäßige Motorisierung verstärkt die Abhängigkeit von Erdölimporten und belastet auch auf diese Weise die Volkswirtschaft. In vielen Ländern ist der Verkehr zu mehr als der Hälfte am gesamten Erdölverbrauch beteiligt. Selbst bei sinkenden Rohölpreisen belasten die Ölimporte die hochverschuldeten Entwicklungsländer besonders schwer, weil sie dafür einen großen Teil ihrer Deviseneinnahmen aufwenden müssen. Im Jahr 1985 gaben die Entwicklungsländer, außer China, im Durchschnitt 33 Pro-

zent ihrer Exporteinnahmen für Energieimporte aus, viele sogar mehr als 50 Prozent.[13]

Bevor den großen Städten der Welt das Öl ausgeht, kann es geschehen, daß man sich in ihnen nicht mehr bewegen kann. Oft fahren die Automobile im Straßenverkehr langsamer als Fahrräder; in den Spitzenzeiten beträgt die Durchschnittsgeschwindigkeit manchmal nur 8 km/h. In der Hauptstadt Taiwans ist die Verkehrsdichte zehnmal höher als im staugeplagten Los Angeles. Für ihre Fahrt zur Arbeit benötigen die Pendler in Mexico City bis zu vier Stunden täglich. In einigen europäischen und nordamerikanischen Städten, zum Beispiel in London, Los Angeles und Victoria, bevorzugt die Polizei das Fahrrad für ihre Patrouillen in den verstopften Stadtzentren. Die wirtschaftlichen und gesellschaftlichen Kosten der Verkehrsverstopfung werden sich vervielfachen, wenn der Pendlerverkehr sich ungebrochen weiterentwikkelt.[14]

»Im Jahr 1985 gaben die Entwicklungsländer, außer China, im Durchschnitt 33 Prozent ihrer Exporteinnahmen für Energieimporte aus, viele sogar mehr als 50 Prozent.«

Politiker und Verwaltungen suchen üblicherweise ausschließlich technische Lösungen für die vom Auto verursachten Probleme. Dieser Ansatz ist unzureichend, solange er keine Alternativen zum Autofahren enthält. Nachdem der Katalysator seit den frühen sechziger Jahren die Schadstoffemissionen der amerikanischen Pkws drastisch hat zurückgehen lassen, setzen der Zuwachs im Automobilbestand und die höhere Zahl der gefahrenen Kilometer diesen Fortschritt zum Teil wieder außer Kraft. Darüber hinaus erhöht der Katalysator den CO_2-Ausstoß; dies wirkt sich nachteilig auf das Klima aus.[15]

Die Suche nach Alternativen zum Erdöl hat sich im wesentlichen auf »saubere« Treibstoffe wie Methanol konzentriert, die aus Kohle oder Erdgas gewonnen werden, oder aber auf Alkoholersatzstoffe, destilliert aus Mais oder anderen Pflanzen. Methanol fördert die Ozonbildung und trägt, wenn es aus Kohle gewonnen wird, zur Klimaveränderung bei: Bei seiner Herstellung entsteht doppelt soviel Kohlendioxid je Energieeinheit wie bei der Verbrennung von Benzin im Motor.

»Wer mit dem Fahrrad statt mit dem Auto fährt, trägt dazu bei, daß die Luft weniger belastet, weniger Treibstoff verbraucht und weniger Straßenraum in Anspruch genommen wird.«

Auch der Bau zusätzlicher Straßen ist keine Antwort auf die Staus. Die Verkehrsplaner haben festgestellt, daß neue Schnellstraßen zusätzlichen Verkehr anziehen, da die Benutzer öffentlicher Verkehrsmittel oftmals auf das Automobil umsteigen und an den neuen Straßen neue Wohnsiedlungen entstehen. Der frühere Leiter der Federal Highway Administration (FHWA), Robert Farris, räumt ein: »Wir können die Städte nicht länger mit immer mehr Beton und Asphalt aus den Verkehrsstaus herausbauen. Die Zeit ist zu kurz, Geld zu knapp, und Land steht uns oft nicht zur Verfügung.«[16]
Wer mit dem Fahrrad statt mit dem Auto fährt, trägt dazu bei, daß die Luft weniger belastet, weniger Treibstoff verbraucht und weniger Straßenraum in Anspruch genommen wird. Eine gefährlich hohe Belastung der Luft wirkt sich besonders schädlich auf die Menschen aus, die sich im Freien aufhalten; dazu gehören auch die Radfahrer. Die Luftverschmutzung im Sommer hält deshalb viele davon ab, ihr Fahrrad zu benutzen.
Bei der hektischen Suche nach Benzinersatzstoffen, von denen einer das aus Mais gewonnene Äthanol ist, hat man eine Technik übersehen, die Nahrungsmittel direkt in Treibstoff umwandelt. Mit den Kalorien ei-

Tab. 6.3: Energieintensität verschiedener Transportarten, USA 1984.

Transportart	Energieintensität Kalorien je Passagierkilometer
Automobil, ein Insasse	1 153
Bus	570
Zug	549
Gehen	62
Radfahren	22

Quellen: Mary C. Holcomb u. a., Transportation Energy Data Book: Edition 9. Oak Ridge, Tenn., 1987; persönliche Mitteilung aus dem President's Council on Physical Fitness and Sports, 23. Juni 1988.

nes Maiskolbens legt ein Radfahrer 5,6 Kilometer zurück, ohne daß dafür etwas destilliert oder raffiniert werden müßte. Beim Radfahren wird je Passagierkilometer weniger Energie verbraucht als bei irgendeiner anderen Form des Transports, einschließlich des Gehens *(Tab. 6.3)*. Bei einer Fahrradfahrt von 16 Kilometern werden 350 Kalorien verbraucht; das entspricht etwa einer Schüssel Reis. Ein durchschnittlicher amerikanischer Pkw verbraucht für dieselbe Strecke 18 600 Kalorien – ungefähr zwei Liter Benzin.[17]

Beim Radfahren ist die Flächennutzung sparsamer als beim Autofahren. In jeder anderen Transportart, insbesondere den Massenverkehrsmitteln, bewegen sich pro Stunde in einer Fahrspur mit einer bestimmten Breite mehr Passagiere als dies im Automobil, selbst bei Autobahngeschwindigkeit, möglich ist. Der Automobilverkehr bietet je Meter Fahrbahnbreite stündlich etwa 750 Personen Platz; unter denselben Bedingungen finden 1500 Radfahrer Raum. Busse auf einer eigenen Spur befördern in dieser Zeit 5200 Personen und ein Expreßzug 9000.

Eine Entwicklung, die sich auf Pedale stützt

Für viele Menschen in der Dritten Welt ist die einzig bezahlbare Alternative zum Gehen der Bus. Aber auch dieses Verkehrsmittel steht selbst in den Städten nicht immer in ausreichendem Maß zur Verfügung. Viele Städte in Asien, Afrika oder Lateinamerika sind mit Bussen nur halb so gut ausgestattet wie die Städte in den Vereinigten Staaten oder in Europa, wo die Benutzer des öffentlichen Nahverkehrs ohnehin die Möglichkeit haben, das Auto zu benutzen.

»Der Automobilverkehr bietet je Meter Fahrbahnbreite stündlich etwa 750 Personen Platz; unter denselben Bedingungen finden 1500 Radfahrer Raum. Busse auf einer eigenen Spur befördern in dieser Zeit 5200 Personen und ein Expreßzug 9000.«

Der Ausbau der Verkehrsnetze in der Dritten Welt kann den Rahmen der öffentlichen Haushalte sprengen, deren Lage durch andere Anforderungen, wie den Wohnungsbau, die Wasserversorgung oder das Gesundheitswesen, schon angespannt ist. Es mangelt aber auch an privaten Busunternehmen, die die staatlichen Aufgaben übernehmen könnten, weil Ersatzteile und Treibstoff knapp sind. Auch der schlechte Straßenzustand wirkt sich hinderlich aus. In vielen Ländern der Dritten Welt ist die Deckung des gesamten Verkehrsbedarfs durch öffentliche Verkehrsmittel ein zwar sinnvolles, aber kaum erreichbares Ziel.[18]

Verarmte Länder verwenden ihre Deviseneinnahmen für die Motorisierung des Verkehrs und übersehen dabei die mit Menschenkraft betriebenen Verkehrsmittel, die eher im wirtschaftlichen Rahmen der Menschen und Regierungen liegen.

Insbesondere in ländlichen Gebieten haben die Menschen deshalb keine andere Wahl als zu Fuß zu gehen. Dort bestehen die Verkehrsbedürfnisse vorwiegend darin, landwirtschaftliche Erzeugnisse oder den Haushaltsbedarf an Wasser und Brennstoffen zu transportieren. Gerade das letztere kostet die Familien unangemessen viel Zeit, wobei die Frauen die Hauptlast dieser harten Arbeit buchstäblich auf ihrem Haupt tragen. Eine Untersuchung in Kenia hat ergeben, daß die Frauen mit 89 Prozent an der Beschaffung von Wasser und Brennholz beteiligt sind. Frauen und Kinder bringen allein mit dem Wasserholen drei bis sechs Stunden täglich zu.[19]

In den Entwicklungsländern befördern die Bauern im allgemeinen Lasten bis zu einem Gewicht von 150 Kilogramm; die Entfernungen, die sie dabei bewältigen müssen, sind überschaubar. Für diese Leistungen sind weder Lastwagen noch Pkw erforderlich, sondern an den Bedarf angepaßte Fahrzeuge. Eine »kleine« Last von 30 Kilogramm wird zur schweren Bürde, wenn sie auf dem Kopf, Rücken oder den Schultern getragen werden muß. Diese Formen des Transports können zu schweren Verletzungen der Wirbelsäule, der Gelenke, der Muskeln und innerer Organe führen. Nach einem Bericht aus Bangladesch geht dort die Hälfte aller Genickbrüche auf Stürze während des Lastentransports zurück.[20]

»Verarmte Länder verwenden ihre Deviseneinnahmen für die Motorisierung des Verkehrs und übersehen dabei die mit Menschenkraft betriebenen Verkehrsmittel, die eher im wirtschaftlichen Rahmen der Menschen und Regierungen liegen.«

Felduntersuchungen haben gezeigt, daß die Transportkapazität (eine Größe, die durch die Geschwindigkeit und die Nutzlast bestimmt wird) des Fahrrades mindestens fünfmal größer ist, als sie zu Fuß erreicht werden kann. Ein Anhänger ermöglicht sogar den bequemen Transport von Lasten bis zu einem Gewicht von 200 Kilogramm – einem Mehrfachen der maximalen Kopflast.[21]

Mehrere internationale Organisationen arbeiten mit den Behörden in der Dritten Welt bei der Entwicklung robuster Lastenfahrräder und -anhänger sowie behindertengerechter Fahrzeuge zusammen. Sie rüsten auch Fahrräder für andere Zwecke um, etwa zum Antrieb von Reisdresch- und Erdnußschälmaschinen oder von Wasserpumpen. Diese Fahrräder können mit wenigen Handgriffen wieder transporttauglich gemacht werden.

Viele Menschen in der Dritten Welt verdienen sich mit dem Fahrrad ihren Lebensunterhalt, darunter viele der selbständigen Kleinunternehmer, die, mit einem nur geringen Kapital ausgestattet, 20 bis 70 Prozent der Arbeitskräfte in den Ballungsgebieten stellen. Fliegende Händler radeln mit Zeitungsbündeln durch tansanische Städte, bringen den Fabrikarbeitern in Sri Lanka das Mittagessen oder verkaufen im Iran frisches Brot. In Santo Domingo, der Hauptstadt der Dominikanischen Republik, setzen etwa 5000 »tricicleros« schwere Dreiräder ein, um zu einem großen Teil die Versorgung der Stadt mit Lebensmitteln, Kohle, Altmetall und verschiedenen Materialien zur Wiederverwendung zu erledigen.[22]

Trotz alledem werden mit Menschenkraft angetriebene Fahrzeuge in den Hauptstädten der Dritten Welt erheblich benachteiligt. Über Jahrzehnte sind die für den ländlichen Raum bereitgestellten Mittel in den Bau autogerechter Straßen geflossen. Dabei wurde die Tatsache übersehen, daß dort nur wenige Menschen über Pkw oder Lastwagen verfügen und daß der motorisierte öffentliche Verkehr nur selten in diese Gegenden gelangt. Der Verkehrsexperte Wilfred Owen stellt fest, daß »die Straßen in vielen armen Ländern häufiger dazu benutzt werden, Bohnen oder Paprika zu trocknen, als dem Verkehr zu dienen«.[23]

Obwohl Politiker mit geringen Kosten viel tun können, um das Verkehrswesen zu verbessern, indem sie das Fahrradfahren und andere, auf menschlicher

Kraft beruhende Fortbewegungsmittel fördern, tun sie dies nur selten. Die Stadtverwaltungen stehen Rikschas und ähnlichen Verkehrsmitteln sehr oft ablehnend gegenüber; sie benachteiligen sie durch Verordnungen, Strafgelder und Steuern, oder sie bereiten ihnen durch Verbote und Beschlagnahmen das Ende. Die Stadt Djakarta hat in den vergangenen fünf Jahren etwa 100 000 Rikschas beschlagnahmt und sie im Meer versenkt – »um die Verkehrsdichte zu verringern«. In Bangladesch hat die Stadt Dacca kürzlich damit gedroht, den Rikschaverkehr einzustellen, obwohl er mehr als die Hälfte des Passagieraufkommens abwickelt und schätzungsweise 140 000 Menschen beschäftigt. Im gesamten südasiatischen Raum und sogar in einigen afrikanischen Ländern, wo sie allerdings weniger verbreitet sind, sind die Rikschas in Gefahr.[24]

»Obwohl Politiker mit geringen Kosten viel tun können, um das Verkehrswesen zu verbessern, indem sie das Fahrradfahren und andere, auf menschlicher Kraft beruhende Fortbewegungsmittel fördern, tun sie dies nur selten.«

Meistens rechtfertigen die staatlichen Stellen ihre Angriffe auf die Rikschas mit der Behauptung, sie seien unsicher oder aber für den Fahrer unmenschlich. Das plausiblere Motiv liegt jedoch darin, die Straßen von solchen Verkehrsmitteln zu befreien, von denen sie meinen, daß sie ihre Städte arm und rückständig aussehen lassen. »Die Fahrradrikscha bietet den höchsten Beschäftigungseffekt für die entsprechenden Investitionen, sie bietet der armen Bevölkerung kostengünstige und flexible Dienste, und sie erreicht auch solche Gebiete, die von herkömmlichen Bussen nicht angesteuert werden. Modernisierungen sind sicher erforderlich, um das Leben für den Rikschafahrer erträglicher zu gestalten. Die Lösung kann aber nicht in einer kostspieligen Motorisierung liegen,

sondern in einer verbesserten Ausstattung der Rikschas und einem besseren Zustand der Straßen.«[25]
Es sind aber nicht allein die Regierungen, die zur Diskriminierung pedalgetriebener Fahrzeuge beitragen. Der Präsident des Institute for Transportation and Development Policy (ITDP), Michael Replogle, weist darauf hin, daß die Weltbank im Jahr 1985 eine 400-seitige Studie über das Verkehrswesen Chinas veröffentlichte, in der das Fahrrad nicht ein einziges Mal erwähnt wird.[26]
Die Entwicklung der letzten Jahre deutet darauf hin, daß das Fahrrad doch noch in offizielle Kreise vordringen könnte. Einige Regierungen, Banken und internationale Einrichtungen, die bisher mit Standfestigkeit die Politik der Motorisierung betrieben haben, stellen allmählich fest, daß ihr Vorgehen kaum noch haltbar ist.
Dieses Umdenken zeigt sich am Beispiel eines Verkehrsprojekts in Ghana. Mit Unterstützung der Gruppe »Intermediate Technology Transports« und der Weltbank fördert die Regierung die Herstellung und Verwendung von Fahrradanhängern und Handkarren. Die Weltbank hat zudem vorgeschlagen, Ghana beim Bau kostengünstiger Landstraßen zu unterstützen, die vorwiegend dem nichtmotorisierten Verkehr dienen sollen. Diese Straßen sind so ausgelegt, daß sie gelegentlich auch von Lastwagen oder Pkws befahren werden können; sie kosten 2400 Dollar pro Kilometer – etwa 8 Prozent dessen, was eine konventionelle Landstraße kosten würde.[27]
Die Anzahl derjenigen Entwicklungsländer, die über eine eigene Fahrradproduktion verfügen, ist kaum größer als die Anzahl der Länder mit eigener Automobilherstellung, obwohl der Betrieb der letzteren einen wesentlich höheren Aufwand an Kapital und technischen sowie Managementfähigkeiten erfordert. Diese Tatsache illustriert, welche Gelegenheiten bei der Entwicklung nichtmotorisierter Fahrzeuge ver-

paßt wurden. Die Erfahrungen in Asien haben gezeigt, daß der Aufbau einer Fahrradindustrie in Ländern mit einer unterentwickelten Industrieinfrastruktur ein Vorhaben mit vergleichsweise geringem Risiko ist. Ein kleines Montagewerk mit angeschlossener Reparaturabteilung kommt mit Werkzeug im Wert von 200 Dollar aus. Mit demselben Aufwand an Material und Energie, der für die Herstellung eines Mittelklassewagens benötigt wird, können 100 Fahrräder hergestellt werden.[28]

»Mit demselben Aufwand an Material und Energie, der für die Herstellung eines Mittelklassewagens benötigt wird, können 100 Fahrräder hergestellt werden.«

Indien hat demonstriert, wie eine fast unabhängige Fahrradindustrie aufgebaut werden kann: Zunächst wurden Fahrräder aus importierten Einzelteilen montiert und danach die Rahmen in kleinen Werkstätten hergestellt, um schließlich kleine Fabriken entstehen zu lassen, die die anderen Einzelteile in die heimische Produktion übernahmen. Seit den bescheidenen Anfängen vor fünf Jahren hat sich Indien zu einem weltweit bedeutenden Hersteller entwickelt. Mehr als 90 Prozent seiner Exporte gehen in andere Entwicklungsländer. Über Joint-ventures und Lizenzabkommen teilt es diese Errungenschaft mit Ländern in Asien, Afrika und der Karibik.[29]

Gesellschaften von Radfahrern

Was zeichnet die wenigen Länder aus, die, trotz aller Verlockungen des Automobils, das Fahrrad nicht vernachlässigen? Die fahrradfahrenden Nationen China, Japan, die Niederlande und Dänemark unterscheiden sich in ihrem Lebensstandard, ihrer Geographie oder ihrem Klima kaum von ihren Nachbarn. Eine Untersuchung der Verkehrssysteme zwölf nordamerikanischer und europäischer Länder, erarbeitet von John Pucher, hat gezeigt, daß die Benutzung der verschiedenen Verkehrsmittel erst in zweiter Linie von solchen Faktoren wie der Einkommenshöhe, der Technik oder dem Grad der Urbanisierung abhängt, sondern davon, welche politischen Prioritäten in den einzelnen Ländern verfolgt werden.[30]

In China hat man schon früh erkannt, daß das Fahrrad und ähnliche Verkehrsmittel zu geringeren Kosten einer größeren Zahl Menschen zu Mobilität verhelfen als jedes andere System. Der Staat investierte in die preisgünstige Massenfertigung von Fahrrädern schon zu einem Zeitpunkt, als sich noch kaum jemand ein Rad leisten konnte; die Verkehrsinfrastruktur wurde auf den nichtmotorisierten Verkehr ausgerichtet. Die Verkehrserschließung der Dörfer fand in den frühen sechziger Jahren vorwiegend über solche Straßen statt, die für Fußgänger, von Tieren gezogene Karren und Radfahrer ausgelegt waren.[31]

In den Städten Chinas sind gesonderte Fahrradstraßen mit fünf oder sechs Spuren ein gewohnter Anblick. Der motorisierte Verkehr verläuft oft auf dreispurigen Straßen getrennt von Fußgängern und Radfahrern, einige Städte weisen Spuren für Lastfahrräder aus. Leicht erreichbare, bewachte Abstellplätze für Fahrräder sind reichlich vorhanden, ebenso Werkstätten für die Reparatur und Wartung. Die meisten Stadtverwaltungen zahlen den Pendlern eine monatliche Zuwendung dafür, daß sie für den Weg zur Arbeit das Fahrrad benutzen, um die überfüllten Busse zu entlasten. Auf diese Weise hat sich China ein hochwertiges Verkehrssystem geschaffen, ohne übermäßige Investitionen für ein aufwendiges öffentliches Verkehrsnetz tätigen zu müssen.[32]

Auch in Japan wird das Fahrrad weitaus häufiger für praktische Zwecke genutzt als in der Freizeit oder für die sportliche Betätigung. Aus den Zahlen der Volkszählung des Jahres 1980 ergibt sich, daß 7,2 Millionen Pendler – etwa 15 Prozent – mit dem Fahrrad zur Arbeit oder zu den Nahverkehrsbahnhöfen fahren. Der Fahrradbesitz steigerte sich seit 1970 um die Hälfte, so daß im Jahr 1988 jeder Haushalt im Durchschnitt 1,5 Fahrräder besaß. Seit den sechziger Jahren wird das japanische Verkehrssystem von Nahverkehrszügen beherrscht, die die Stadtzentren mit den rapide wachsenden Vorstädten verbinden. Mit der weiteren Ausdehnung der Vorstädte in größerer Entfernung von den Bahnlinien stiegen viele Pendler von den langsamen Zubringerzügen auf das Fahrrad um.

Ein Gesetz aus dem Jahr 1980 ermächtigt die japanischen Stadtverwaltungen, von den Eisenbahnen und privaten Firmen den Bau großzügiger Fahrradstellplätze zu verlangen. Diese Politik wurde inzwischen international als »bike-and-ride« bekannt. Heute verfügt das Land über 8600 dieser öffentlichen oder privaten Parkplätze mit einer Gesamtkapazität für 2,4 Millionen Fahrräder. Der Platzmangel in den japanischen Städten – ein Quadratmeter kostet umgerechnet bis zu 135 000 DM – hat die Verwaltungen veranlaßt, Parktürme für Fahrräder errichten zu lassen. An vielen Nahverkehrsbahnhöfen findet man mehrstöckige Gebäude, in denen automatische Kräne Tausende Fahrräder unterbringen.[33]

In Europa werden vermehrt Anzeichen fahrradfreundlicher Planung sichtbar. Der Anteil der Radfahrer am Verkehrsgeschehen steigt in vielen Städten Schwedens, der Schweiz und der Bundesrepublik Deutschland; die Behörden intensivieren die Planung für den Fahrradverkehr. Die Jahre der Verkehrsberuhigung haben in der Bundesrepublik die Verhältnisse für Radfahrer verbessert, indem der motorisierte Verkehr in bestimmten Zonen durch Barrieren und Geschwindigkeitsbegrenzungen beschränkt wurde. Schwedische Städte experimentieren seit den siebziger Jahren mit »Verkehrszellen«. Dabei wird der Kraftfahrzeugverkehr dadurch eingeschränkt, daß die Stadt in verschiedene Zonen eingeteilt wird. Der Verkehr wird auf diese Weise aus den dichter besiedelten Gebieten auf die Hauptstraßen abgeleitet, um die Sicherheit für Fußgänger und Radfahrer in den kleineren Straßen zu erhöhen.[34]

»Ein Gesetz aus dem Jahr 1980 ermächtigt die japanischen Stadtverwaltungen, von den Eisenbahnen und privaten Firmen den Bau großzügiger Fahrradstellplätze zu verlangen. Diese Politik wurde inzwischen international als ›bike-and-ride‹ bekannt.«

Der Fahrradtourismus ist in den Niederlanden und Dänemark ein bedeutender Wirtschaftszweig. Tausende unternehmen ausgedehnte Fahrradreisen, um sich an den unterschiedlichen Landschaften zu erfreuen und die malerischen Städte zu besuchen. Wie auch sonst in Europa geht die Planung in diesen Ländern immer mehr dahin, das Fahrrad auch für alltägliche Zwecke zu nutzen, um die Abhängigkeit vom Automobil zu mindern.[35]

In den Niederlanden existiert eine lange Tradition des Fahrradfahrens, sowohl für Freizeit- als auch für alltägliche Zwecke, wenn sich auch die Rolle des Fahrrades in den fünfziger und sechziger Jahren reduzierte, als die Absatzzahlen der Automobile stiegen. Zwischen 1975 und 1985 jedoch gab der Staat für den Bau von Radwegen, Stellplätzen und Parkvorrichtungen an den Bahnhöfen insgesamt etwa 450 Millionen Gulden aus. Im Gegensatz dazu gingen die Ausgaben für den Autobahnbau seit den frühen achtziger Jahren zurück. Für den Fahrradverkehr wurden 10 Prozent mehr ausgegeben als für den Straßenbau.[36]

1986 hatte das Radwegenetz der Niederlande eine Länge von 13 500 Kilometern. Wichtiger als die Länge des Wegenetzes sind aber vielleicht die Bemühungen, direkte, ununterbrochene Fahrradrouten zu schaffen, nicht nur, um die Radfahrer vom übrigen Verkehr fernzuhalten, sondern um das Radfahren tatsächlich attraktiver zu machen. Der Erfolg dieses Konzepts zeigt sich darin, daß der Anteil der mit dem Fahrrad zurückgelegten Wege in niederländischen Städten im allgemeinen zwischen 20 und 50 Prozent liegt.[37]

»Das Ziel der niederländischen Verkehrspolitik besteht weniger in einer Verdrängung des Automobils, sondern vielmehr darin, ein Gleichgewicht zwischen dem Autoverkehr, den Radfahrern, dem öffentlichen Verkehr und den Fußgängern zu erreichen.«

In Groningen, der größten Stadt der nördlichen Niederlande, beträgt dieser Anteil 50 Prozent. Zu den fahrradfreundlichen Errungenschaften in Delft zählen Unterführungen und Brücken über gefährliche Kreuzungen sowie einige Neuerungen in der Verkehrsregelung. Einige der verkehrsabhängigen Ampelanlagen, die sonst nur für Automobile ausgelegt sind, reagieren auch auf Fahrräder. Straßenmarkierungen erlauben es den Radfahrern, vor dem übrigen Verkehr anzuhalten und als erste wieder anzufahren. In einigen Einbahnstraßen dürfen Radfahrer auch gegen die Verkehrsrichtung fahren.[38]

Das Ziel der niederländischen Verkehrspolitik besteht weniger in einer Verdrängung des Automobils, sondern vielmehr darin, ein Gleichgewicht zwischen dem Autoverkehr, den Radfahrern, dem öffentlichen Verkehr und den Fußgängern zu erreichen. Fußgängerstraßen und Geschwindigkeitsbegrenzungen sind in den Niederlanden allgemein verbreitet, auf vielen innerstädtischen Straßen ist das Parken verboten.

Der gegenwärtige Automobilboom erschwert es allerdings der niederländischen Regierung, die Popularität des Fahrrades aufrechtzuerhalten. Im Jahr 1988 veröffentlichte das Verkehrsministerium den mutigen

Plan, mit Steuererhöhungen den Kauf und die Unterhaltung von Automobilen um fast die Hälfte zu verteuern und dem öffentlichen Verkehr ungefähr 7 Milliarden Gulden jährlich zusätzlich zukommen zu lassen. Mit einem neuen elektronischen Verfahren soll die Fahrleistung jedes einzelnen Pkws erfaßt werden; wer übermäßig viel fährt, muß dann eine Sondersteuer entrichten.[39]

Dänemark kommt, was das Radfahren angeht, den Niederlanden am nächsten. Die dänische Fahrradförderpolitik gleicht in vielem der niederländischen. Der Anteil der Radfahrer am Verkehr ist, obwohl etwas niedriger als in den Niederlanden, beeindruckend: 20 Prozent der Wege werden in den Städten mit dem Fahrrad zurückgelegt. Die dänischen Bahnhöfe verfügen im allgemeinen über mehrere hundert Fahrradstellplätze.[40]

»Die Beispiele belegen, daß sich eine automobilfixierte Gesellschaft in eine radfahrende verwandeln kann.«

In den fahrradfreundlichen Universitätsstädten kommen die Vereinigten Staaten dem Bild einer radfahrenden Gesellschaft noch am nächsten. Zwei dieser Städte, Palo Alto und Davis in Nordkalifornien, machen einander den Titel »Fahrradhauptstadt der USA« streitig. In der 44 000-Einwohner-Stadt Davis werden 25 Prozent aller Wege mit dem Fahrrad zurückgelegt; Fahrradanhänger als Transportmittel zum Beispiel für Lebensmittel oder Kinder sind kein ungewöhnlicher Anblick. 48 der 161 Straßenkilometer der Stadt sind mit Fahrradspuren ausgestattet, das Netz separater Radwege umfaßt 32 Kilometer.[41]

Die Stadt Palo Alto hat seit 1980 etwa eine Million Dollar, zumeist aus Bundeszuweisungen, für den Bau von Stellplätzen, Fahrradbrücken und beleuchteten Fahrradwegen aufgewandt, der Belag aller Straßen ist

den Bedürfnissen der Radfahrer angepaßt. Das Glanzstück des 68 Kilometer langen Radwegenetzes in Palo Alto ist ein Fahrradboulevard von 3,2 Kilometer Länge, auf dem Fahrräder das einzig zugelassene Durchgangsverkehrsmittel sind. Seit dem Jahr 1983 schreibt die Bebauungsplanung für Gebäude oberhalb einer bestimmten Größenordnung Fahrradstellplätze und Duschen für die dort Beschäftigten vor; einige große Firmen gehen noch über diese Mindestanforderungen hinaus.
Die Beispiele belegen, daß sich eine automobilfixierte Gesellschaft in eine radfahrende verwandeln kann. Ellen Fletcher, Stadtratsmitglied von Palo Alto – sie fährt mit dem Fahrrad zu den Sitzungen der Stadtvertretung und ist als Verfechterin des Fahrrades bundesweit bekannt –, weiß, wodurch das Radfahren attraktiver wird: »Man muß nur dafür sorgen, daß es einfacher ist, mit dem Rad zu fahren als mit dem Auto. Alles andere ergibt sich von selbst.«[42]

Von hier nach dort gelangen

Unter der Voraussetzung, daß politische Unterstützung und private Initiativen auf verschiedenen Ebenen – von den internationalen Einrichtungen bis hin zum einzelnen Pendler – ineinandergreifen, kann sich der Fahrradverkehr zur alltäglichen Alternative entwickeln.[43]
Regierungen können die gesetzlichen Grundlagen dafür schaffen, daß sich die Autofahrer stärker an den verborgenen Kosten des Automobilverkehrs beteiligen. Diese Kosten – verursacht durch Straßenbau und -unterhaltung, Polizei und Feuerwehr, Unfälle und medizinische Versorgung – werden bis heute von allen Steuerzahlern, ob Autofahrer oder nicht, getra-

gen. In den Vereinigten Staaten erreichen diese Kosten eine Höhe von bis zu 300 Milliarden Dollar jährlich.[44]

Diese enormen Subventionen können dadurch abgebaut werden, daß der Besitz und die Benutzung des Automobils besteuert wird und die Einnahmen dem Ausbau des Massenverkehrs sowie der Verbesserung der Verkehrsbedingungen für Fußgänger und Radfahrer zugeführt werden. Aus Puchers kürzlich vorgelegter Untersuchung zwölf westeuropäischer und nordamerikanischer Länder wird deutlich, daß die Zahl der gefahrenen Kilometer zurückgeht, sobald sich der Automobilverkehr durch steuerliche Maßnahmen verteuert.[45]

»Regierungen können die gesetzlichen Grundlagen dafür schaffen, daß sich die Autofahrer stärker an den verborgenen Kosten des Automobilverkehrs beteiligen.«

Er stellte fest, daß die Länder mit den höchsten Steuern, nämlich Dänemark und die Niederlande, zu denjenigen Ländern zählen, die die geringste Fahrleistung pro Kopf der Bevölkerung aufweisen. In den Vereinigten Staaten werden die geringsten Steuern auf den Automobilverkauf und auf Benzin erhoben. Sie werden in der Fahrleistung nur von Schweden übertroffen, das die zweitniedrigste Benzinsteuer erhebt. Dazu kommt, daß die Vereinigten Staaten diese Steuereinnahmen für den Autobahnbau verwenden, während sie in den meisten europäischen Ländern dem allgemeinen Haushalt zugeführt werden.[46]

Steuern und Benutzungsgebühren können auf andere Bestandteile des Verkehrswesens ausgedehnt werden, etwa den Parkraum auf Straßen und Plätzen. In den Vereinigten Staaten halten die Arbeitgeber für 75 Prozent aller Pendler Parkraum vor, dessen Bereitstellung steuerlich begünstigt wird; die Pendler selbst erhalten steuerfreie Lohn- oder Gehaltszuschläge. In Japan und Europa dagegen ist die Politik darauf ausgerichtet, den Parkraum zu verteuern und zu verknappen. In Singapur müssen die Fahrer eine Gebühr entrichten, wenn sie ein mit weniger als vier Personen besetztes Fahrzeug zu den Spitzenzeiten in die Innenstadt fahren wollen. Seit diese Verordnung im Jahr 1975 in Kraft trat, ist die Durchschnittsgeschwindigkeit im Innenstadtverkehr um 20 Prozent gestiegen, die Verkehrsunfälle sind um 25 Prozent zurückgegangen, und der Treibstoffverbrauch hat sich um schätzungsweise 30 Prozent verringert.[47]

In den Entwicklungsländern sollte die Verkehrspolitik dadurch wirksamer gestaltet werden, daß die Regierungen die Verkehrsbedürfnisse der verarmten Bevölkerungsmehrheit berücksichtigen und Kredite dort zur Verfügung stellen, wo sie erforderlich sind, um den Erwerb von Fahrrädern oder anderen preisgünstigen Fahrzeugen zu ermöglichen. Besonders diejenigen Länder, die Rikschafahrer und andere Verkehrsteilnehmer diskriminieren, sollten in einem ersten Schritt diese Benachteiligung rückgängig machen und die Rikschafahrer fördern, anstatt sie zu verbieten. Darüber hinaus sollten sie anstreben, zwischen den Investitionen für den motorisierten Verkehr und den weniger kostspieligen Subventionen für Fahrräder und die dazugehörige Infrastruktur ein Gleichgewicht herzustellen.

Sie sollten auch dazu übergehen, die heimische Fahrradindustrie zu fördern und die hohen Importsteuern und andere Handelshemmnisse zurückzunehmen, mit denen sie die Industrie in der Vergangenheit geschützt haben. Das Ergebnis dieser Politik waren Produkte von minderer Qualität und am Ende die Schließung von Fabriken. Die Behörden sollten die Einfuhr aus anderen Regionen der Dritten Welt erleichtern und Forschungsaufwendungen zur Anpassung kostengünstiger Fahrzeuge an die spezifischen Bedürfnisse ihres Landes unterstützen.[48]

Die internationalen Banken und andere Entwicklungsorganisationen können dazu beitragen, diese Entwicklung voranzutreiben. Die Weltbank zum Beispiel räumt dem Fahrrad und dem Bau einfacher Straßen inzwischen in einigen Projekten Vorrang ein, die Bestandteil des »Verkehrsprogramms für Afrika« sind. Dieses Programm, getragen vom Entwicklungsprogramm der Vereinten Nationen, der UN-Wirtschaftskommission für Afrika und einigen Spenderländern, begann im Jahr 1987 mit einer kritischen Überprüfung der wenig effektiven, auf den motorisierten Verkehr ausgerichteten Verkehrspolitik dieser Region. Die Projekte der Weltbank zur Förderung des nichtmotorisierten Verkehrs konzentrieren sich auf die Probleme des ländlichen Verkehrs abseits des Straßennetzes und auf die Transportbedürfnisse von Frauen.[49]

»Die Weltbank zum Beispiel räumt dem Fahrrad und dem Bau einfacher Straßen inzwischen in einigen Projekten Vorrang ein, die Bestandteil des ›Verkehrsprogramms für Afrika‹ sind.«

In den Entwicklungs- ebenso wie in den Industrieländern können die politischen Gremien und die Verwaltungen der Städte durch die Einrichtung von Fahrradbeiräten zur Förderung des Fahrrades beitragen, die dem Bürgermeister, dem Stadtrat oder entsprechenden Behörden zugeordnet sind. Ein solcher Beirat kann den Politikern und Verwaltungen helfen sicherzustellen, daß die Bedürfnisse der Radfahrer bei der Verkehrsplanung berücksichtigt werden. Mit Hilfe der Bebauungsplanung kann erreicht werden, daß bei Neuerschließungen oberhalb einer bestimmten Größenordnung Fahrradstellplätze und Duschen für die Pendler vorgesehen werden und daß die Sicherheit der Radfahrer bei Straßen- oder Brückenbauten gewährleistet wird. Ein bestimmter Anteil des Parkraums in den Innenstädten kann für Fahrräder und ein bestimmter Prozentsatz der Verkehrsausgaben für fahrradbezogene Maßnahmen vorgesehen werden.[50]

Die Erfahrung zeigt, daß gut ausgebaute Fahrradwege angenommen werden, unabhängig davon, ob ihre Benutzung vorgeschrieben ist oder nicht. Allerdings gibt es keinen typischen Fahrradweg, der an allen Orten und für jeden Fahrer angemessen wäre. Unterschiede in den Fahrgeschwindigkeiten, im Verkehrsaufkommen und in der Geschicklichkeit der Fahrer müssen berücksichtigt werden, wenn es darum geht, zwischen einer Fahrradspur, einem Radweg oder einfachen Fahrbahnmarkierungen zu wählen.

Die Debatten zwischen den einzelnen Fraktionen der Fahrradbefürworter haben vielerorts dazu geführt, daß die Stadtverwaltungen den Bau neuer Fahrradwege mit der Begründung ablehnten, daß die Radfahrer selbst diese nicht wollten. Inzwischen nutzen Millionen Amerikaner 4350 Kilometer stillgelegte, zu Rad- oder Wanderwegen umgewandelte Eisenbahnstrecken, deren Umbau im wesentlichen auf die Bemühungen der privaten Organisation »Rails-To-Trails Conservancy« zurückgehen.[51]

»Inzwischen nutzen Millionen Amerikaner 4350 Kilometer stillgelegte, zu Rad- oder Wanderwegen umgewandelte Eisenbahnstrekken.«

Trotz der in den letzten Jahren erreichten Fortschritte, wie sie sich zum Beispiel an den Wohnstraßen oder dem Konzept der Verkehrsberuhigung zeigen, bleiben Radfahrer nach wie vor größeren Gefährdungen ausgesetzt als Autofahrer. Der Verkehrserziehung für alle Verkehrsteilnehmer sowie einer verstärkten Verkehrskontrolle – für Auto- und Radfahrer gleichermaßen – kommt deshalb eine große Bedeutung zu. Seit 1985 sinkt in Manhattan die Zahl derjenigen Unfälle, an denen Fußgänger und Radfahrer beteiligt sind. Dies wird zu einem Teil dem Verdienst der Polizei zugeschrieben, die auch an Radfahrer Strafbefehle verteilt, zum anderen den Bemühungen der Radfahrvereine, die immer wieder auf die gegenseitige Verantwortung und die Notwendigkeit der Kooperation hinweisen.[52]

Den langfristigen Interessen der Städte ist am besten damit gedient, daß Ballungsgebiete mit 50000 oder mehr Einwohnern im Rahmen der Regionalplanung Entwicklungspläne erstellen, die die weitere Ausdehnung der Städte in Grenzen halten. Ein wesentliches Merkmal innovativer Flächennutzungspläne besteht darin, daß sie die Entfernungen zwischen Wohnen, Einkaufen und Arbeiten so auslegen, daß diese zu Fuß oder mit dem Fahrrad überwunden werden können; bei der Vervollständigung des Verkehrsangebots liegt die Betonung auf den öffentlichen Verkehrsmitteln.[53]

Anmerkungen zu Kapitel 6

1 Die Anzahl der Fahrräder entspricht einer Schätzung der Autorin nach International Trade Centre, Bicycles and Components: A Pilot Survey of Opportunities for Trade Among Developing Countries. Genf 1985; die Zahl der Automobile (394 Millionen im Jahr 1987) aus Motor Vehicle Manufacturers Association (MVMA), Facts and Figures '89. Detroit 1989.

2 R. H. ter Heide, Recreational Use of the Bicycle, Organizational and Economic Aspects. Velo City 87 International Congress: Planning for the Urban Cyclist. Proceedings of the Third International Velo City Congress, Groningen, 22.–26. September 1987 (im folgenden zitiert als Velo City '87 Conference). Im Jahr 1986 betrug die Fahrzeugdichte in den Niederlanden 120 Pkw pro Quadratkilometer. Nur Hongkong und Singapur erreichten mit 175 bzw. 400 Pkw höhere Werte; MVMA, Facts and Figures '88. Detroit 1988.

3 Population Control Comes in the Kingdom of Bikes. *China Daily,* 9. Januar 1989; Jun-Men Yang, Bicycle Traffic in

China. *Transportation Quarterly*, Januar 1985; See the PRC in Your Xiali. *Asiaweek,* 2. September 1988; Zhou You Ma, Ode to the Bicycle. China Reconstructs, 1987; *Japan Cycle Press International*, Oktober 1988.

4 V. Setty Pendakur, Formal and Informal Urban Transport in Asia. *CUSO Journal*, Dezember 1987; zu einer genaueren Beschreibung dieses Verkehrssystems s. Peter J. Rimmer, Riksha to Rapid Transit: Urban Public Transport Systems and Policy in Southeast Asia. Sydney 1986; Ken Hughes und Michael A. Replogle, Sustainable Transportation. *Not Man Apart,* Juli/August 1987.

5 Ebd.; persönliche Mitteilung von Richard Barrett, 24. März 1989.

6 Richard A. Navarro u. a., Alternativas de Transporte en America Latina: La Bicicleta y los Triciclos. St. Gallen 1985; persönliche Mitteilung von Ken Hughes, 7. April 1989.

7 Die Zahl der Fahrräder je Einwohner nach International Trade Centre, Bicycles and Components; Andy Clarke, Pro-bike: A Cycling Policy for the 1990s. London 1987; das Bicycle Institute of America Inc. schätzt die Zahl der Fahrradpendler in den USA auf 2,7 Millionen.

8 John Pucher, Urban Travel Behavior as the Outcome of Public Policy: The Example of Modal-Split in Western Europe and North America. *APA Journal*, Herbst 1988; W. G. M. Huyink, Cycling Policy in the City of Groningen. Velo City '87 Conference.

9 Michael A. Replogle, Bicycles and Public Transportation: New Links to Suburban Transit Markets. 2. Ausgabe. Washington, D.C., 1988; persönliche Mitteilung von Andy Clarke, Baltimore, Md., 16. März 1989; Clarke, Pro-bike: A Cycling Policy for the 1990s.

10 Eine gründlichere Erörterung der Folgen übermäßiger Autonutzung findet sich in Michael Renner, Rethinking the Role of the Automobile, Worldwatch Paper 84. Washington, D.C., 1988.

11 James J. MacKenzie, Breathing Easier: Taking Action on Climate Change, Air Pollution, and Energy Insecurity. Washington, D.C., 1988; James J. MacKenzie und Mohamed T. El-Ashry, Ill Winds: Air Pollution's Toll on Trees and Crops. *Technology Review*, April 1989.

12 Renner, Rethinking the Role of the Automobile; Richard Gould, The Exhausting Options of Modern Vehicles. *New Scientist*, 13. Mai 1989; Michael P. Walsh, The Global Importance of Motor Vehicles in the Climate Modification Problem. *International Environment Reporter,* Mai 1989.

13 Jeffrey J. Erickson u. a., An Analysis of Transportation

Energy Conservation Projects in Developing Countries. *Transportation,* Vol. 1, No. 5, 1988.
14 Traffic Jams: The City, the Commuter, and the Car. *The Economist,* 18. Februar 1989; Melinda Beck, Smart Cars, Smart Streets. *Newsweek*, 5. Dezember 1988; Taipei Residents Troubled by Traffic Tangle. *China Daily,* 30. August 1988; Commuters Nine to Five Favourites. *South,* November 1988.
15 MacKenzie, Breathing Easier; Andy Clarke, How to Use Bicycling as a Cost-effective Means of Reducing Air Pollution. Baltimore, Md., 1988.
16 Jillian Beardwood und John Elliott, Roads Generate Traffic. Greater London Council 1985; Farris zitiert nach Robert D. Ervin und Kan Chen, Toward Motoring Smart. Issues in Science and Technology, Winter 1988–89.
17 Mary C. Holcomb u. a., Transportation Energy Data Book: Edition 9. Oak Ridge, Tenn., 1987.
18 World Bank, Urban Transport: A World Bank Policy Study. Washington, D.C., 1986, und andere Veröffentlichungen der Weltbank.
19 Val Curtis, Women and the Transport of Water. London 1986; Charles K. Kaira, Transportation Needs of the Rural Population in Developing Countries: An Approach to Improved Transportation Planning. Karlsruhe 1983; I. Barwell u. a., Rural Transport in Developing Countries. London 1985.
20 Paul Zille, Transport Research: An Investigation into Local Level Transport Characteristics and Requirements in Ismani Division, Iringa, Tanzania. Oxford 1988; Gordon Hathway, Low-cost Vehicles: Options for Moving People and Goods. London 1985; Habitat, Transportation Strategies for Human Settlements in Developing Countries.
21 Persönliche Mitteilung von Thampil Pankaj, Washington, D.C., 22. Februar 1989.
22 S. V. Sethuraman, Hrsg., The Urban Informal Sector in Developing Countries: Employment, Poverty, and Environment. Genf 1981; Bike – an Indispensable Tool. *China Daily,* Februar 1989, Pendakur, Formal and Informal Urban Transport in Asia; Robin Stallings, The Present Role of the Bicycle in Iran, Afghanistan, Pakistan, and India. Washington, D.C., 1981; Rebecca L. Reichmann und Ron Weber, Solidarity in Development: The Tricicleros of Santo Domingo. *Grassroots Development,* Vol. 11, No. 2, 1987.
23 S. Carapetis u. a., The Supply and Quality of Rural Transport Services in Developing Countries: A Compara-

tive Review. Washington, D.C., 1984; Wilfred Owen, Transportation and World Development. Baltimore, Md., 1987.

24 Michael A. Replogle, Transportation Strategies for Sustainable Development. Fifth World Conference on Transport Research. Yokohama, Juli 1989; Alain Boebion, Indonesia Sinks Symbol of Free Enterprise. *The Australian,* 26. April 1989; U.N. Department of International Economic and Social Affairs, Population Growth and Policies in Mega-Cities: Dhaka. New York 1987; Guy Dimond, Wheels of Change in Bangladesh. *New Cyclist*, Winter 1988; Sethuraman, The Urban Informal Sector in Developing Countries: Employment, Poverty, and Environment.

25 Michael A. Replogle, Transportation Strategies for Sustainable Development; Pendakur, Formal and Informal Urban Transport in Asia.

26 Michael A. Replogle, Sustainable Transportation Strategies for Third World Development. Annual Meeting of the Transportation Research Board, Washington, D.C., Januar 1988. (Der Titel der zitierten Veröffentlichung lautet: China Transport Sector Study. Washington, D.C., 1985.)

27 Persönliche Mitteilung von Pankaj.

28 Die asiatischen Hersteller sind China, Taiwan, Japan, Indien, Indonesien, Malaysia, Korea und Thailand; Centro Salvadoreno de Tecnologia Apropriada, Promotion of Bicycle and Tricycle Use in El Salvador. San Salvador 1986; Navarro u. a., La Bicicleta y los Triciclos.

29 Navarro u. a., La Bicicleta y los Triciclos; International Trade Centre, Bicycles and Components.

30 Pucher, Urban Travel Behavior.

31 Carapetis u. a., Supply and Quality of Rural Transport Services in Developing Countries.

32 Wang Dazi, Touring Beijing on a Rented Bike. *China Daily,* 25. Januar 1989; Li Jia Ying, Management of Bicycling in Urban Areas. *Transportation Quarterly*, Oktober 1987; Michael A. Powills und Chen Sheng-Hong, Bicycles in Shanghai: A Major Transportation Issue. Annual Meeting of the Transportation Research Board, Washington, D.C., Januar 1989; Wang Zhi Hao, Bicycles in Large Cities in China. *Transport Reviews,* Vol. 9, No. 2, 1989.

33 Ryozo Tsutsumi, Bicycle Safety and Parking Systems in Japan. Pro Bike '88. Fifth International Conference on Bicycle Programs and Promotions, Tucson, Ariz., 8.–12. Oktober 1988; persönliche Mitteilung von Replogle; Replogle, Bicycles and Public Transportation.

34 Transportation Environmental Studies of London (TEST),

Quality Streets: How Traditional Urban Centres Benefit from Traffic-calming. London 1988.
35 Ter Heide, Recreational Use of the Bicycle, Organizational and Economic Aspects. Velo City '87 Conference.
36 James McGurn, On Your Bicycle: An Illustrated History of Cycling. London 1987; A. Wilmink, The Effects of State Subsidizing of Bicycle Facilities. Velo City '87 Conference; Michael A. Replogle, Major Bikeway Construction Effort in the Netherlands. Urban Transportation Abroad, Winter 1982.
37 Ter Heide, Recreational Use of the Bicycle; M. J. P. F. Gommers, The Bicycle Network of Delft, Influence on Trip-level, Network Use and Route Choice of Cyclists. Velo City '87 Conference.
38 Persönliche Mitteilung von Clarke; Niederländisches Verkehrsministerium, Evaluation of the Delft Bicycle Network: Final Summary Report. Den Haag, 1987; ten Grotenhuis, The Delft Cycle Plan: Characteristics of the Concept. Velo City '87 Conference.
39 Debora MacKenzie, Dutch Lead drive to Banish Car Pollution. *New Scientist,* 24. Dezember 1988; Dutch Courage. *New Cyclist,* Frühjahr 1989.
40 Gunna Starck in: Niels Jensen und Jens Erik Larsen, Cycling in Denmark: From the Past into the Future. Kopenhagen 1989; Pucher, Urban Travel Behavior; Replogle, Bicycles and Public Transportation.
41 Persönliche Mitteilung von David Peltz, Davis, Calif., 28. Juli 1989.
42 Lisa Lapin, CBS News Sees P. A. as the Bicycle Capital. *San Jose Mercury News,* 23. August 1988.
43 Beck, Smart Cars, Smart Streets.
44 Renner, Rethinking the Role of the Automobile.
45 Pucher, Urban Travel Behavior.
46 Besonders die Einnahmen aus der Benzinsteuer können auch zur Unterstützung der Erforschung von Möglichkeiten der Treibstoffeinsparung verwandt werden. Mögliche nachteilige Wirkungen einer Steuererhöhung können auf verschiedene Weise gemildert werden: Autofahrer mit geringem Einkommen können zum Beispiel Steuercoupons erhalten, die sie an der Tankstelle einlösen. Die Einnahmen können, für einkommensschwache Haushalte, zur Förderung der Gebäudeisolierung oder zur Subventionierung der Heizkosten verwandt werden. Persönliche Mitteilung von Nancy Hirsh, Washington, D.C., 31. Juli 1989.
47 Pucher, Urban Travel Behavior; persönliche Mitteilung von

Replogle; Erickson u. a., Transportation Energy Conservation Projects in Developing Countries.

48 Persönliche Mitteilung von Mozer zur Fahrradindustrie und zu Fabrikschließungen in Kenia und Tansania.

49 World Bank, Sub-Saharan Africa Transport Program: Rural Travel and Transport Project. Projektvorschlag, 1989, unveröffentlicht; persönliche Mitteilung von John D. N. Riverson und Bernard M. Chatelin, Washington, D.C., 22. Februar 1989.

50 Peter Harnik, The Bicycle Advocate's Handbook. Baltimore, Md., 1989.

51 Rails-To-Trails Conservancy, Restoring Life to Abandoned Railroad Corridors. Washington, D.C., 1988; Rails-To-Trails Conservancy, 27 Million Americans Enjoyed over 200 Rail-Trials in '88. *Trailblazer,* Januar/März 1989.

52 Carl Hultberg, Bike/Ped Accidents Drop: Motor Mayhem Continues. *City Cyclist,* März/April 1989; Nadine Brozan, Bicycle Riding Up: Accidents Decline. *New York Times,* 10. Juni 1989.

53 Aus der Vielzahl der neueren Veröffentlichungen zu Fragen der Stadtplanung verweisen wir auf Madis Pihlak, Hrsg., The City of the 21st Century. The City of the 21st Century Conference, Tempe, Ariz., 7.–9. April 1988.

Alan B. Durning

7. Armut: Das Ende der Not*

Im Jahr 1989 lebten auf der Welt 157 (Dollar-)Milliardäre, vielleicht 2 Millionen Millionäre und 100 Millionen Obdachlose. Die Amerikaner geben jedes Jahr 5 Milliarden Dollar aus, um ihre Kalorienaufnahme zu verringern, während in anderen Regionen 400 Millionen Menschen so unterernährt sind, daß sie unter körperlichen und geistigen Verfallserscheinungen leiden. Während das Wasser einer einzigen Quelle von Frankreich aus zu den Reichen der Welt verschifft wird, müssen fast zwei Milliarden Menschen von tödlichen Parasiten und Krankheitserregern verseuchtes Wasser trinken und darin baden.[1]

Die achtziger Jahre zeichnen sich dadurch aus, daß die Entwicklung der armen und der reichen Länder in dieser Zeit von scharfen Gegensätzen geprägt war. Für die Industrieländer waren sie ein Jahrzehnt der Belebung und Erholung nach den wirtschaftlichen Turbulenzen der siebziger Jahre. Für die armen Länder – insbesondere in Afrika und Lateinamerika – dagegen war es eine Zeit der ungebremsten Katastrophe, gekennzeichnet von unzureichender Ernährung und steigenden Sterberaten.

In der modernen Welt verstetigt sich das Elend durch eine Reihe von Faktoren, die sich auf der örtlichen,

* Eine erweiterte Fassung dieses Kapitels ist erschienen als Worldwatch Paper 92, Poverty and the Environment: Reversing the Downward Spiral.

nationalen und internationalen Ebene gegenseitig verstärken und eine weltweite Armutsfalle bilden. Darüber hinaus wird das Profil der Armut zunehmend durch den Zustand der Umwelt bestimmt. Die Armen leiden nicht nur unverhältnismäßig stark unter den Umweltschäden, die jene verursachen, denen es besser geht; sie tragen inzwischen auch selbst in erheblichem Maße zum Verfall der Umwelt bei, nachdem sie durch das Bevölkerungswachstum und gesellschaftliche Benachteiligung in verödende Gebiete vertrieben wurden. Die wirtschaftliche Verarmung und der Verfall der Umwelt verstärken einander zu einem Strudel, der droht, immer mehr Menschen mit sich zu reißen.

Und der Arme wird noch ärmer

Armut ist weit mehr als nur ein wirtschaftlicher Zustand. Üblicherweise wird sie nur in Einkommenskategorien gemessen, ihre Schrecken beeinflussen aber alle Bereiche des Lebens: die Anfälligkeit für Krankheiten, den Zugang zu Dienstleistungen und Wissen, die Zugriffsmöglichkeiten auf Ressourcen aller Art, die Unterordnung unter höhergestellte gesellschaftliche und wirtschaftliche Schichten; sie bewirkt völlige Unsicherheit angesichts sich verändernder Lebensverhältnisse. All dies hat auch einen psychologischen Preis – den Verlust von Würde und Selbstachtung.

»Für die armen Länder waren die achtziger Jahre eine Zeit der ungebremsten Katastrophe, gekennzeichnet von unzureichender Ernährung und steigenden Sterberaten.«

Ökonomen definieren die Armutsgrenze nach der Höhe des Einkommens in Geld oder Naturalien, das erforderlich ist, um die Grundbedürfnisse einer Familie entweder allein an Nahrungsmitteln oder aber an

Nahrungsmitteln, Bekleidung und Wohnen zu erfüllen. Um den Anteil der Menschen, die unterhalb dieser Grenze leben, zu bestimmen, werden im Idealfall Haushaltsbefragungen oder Volkszählungen durchgeführt. Durch die Vielzahl unterschiedlich definierter Armutsgrenzen und das Fehlen einer zuverlässigen Fortschreibung der Daten wird die Aussagekraft solcher Verfahren allerdings eingeschränkt. In diesem Kapitel ist mit »absoluter Armut« derjenige Zustand gemeint, in dem das Einkommen in Geld oder Naturalien nicht ausreicht, um die Grundbedürfnisse an Nahrung, Kleidung und Wohnen zu befriedigen.

Abb. 7.1: Vier Gruppen von Ländern mit unterschiedlichem Pro-Kopf-Einkommen, 1950–1988

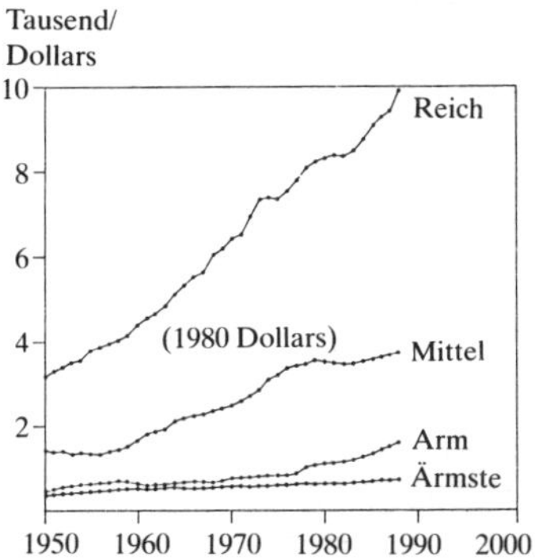

Quelle: Worldwatch Institute nach Summers/Heston

In den frühen achtziger Jahren schwankten die Schätzungen der Weltbank und der Welternährungsorganisation (FAO) zwischen 700 Millionen und einer Milliarde Menschen, die in absoluter Armut lebten. Fast alle Anzeichen deuten darauf hin, daß im Jahr 1989 die Armut in den südlich der Sahara gelegenen Regionen Afrikas, in Lateinamerika und in einigen Teilen Asiens drastisch zugenommen hat; der Rückgang in China und Indien wurde dadurch mehr als ausgeglichen.

Seit 1950 hat sich das weltweite Durchschnittseinkommen pro Kopf der Bevölkerung real auf 3300 Dollar (pro Jahr) verdoppelt. Die Früchte dieses Weltwirtschaftswachstums ernten aber fast ausschließlich die ohnehin schon Vermögenden. Dies zeigt sich besonders deutlich an einer Einteilung aller Länder in vier verschiedene Gruppen des Pro-Kopf-Einkommens *(Abb. 7.1)*. In den reichen Ländern hat sich das Einkommen seit den fünfziger Jahren fast verdreifacht, während es sich in den ärmsten Ländern der Welt kaum verändert hat. (In diesem Kapitel entspricht das Pro-Kopf-Einkommen oder Durchschnittseinkommen dem Bruttoinlandsprodukt pro Kopf, gemessen im Dollarwert des Jahres 1980; im Unterschied zu den Berechnungen der Weltbank ist es, entsprechend den unterschiedlichen Preisen für die Grundversorgung, jeweils auf einzelne Länder zugeschnitten.)[2]

Tatsächlich ist die Lage noch schlechter, als es sich an der großen Lücke im durchschnittlichen Pro-Kopf-Einkommen ablesen läßt. Die Durchschnittswerte verdecken die gewaltige Ungleichheit der Einkommensverteilung, die für die Mehrzahl der Länder kennzeichnend ist. In den meisten Ländern verdienen 60 bis 70 Prozent der Einwohner weniger als das Durchschnittseinkommen. Fast nirgends verfügt das ärmste Fünftel der Bevölkerung auch nur über 10 Prozent des Nationaleinkommens, während dem reichsten Fünftel im allgemeinen die Hälfte zur Verfügung steht *(Tab. 7.1)*.

»Tatsächlich ist die Lage noch schlechter, als es sich an der großen Lücke im durchschnittlichen Pro-Kopf-Einkommen ablesen läßt. Die Durchschnittswerte verdecken die gewaltige Ungleichheit der Einkommensverteilung, die für die Mehrzahl der Länder kennzeichnend ist.«

Die unterschiedliche Einkommensverteilung in den einzelnen Ländern kann für die Armen bedeuten, daß es ihnen relativ gut geht, selbst wenn das Durchschnittseinkommen gering ist, oder aber daß sie besonders zu leiden haben, wenn das Durchschnittseinkommen hoch ist. Im Jahr 1985 erreichte zum Beispiel das Pro-Kopf-Einkommen in Ägypten nur die Hälfte des peruanischen Wertes; weil sich aber das Einkommen in Ägypten gleichmäßiger verteilt, verdienten arme Ägypter ein Drittel mehr als arme Peruaner.[3]

Die Welt insgesamt weist noch deutlichere Einkommensunterschiede auf als irgendein einzelnes Land.

Das Einkommen desjenigen Fünftels der Menschheit, das in den reichsten Ländern lebt, liegt um das 15fache über dem des Fünftels der Weltbevölkerung, das in den ärmsten Ländern lebt. Leider stehen uns keine Daten für eine Einteilung nach dem wahren Einkommen – also nicht dem nationalen Durchschnitt – zur Verfügung. Sie würden belegen, daß das reichste Fünftel mehr als dreißig- bis vierzigmal mehr verdient als das ärmste Fünftel.

Die Armen in Afrike, Lateinamerika und in Teilen Asiens erlebten die achtziger Jahre als eine Zeit schwerer Rückschläge, in der sich die Weltwirtschaft gegen sie verschworen zu haben schien. Die Wirkungen des ständig steigenden Bevölkerungswachstums und des immer schnelleren ökologischen Verfalls, die die Lebensverhältnisse überall in der Dritten Welt beeinträchtigten, wurden noch dadurch verschlimmert, daß die Exporterlöse der armen Länder rapide verfielen. Die dadurch entstehenden Auslandsschulden lenkten einen zunehmenden Anteil des Nationaleinkommens in die Hände internationaler Finanzorganisationen.

Seit 1950 vergrößerte sich die Lücke zwischen den reichen und den armen Ländern vor allem deshalb, weil die reichen immer reicher wurden. Seit 1980 aber werden auch die Armen in vielen Entwicklungsländern immer ärmer. Dreiundvierzig Entwicklungsländer sind am Ende dieses Jahrzehnts wahrscheinlich ärmer als sie an seinem Anfang waren.[4]

Die Wirtschaftskrise der achtziger Jahre hat sich auf die Menschen in Afrika, Lateinamerika und in Teilen Asiens verheerend ausgewirkt. In Burma, Burundi, Gambia, Guinea-Bissau, Jamaika, Niger, Nigeria, Paraguay, den Philippinen, Nicaragua, El Salvador steigt erwiesenermaßen die Zahl der Unterernährten; zweifellos nimmt sie auch in anderen Ländern zu – besonders unter den gesellschaftlich Benachteiligten. Die Weltbank berichtet, daß die Lebenserwartung in neun afrikanischen Ländern zwischen 1979 und 1983 gesunken ist und daß in Afrika 100 Millionen Menschen an Nahrungsmangel leiden.[5]

Den höchsten Tribut fordert die Armut von den Kindern. In Sambia starben im Jahr 1984 doppelt so viele Kinder an Unterernährung wie im Jahr 1980. In Brasilien stieg die Rate der Kindersterblichkeit zum ersten Mal seit Jahrzehnten in den Jahren 1983 und 1984 – besonders drastisch in den ärmsten Gebieten des Landes. Ähnliche Tendenzen sind in der gesamten Dritten Welt feststellbar; die UNICEF zog in ihrem Jahresbericht 1989 daraus den Schluß, daß »innerhalb der vergangenen zwölf Monate mindestens eine halbe Million Kinder an den Folgen des verlangsamten Fortschritts oder der wirtschaftlichen Rückschläge gestorben sind«.[6]

»Seit 1950 vergrößerte sich die Lücke zwischen den reichen und den armen Ländern vor allem deshalb, weil die reichen immer reicher wurden. Seit 1980 aber werden auch die Armen in vielen Entwicklungsländern immer ärmer.«

Die steigenden Armutsraten in Afrika, Lateinamerika und in Teilen Asiens haben den Rückgang der Armut in China und Indien mehr als ausgeglichen, so daß im Jahr 1989 mehr als 1,2 Milliarden Menschen in absoluter Armut lebten. Zum Teil ist das Bevölkerungswachstum die Ursache dafür, daß diese Zahl weitaus höher ist als jemals zuvor. Ihre eigentliche Brisanz erhält sie aber im weltweiten Gesamtzusammenhang. Nach den Zahlen der Weltbank betrug die Armutsrate im Jahr 1980 weltweit 22,3 Prozent, nachdem sie seit den fünfziger Jahren allmählich, aber beständig gefallen war. Unsere eigene Schätzung von 1,2 Milliarden entspricht aber einer Rate von 23,4 Prozent. Mit anderen Worten heißt dies, daß die globale Armutsrate nicht nur aufgehört hat zu sinken, sie ist im Gegenteil angestiegen – trotz des erheblichen

Tab. 7.1: Ungefähre Einkommensverteilung in den bevölkerungsreichsten Ländern und weltweit. Daten aus dem jeweils jüngsten verfügbaren Jahr[1]

Land	Jahr	Haushaltsanteil am Nationaleinkommen		
		Ärmste 20 Prozent	Reichste 20 Prozent	Verhältnis reich/arm[2]
			Prozent	
China[3]	1984	12	31	3
UdSSR	1980	9	36	4
Japan	1979	9	37	4
BRD	1978	8	40	5
Großbritannien	1982	7	40	6
Bangladesch	1982	7	45	7
Italien	1977	6	44	7
Indonesien	1976	7	49	7
Ägypten	1974	6	48	8
Pakistan	1985	–	47	–
Indien	1976	5	50	10
Philippinen	1985	5	53	10
Thailand	1976	5	57	11
USA	1986	4	46	12
Frankreich	1975	4	50	13
Türkei	1973	4	57	16
Mexiko	1977	3	54	18
Brasilien	1982	2	64	28
Welt[4]	1985	4	58	15

1 Daten für Vietnam, Nigeria und Iran nicht verfügbar.
2 Das Verhältnis (Anteil der Reichsten zum Anteil der Ärmsten) wurde nach ungerundeten Zahlen der Einkommensverteilung berechnet und stimmt deshalb nicht immer mit den aufgeführten Anteilen überein.
3 Nur Städte.
4 Geschätzt auf Grund einer Einteilung aller Länder in fünf Einkommensklassen.

Quellen: World Bank, World Development Report 1988. New York 1988; World Resources Institute, World Resources 1988–89. New York 1988; Agha M. Ghouse, Urban Poverty and Unemployment in Pakistan. *Pakistan & Gulf Economist*, 31. Dezember 1988; Joel Bergsman, Income Distribution and Poverty in Mexico. Staff Working Paper 395. World Bank, Washington, D.C., 1980; Robert D. Hamrin, Sorry Americans – You're Still Not »Better Off«. *Challenge*, September/Oktober 1988; UdSSR-Schätzung aus William U. Chandler, Changing Role of the Market in National Economies. Worldwatch Paper 72. Washington, D.C., 1986.

Rückgangs der Armut in den zwei bevölkerungsreichsten Ländern der Erde.[7]

Trotz der fortschreitenden Verstädterung leben immer noch vier Fünftel der absolut Armen in ländlichen Gebieten. Nur in Lateinamerika lebt ein großer Anteil – fast die Hälfte – der Armen in den Städten.[8]

Tab. 7.2: Menschen in absoluter Armut, 1989

Region	Anzahl[1]	Anteil an der Gesamtbevölkerung
	Millionen	Prozent
Asien	675	25
Afrika südl. der Sahara	325	62
Lateinamerika	150	35
Nordafrika und Naher Osten	75	28
Summe	1 225	23

1 Die Schätzungen entsprechen in etwa den Mittelwerten einer Schwankungsbreite von jeweils zehn Prozent unter- und oberhalb der angegebenen Werte.

Quelle: Worldwatch Institute.

Die Armen sind in ihrer überwältigenden Mehrheit Analphabeten; sie haben daher kaum Zugang zu den Informationen und Ideen, die ihnen aus der Armut helfen könnten. Oft unterscheiden sie sich von den herrschenden, reichen Gruppen durch ihre Rasse, Stammeszugehörigkeit oder Religion. Insbesondere in den Ballungsgebieten bilden die Frauen eine Mehrheit der Armen. Vor diesem Hintergrund sprechen manche Wissenschaftler von einer »Feminisierung der Armut«.[9]

Die Frauen haben die unterschiedlichsten Lasten zu tragen: Sie werden schlechter bezahlt als die Männer, aber sie arbeiten mehr. Sie sind schlechter ausgebildet, tragen aber die größere Verantwortung für das

Wohlergehen der Kinder. Sie sollen möglichst zahlreiche – und vorzugsweise männliche – Nachkommen gebären, großziehen und ernähren; sie werden durch die zahlreichen Schwangerschaften und Geburten krank und geschwächt. Zu Hause werden sie mißbraucht und geschlagen; sie haben nur wenige Rechte und noch weniger Eigentum. Arme Frauen, sagt eine Brasilianerin, »haben nur Urlaub, wenn sie schlafen«.[10]

»Die Armen sind in ihrer überwältigenden Mehrheit Analphabeten; sie haben daher kaum Zugang zu den Informationen und Ideen, die ihnen aus der Armut helfen könnten.«

Zahlenmäßig stellen die Kinder die größte Gruppe derer, die unter der Armut leiden müssen. Mit sinkendem Einkommen nimmt die Familiengröße zu. Dies hat zur Folge, daß zwei Drittel der absolut Armen weniger als 15 Jahre alt sind; die Perspektiven dieser Kinder sind noch düsterer als die ihrer Eltern. Zugrundegerichtet von Krankheiten, ohne ausreichende Ernährung und sauberes Wasser, stirbt ein Drittel dieser Kinder, bevor sie fünf Jahre alt werden. Viele derer, die überleben, sind infolge des chronischen Hungers in den ersten zwei Lebensjahren körperlich verkümmert und geistig behindert.[11]
Die Arbeit der Armen findet an den Rändern der Weltwirtschaft statt. In der Mehrheit sind sie landlose Landarbeiter, Kleinpächter, Kleinbauern oder, wenn sie in den Städten leben, ungelernte Arbeitskräfte in der Schattenwirtschaft. Wenn sie Arbeit finden, handelt es sich meistens um vorübergehende Akkordarbeit, die dazu noch zermürbend und ermüdend ist; trotzdem arbeiten sie hart, tagein, tagaus.[12]
In den reicheren Ländern ist der völlige Verlust von Lebensmöglichkeiten durch absolute Armut seltener. Bemerkenswert ist jedoch, daß die Armut in ihrer weniger harten Ausprägung seit den achtziger Jahren

auch dort im Ansteigen begriffen ist, insbesondere in den Vereinigten Staaten, Großbritannien und in Osteuropa. Ein Fünftel der Sowjetbürger lebt unterhalb der offiziellen Armutsgrenze von 75 Rubel monatlich.[13]

»Die Arbeit der Armen findet an den Rändern der Weltwirtschaft statt. In der Mehrheit sind sie landlose Landarbeiter, Kleinpächter, Kleinbauern oder, wenn sie in den Städten leben, ungelernte Arbeitskräfte in der Schattenwirtschaft.«

In den Vereinigten Staaten lebten in den achtziger Jahren mehr Menschen unterhalb der Armutsgrenze – im Jahr 1988 lag sie bei 12 000 Dollar im Jahr für eine vierköpfige Familie – als jemals, seit in den sechziger Jahren der Krieg gegen die Armut ausgerufen wurde. Seit 1979 nahm die Verteilungsungerechtigkeit dramatisch zu, bis sie im Jahr 1986 den ungünstigsten jemals registrierten Stand erreichte. Zwei Jahre später lebten 32 Millionen Amerikaner und ein Fünftel aller amerikanischen Kinder unterhalb der amtlichen Armutsgrenze.[14]

Die globale Armutsfalle

Der uruguayische Historiker Eduardo Galeano schrieb einmal: »Die Arbeitsteilung zwischen den Nationen besteht darin, daß sich die einen auf das Gewinnen spezialisieren und die anderen auf das Verlieren.« Diese Arbeitsteilung hat den Armen die Rolle des ewigen Verlierers zugewiesen. Sie sind von lokalen, nationalen und weltweiten Einflüssen abhängig, die zusammen eine dreistufige Falle bilden.[15]

Auf der örtlichen Ebene setzt sich die Armutsfalle aus mehreren Elementen zusammen. Das erste besteht in dem Mangel an Produktivvermögen: Die Armen sind nicht nur deshalb arm, weil sie über ein geringes Einkommen verfügen, sondern auch deshalb, weil sie nur sehr wenig besitzen. In den Entwicklungsländern, wo drei Viertel aller Menschen in der Landwirtschaft arbeiten, ist der Landbesitz der entscheidende Vermögenswert, der sich aber in den Händen einiger weniger Großgrundbesitzer befindet. In Lateinamerika ist dies besonders ausgeprägt. Mehr als 40 Prozent des kultivierbaren Landes befinden sich dort im Besitz von einem Prozent der Bevölkerung. In den dichtbevölkerten Ländern Asiens ist die Relation etwas günstiger. In Afrika ist das Land weniger knapp; zudem mindern dort die kollektiven Bewirtschaftungsformen der einzelnen Stämme die Ungleichheit.[16]

Die Eigentumsverhältnisse an Grund und Boden treiben, zusammen mit der ungebremsten Kraft des Bevölkerungswachstums, immer mehr Arme in die Rolle wehrloser Bauern ohne Land. Dadurch, daß Millionen ihre ohnehin schon kleinen Grundstücke unter ihren Kindern noch weiter aufteilen, bleibt am Ende zu wenig, um den Lebensunterhalt zu sichern. In einigen Regionen hat die Mechanisierung der Landwirtschaft weitere Millionen vertrieben. Großunternehmen haben die kleinen Pächter, die Siedler und Kleinbauern verdrängt.

Heute sind die typischen Armen keine Subsistenzbauern mehr, sondern besitzlose Landarbeiter. Die Anzahl landloser Haushalte auf dem Lande war nie größer als heute. Im Jahr 1981 wurde die Zahl der landlosen oder fast landlosen Haushalte auf 167 Millionen mit 938 Millionen Menschen geschätzt; inzwischen erwartet man, daß sich diese Zahl bis zum Ende dieses Jahrzehnts auf 220 Millionen Haushalte erhöht. In vielen Entwicklungsländern bilden diese Haushalte einen bedeutenden Anteil der ländlichen Bevölkerung; in der Dominikanischen Republik beträgt er 92 Prozent *(Tab. 7.3)*. Entsprechend der Konzentration des Landbesitzes ist die Landlosigkeit in Lateinamerika besonders verbreitet, etwas weniger in Asien. In Afrika ist dieses Phänomen noch neu, obwohl es sich auch dort in den fruchtbareren Gebieten auszubreiten beginnt.[17]

Die Überlebensrechnung, die die Armen täglich aufstellen müssen, hat drei Variable: Das Arbeitsangebot, den gebotenen Lohn und die Nahrungsmittelpreise. In den achtziger Jahren haben sich die Löhne und Preise gegen die Interessen der Armen entwik-

Tab. 7.3: Landlose und fast landlose Haushalte in ausgewählten Ländern, Mitte der siebziger Jahre

Land/Region	Fast landlos	Landlos	Insgesamt
	Prozent der ländlichen Haushalte		
Dominikanische Republik[1]	48	44	92
Guatemala	47	38	85
Ecuador	52	23	75
Peru	46	29	75
Brasilien	10	60	70
Philippinen	34	35	69
Kolumbien	24	42	66
El Salvador[1]	–	65	65
Honduras	46	18	64
Bangladesch[1]	33	29	62
Costa Rica	11	44	55
Indien	13	40	53
Mexiko	33	18	51
Malaysia	35	12	47
Afrika	30	10	40

1 Daten vom Ende der siebziger bis zur Mitte der achtziger Jahre.

Quellen: William C. Thiesenhusen, Hrsg., Searching for Agrarian Reform in Latin America. Boston 1989; Milton J. Esman, Landlessness and Near-Landlessness in Developing Countries. Ithaca, N.Y., 1978; Joel Bergsman, Income Distribution and Poverty in Mexico. Staff Working Paper 395. World Bank, Washington, D.C., 1980; M. Riad El Ghonemy, Hrsg., Development Strategies for the Rural Poor. Rom, FAO, 1984.

kelt. Jährlich drängen 40 Millionen Menschen auf den Arbeitsmarkt; Arbeitslosigkeit und Unterbeschäftigung haben sich, wenn auch vielfach noch verborgen, über die Städte und ländlichen Gebiete der gesamten Dritten Welt ausgebreitet.[18]

Körperliche Schwäche und Krankheit bilden den zweiten Bestandteil der Armutsfalle auf der lokalen Ebene. Ohne regelmäßige Ernährung, sauberes Wasser, medizinische Versorgung und ausreichenden Wohnraum sind die Armen der Gefahr chronischer Erkrankungen ausgesetzt. Die körperliche Schwäche verbindet sich mit den niedrigen Einkommen zu einem Teufelskreis: Aus Nahrungsmangel fehlt den Armen die Energie zur Arbeit; aus Arbeitsmangel verfügen sie nicht über das Geld, das sie benötigen, um Nahrungsmittel kaufen zu können.[19]

»Die Überlebensrechnung, die die Armen täglich aufstellen müssen, hat drei Variable: Das Arbeitsangebot, den gebotenen Lohn und die Nahrungsmittelpreise.«

Das dritte Element bildet der Druck der wachsenden Bevölkerung. Er drückt die Löhne auf das Existenzminimum, weil die Armen untereinander um die knappen Arbeitsplätze kämpfen müssen. Er mindert die Möglichkeiten, Rücklagen zu bilden, und vergrößert die Zahl der Kinder, für die jeweils ein Arbeiter sorgen muß. Er überfordert die natürlichen Lebensgrundlagen und mindert deren Ertragskraft. Trotzdem überwiegt die Zahl der großen Familien, weil die Eltern wissen, daß einige ihrer Kinder wahrscheinlich vorzeitig sterben werden, und weil ihnen der Zugang zur Familienplanung versperrt ist. Diese »Strategie der großen Zahl« macht es schwierig, die ganze Familie aus der Armut herauszuführen; sie verringert anderseits aber das Risiko, noch tiefer zu fallen und zu verhungern.[20]

Machtlosigkeit ist eine weitere Ursache der Armut,

die sich auf der örtlichen Ebene äußert. Da sie nicht lesen können, werden die Armen oftmals getäuscht oder eingeschüchtert, bis sie Abtretungsverträge für ihr Land unterschreiben oder Vereinbarungen zur Tilgung ihrer Schulden treffen, die an Wucher grenzen. Örtliche Beamte bedienen sich der gutgemeinten Gesetze und Verordnungen, um die Armen bis zur Lähmung zu schikanieren. Das Recht erweist sich oft als Sackgasse für die Armen, da sie mit den Verfahrensfragen und den geforderten Bestechungssummen überfordert sind. In einigen Ländern gibt sich die Ausbeutung der Armen nicht einmal den Anschein der Legalität. Die Menschenrechtsorganisationen in Brasilien und Indien berichten fast täglich von Mord und Brutalität, begangen an den Armen auf dem Land. In Prozessen, die die Reichen anstrengen, haben die Armen selten gleiche Chancen; wenn die Reichen ihnen den Krieg erklären, haben die Armen verloren.[21]

»Das Recht erweist sich oft als Sackgasse für die Armen, da sie mit den Verfahrensfragen und den geforderten Bestechungssummen überfordert sind.«

Die mißlichen Verhältnisse in den Dörfern der Dritten Welt wiederholen und verstärken sich auf der nationalen Ebene. Dort begünstigen die Steuergesetze die öffentlichen Haushalte und ein umfangreiches Verordnungswesen die Minderheit gegenüber der Mehrheit. Seit langem schon werden die Investitionen von den armen ländlichen Gebieten in die wohlhabenderen Städte umgeleitet. In den schlimmsten Fällen wird diese Tendenz durch pharaonische Extravaganzen noch verstärkt. Der Präsident der Elfenbeinküste, Houphouet-Boigny, hat vor kurzem den Neubau einer Kathedrale fertigstellen lassen, neben der selbst der Petersdom winzig erscheint. Geschmückt mit neun Hektar französischem Bleiglas

und italienischem Marmor, steht diese Kathedrale in einem verarmten Land, in dem nur ein Zehntel der Einwohner katholisch ist.[22]
Der Neubau der Kathedrale an der Elfenbeinküste ist ein gutes Beispiel für den üblichen Umgang mit Entwicklungshilfegeldern in weiten Teilen der Dritten Welt. In vielen Ländern haben die Regierungen den Bauern nur die niedrigstmöglichen Preise zugestanden und Millionenbeträge für riesige Industrialisierungsprojekte in den Hauptstädten abgezweigt. In ihrer Fixierung auf den Bau von Industrietempeln haben diese Regierungen das Hinterland dazu verdammt, in immer größerer Armut leben zu müssen.

»Der Neubau der Kathedrale an der Elfenbeinküste ist ein gutes Beispiel für den üblichen Umgang mit Entwicklungshilfegeldern in weiten Teilen der Dritten Welt.«

Selbst dann, wenn die Regierungsmittel ganz gezielt zur Hilfe für die Armen eingesetzt werden sollen – bei der medizinischen Versorgung und im Bildungswesen –, werden sie ungerecht verteilt. In Afrika ist nicht einmal die Hälfte der Kinder im schulfähigen Alter schulisch erfaßt, während gleichzeitig große Summen aus dem Bildungshaushalt für die Subventionierung der Universitäten ausgegeben werden, die vorwiegend der Ausbildung der Kinder städtischer Oberschichten dienen. Die Mittel, die afrikanische Staaten aufwenden, um einem Studenten ein vierjähriges Hochschulstudium zu ermöglichen, reichen aus, um einer Klasse von 35 armen Kindern auf dem Lande eine schulische Grundbildung zu finanzieren.[23]
Hochsubventionierte städtische Krankenhäuser verbrauchen den Löwenanteil der öffentlichen Gesundheitshaushalte, helfen aber nur denen, die diese Hilfe am wenigsten brauchen. Der Einsatz von Gesundheitsarbeitern in den Dörfern und Kliniken auf dem Lande wird dagegen nur unzureichend bezuschußt. In

den Entwicklungsländern nehmen die Aufwendungen für kostspielige Behandlungsmethoden einen Anteil von 70 bis 85 Prozent der öffentlichen Gesundheitsausgaben ein; für die vorbeugende Medizin und die Versorgung der Landbevölkerung verbleiben dagegen insgesamt nur 15 bis 30 Prozent. Nach Schätzungen der Weltgesundheitsorganisation würde eine Erhöhung der Mittel für die Präventivmedizin um nur DM 1,30 (umgerechnet) ausreichen, um jährlich 5 Millionen Leben zu retten.[24]

»Das Hauptproblem im Verhältnis zwischen den Industrieländern und der Dritten Welt liegt in der Richtung, die die Finanzströme zwischen dem Norden und dem Süden nehmen.«

Auf der internationalen Ebene verschlimmern die Auslandsschulden, der Handelsprotektionismus der Industrieländer, Kapitalflucht und sinkende Preise für die Exporte der Entwicklungsländer die Wirkung der Armutsfalle noch zusätzlich. Die Schulden der armen Länder sind so kolossal, daß jede Diskussion über dieses Thema surreale Züge annehmen muß. Im Jahr 1989 schuldeten die Länder der Dritten Welt den Banken und Regierungen der industrialisierten Länder insgesamt 1,2 Billionen Dollar – fast die Hälfte der Summe ihrer Bruttosozialprodukte. Wenn die Einwohner Sambias vom 1. Januar 1990 an jeden Pfennig ihres Einkommens den ausländischen Gläubigern ihres Landes überwiesen, wären die Schulden ihres Landes erst im Mai des Jahres 1993 getilgt.[25]
So phantastisch die absolute Summe der Auslandsschulden auch sein mag – das Hauptproblem im Verhältnis zwischen den Industrieländern und der Dritten Welt liegt in der Richtung, die die Finanzströme zwischen dem Norden und dem Süden nehmen. Bis zum Jahr 1984 vergaben die Industrieländer mehr Kredite an die Entwicklungsländer, als sie an Zinsen und Tilgung von ihnen einnahmen. Von diesem Zeit-

punkt an kehrte sich der Kapitalfluß jedoch um. Seit 1988 überweisen die armen Länder den reichen jährlich 50 Milliarden Dollar. Diese massive Verschiebung von Mitteln in den Norden verlangt nicht nur von den Menschen in den Entwicklungsländern einen hohen Preis, sondern auch vom Land selbst. Die Wälder werden rücksichtslos abgeholzt, die Bodenschätze ausgebeutet und die Fischvorkommen leergefischt, nur um die Auslandsschulden zu begleichen.[26]

Abb. 7.2: Rohstoffpreisindex und Schulden der Dritten Welt, 1970–1987

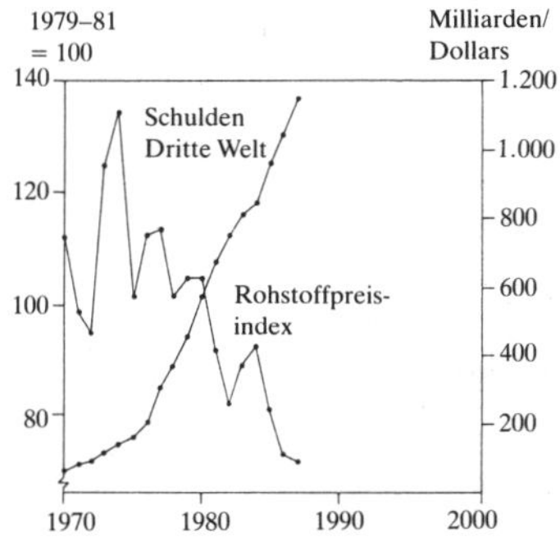

Quelle: World Bank, World Resources 1988–89

Mit der zunehmenden Verschuldung der Entwicklungsländer sanken deren Exporterlöse. Die meisten dieser Länder sind nach wie vor vom Export solcher Rohstoffe wie Kupfer, Eisenerz und Holz ebenso abhängig wie vom Export landwirtschaftlicher Erzeugnisse wie Zuckerrohr, Baumwolle und Kaffee. Zwischen 1980 und 1987 fielen die Preise für eine Gruppe von 33 dieser Exportartikel im Durchschnitt um 40 Prozent. Dadurch geriet die Dritte Welt in eine Schere aus steigenden Schulden und fallenden Erlösen *(Abb. 7.2)*.[27]

Eine Ursache für die fallenden Exporterlöse der armen Länder liegt in der Zunahme der Handelsbarrieren der reichen Länder. Die Europäische Gemeinschaft erhebt zum Beispiel auf Textilerzeugnisse aus den armen, hochverschuldeten Ländern einen viermal höheren Zoll als auf solche aus den reichen Ländern. Die Zahlen der Weltbank deuten darauf hin, daß diese Handelsbarrieren den armen Ländern jährliche Einnahmeverluste in einer Höhe von 50 bis 100 Milliarden Dollar verursachen.[28]

Die katastrophale Entwicklung der Schulden und des internationalen Handels wird dadurch verschärft, daß Investoren aus der Ersten Welt durch die wirtschaftliche Unsicherheit in den Entwicklungsländern abgeschreckt werden und die nationalen Eliten ihr Vermögen ins Ausland transferieren. Der Exodus privaten Kapitals hat riesige Ausmaße: Bis zum Ende des Jahres 1987 hatte sich die Kapitalflucht aus Lateinamerika auf 250 Milliarden Dollar summiert. Der Auslandsbesitz Venezuelas wird auf 58 Milliarden Dollar geschätzt; die Auslandsschulden des Landes betragen 37 Milliarden Dollar.[29]

»Die katastrophale Entwicklung der Schulden und des internationalen Handels wird dadurch verschärft, daß Investoren aus der Ersten Welt durch die wirtschaftliche Unsicherheit in den Entwicklungsländern abgeschreckt werden und die nationalen Eliten ihr Vermögen ins Ausland transferieren.«

Angesichts der Probleme, die die Weltwirtschaft vielen Ländern in den achtziger Jahren bereitete, propagierten die Weltbank und der Internationale Währungsfonds umstrittene Wirtschaftsreformen, die sie »strukturelle Anpassung« nannten. Keine verarmte Nation kann aber ihre Wirtschaft in kurzer Zeit soweit reformieren, daß sie in der Lage ist, die Schuldenlast (vergrößert durch hohe Zinssätze an den internationalen Finanzplätzen) und die fallenden Exportpreise (verschärft durch die Handelspolitik der EG) aufzufangen – der größte Reformbedarf besteht bei der Weltwirtschaft.

Armut und Umwelt

In den ländlichen Gebieten der Dritten Welt wird die Abhängigkeit des Menschen von den Ökosystemen nicht durch den Handel, die Industrie und die öffentliche Infrastruktur vermittelt, wie es in den Industrieländern der Fall ist. Den Besitzlosen liefern die Böden die Nahrung, die Flüsse das Wasser, die Wälder das Brennholz, die Weiden das Viehfutter und die Bäume das Obst. Die Armen wissen sehr genau, daß die Gefährdung dieser Güter ihr eigenes Leben und das ihrer Kinder bedroht. Bauern mit gesicherten Eigentumsrechten kümmern sich sorgfältiger um ihr Land, planen langfristig und verzichten auf kurzfristigen Nutzen zugunsten langfristiger Vorteile.

Der zentrale Ansatzpunkt liegt in der Reform der ungerecht verteilten Verfügungsmacht über die Ressourcen – des ersten Elementes der lokalen Armutsfalle. Arme Kleinbauern, deren Besitz rechtlich gesichert ist, überfordern ihr Land nur selten; Besitzlose ohne diese Rechte dagegen haben oft keine Wahl. Aber auch der Zugang zu Ressourcen ohne gleichzeitige Verfügungsgewalt kann schädlich sein. Nichts verleitet die Menschen mehr, die Wälder, Böden und die Wasservorräte auszubeuten, als die Furcht, diesen Zugang bald wieder zu verlieren. Abhängig beschäftigte Arbeiter oder Verwalter, aber auch Pächter gehen mit dem Land im allgemeinen weniger sorgfältig um als Eigentümer. Je fester sich die Falle um die Armen der Welt schließt, desto weiter verbreitet sich der ökologische Verfall über die empfindlichen Böden.

Nepal bietet ein Beispiel dafür, wie allein das Wachstum der Bevölkerung diese Entwicklung vorantreibt: Auf einem gegebenen landwirtschaftlich-technischen Niveau überfordert die menschliche Tätigkeit die Tragfähigkeit ihrer engeren Umgebung. Mit zunehmender Bevölkerungsdichte sind die Bauern im Hochland gezwungen, auch die bewaldeten Abhänge der Berge zu kultivieren. Dadurch verlängern sich die Wege, die die Frauen zurücklegen müssen, um Brennholz und Futter zu sammeln. Innerhalb der vergangenen zehn Jahre haben die Wälder die Hälfte ihres ursprünglichen Umfangs eingebüßt. Die Wege der Frauen haben sich seitdem um mehr als eine Stunde verlängert, ihr Arbeitstag auf den Feldern entsprechend verkürzt, die Familieneinkommen sind gesunken, und die Ernährung hat sich verschlechtert.[30] Die Wissenschaftler Shubh Kumar und David Hotchkiss vom »International Food Policy Research Institute« (IFPRI) in Washington berichten nicht nur, daß die Nahrungsaufnahme in dieser Region durchschnittlich um 100 Kalorien pro Person zurückgegangen ist, sondern auch, daß die Unterernährungsrate bei Kindern eng mit der Entwaldungsrate verbunden ist.

In Costa Rica, einem Land, das oft für seine aufgeklärte Umweltpolitik gelobt wird, haben die Armen ihre verzweifelte Lage vor allem einem Rinderboom zu verdanken, der seit den frühen sechziger Jahren im Land seine Spuren hinterläßt. Costa Rica war fast gänzlich von tropischen Wäldern bedeckt, in denen an die 5 Prozent aller Pflanzen-, Tier- und Insektenarten der Welt lebten. Im Jahr 1983, nach zwei Jahrzehnten explosiven Wachstums der Rinderindustrie, bedeckten Weiden etwa die Hälfte der kultivierbaren Flächen des Landes; vom Urwald waren nur 17 Prozent geblieben, die Bodenerosion griff um sich.[31]

»Nichts verleitet die Menschen mehr, die Wälder, Böden und die Wasservorräte auszubeuten, als die Furcht, den Zugang zu ihnen bald wieder zu verlieren.«

Über die ökologischen Folgen hinaus hat sich der Rinderboom auch als wirtschaftliches Debakel erwiesen. Er wurde weniger von Marktkräften angetrieben als vielmehr durch einen massiven Zufluß internationalen Kapitals und eine Sonderbehandlung für die 2000 politisch einflußreichen Rancherfamilien, die diesen Wirtschaftszweig beherrschen. Den Armen dagegen hat der Boom keinen Nutzen gebracht, sondern nur Hunger. Die steigende Flut der Landlosigkeit erfaßt inzwischen auch die wachsenden Städte, die empfindlichen Berggebiete und die Wälder, in denen den Fa-

milien keine andere Wahl bleibt, als die Entwaldung weiter zu beschleunigen.[32]
Die an den Beispielen Nepal und Costa Rica aufgezeigten Erscheinungsformen der Armutsfalle wiederholen sich auf allen Kontinenten; ihre Auswirkungen sind überall gleich: Die Armen konzentrieren sich zunehmend in den empfindlichen Regionen, in denen das Land kaum fruchtbar ist und die Besitzrechte wenig sicher sind – in trockenen oder halbtrockenen Gebieten, an den Abhängen der Berge, in den wachsenden Hüttensiedlungen und den überfüllten Städten. Jeffrey Leonard von der »World Wildlife Fund-Conservation Foundation« in Washington hat den Versuch unternommen, diese Tendenz in Zahlen zu fassen; er hat dafür Daten der Weltbank, der Vereinten Nationen und von IFPRI herangezogen.[33]
Leonards Untersuchungen konzentrieren sich auf das ärmste Fünftel der Menschen in den Entwicklungsländern, eine Gruppe, zu der auch 780 Millionen der absolut Armen zu rechnen sind. Er rechnet damit, daß etwa 370 Millionen oder 47 Prozent dieser Menschen auf wenig fruchtbaren oder sehr empfindlichen Böden leben; bei der heutigen Bevölkerungsdichte ist es unvermeidlich, daß sie in die abwärts gerichtete Spirale geraten. Wenn diese Relation nicht nur für die ärmsten 20 Prozent der Dritten Welt gilt, sondern für alle, die in absoluter Armut leben, bedeutet dies, daß sich heute 580 Millionen Menschen in dieser Spirale befinden. Zwar leiden auch darüber hinaus viele Menschen an der Verschlechterung der Umweltbedingungen; die Folgen für ihren Lebensstandard halten sich aber noch in Grenzen.[34]
Über Generationen hinweg haben sich in den landwirtschaftlichen und Fischerdörfern sowie in den Hirtenvölkern Verhaltensregeln entwickelt, die darauf ausgerichtet waren, die natürlichen Lebensgrundlagen zu schonen. Trotzdem nimmt das Gemeinschaftsland – und die Bewirtschaftungsformen, die die Ar-

men dafür entwickelt haben – in weiten Teilen der Dritten Welt Schaden, indem die Vermögenden es privatisieren, die weniger Vermögenden es überfordern oder der Staat es sich aneignet.
In einer Untersuchung der Verteilung gemeinschaftlich genutzter Flächen in Indien stellte N. S. Jodha vom »International Corps Research Institute for the Semi-Arid Tropics« in Pantacheru, Indien, fest, daß mehr als die Hälfte des im Rahmen der Agrarreform verteilten Gemeinschaftseigentums in den vergangenen dreißig Jahren in die Hände derer gelangt ist, die ohnehin schon über größeren Landbesitz verfügten.
In Botswana wurde gemeinschaftlich genutztes Weideland – mit Unterstützung der Weltbank – von Großgrundbesitzern eingezäunt.

»Über Generationen hinweg haben sich in den landwirtschaftlichen und Fischerdörfern sowie in den Hirtenvölkern Verhaltensregeln entwickelt, die darauf ausgerichtet waren, die natürlichen Lebensgrundlagen zu schonen.«

Viele der sogenannten Landreformen haben lediglich die ländliche Unterklasse an die empfindlichen Ränder des Regenwaldes vertrieben, wo sie als neue Siedler die Ökosysteme schädigen, die von den dort lebenden Stämmen über Generationen genutzt worden waren. Die Wirkungen staatlicher Landverteilungspolitik besteht, fast ohne Ausnahme, darin, daß diejenigen Flächen, die den Armen zur Verfügung stehen, drastisch beschnitten werden, ohne ihnen in gleichem Maße Zugang zu privatem Grundeigentum zu ermöglichen.[35]
Der Verfall gemeinschaftlich genutzten Landes ergibt sich oft aus dem Zusammenbruch traditioneller Bewirtschaftungsformen im Zuge von Verstaatlichungen oder massiven staatlichen Eingriffen in seine Nutzung. Einander widersprechende Rechtsvorschriften und eine nicht konsistente Rechtsprechung, oftmals

in Verbindung mit schwachen oder bestechlichen Ministerien und Gerichtshöfen, untergraben die Autorität und Rechtmäßigkeit der traditionellen Formen. Sie schränken die Verfügungsmacht der Armen über die Grundlagen ihrer Versorgung ein, ohne ihnen einen geeigneten Ersatz anzubieten. Eine solche verfehlte Politik trägt dazu bei, daß die Reichen reicher werden und die Armen ärmer, und daß die Umwelt verödet.

Im nördlichen Sahelgebiet von Mali ist die Nutzung der Bäume für die Gewinnung von Schaf- und Ziegenfutter traditionellen Vorschriften unterworfen. Die Dörfer verhelfen diesen Vorschriften dadurch zu ihrem Recht, daß sie das beste Zuchttier aus der Herde eines Rechtsbrechers konfiszieren und schlachten. Mit dieser Form einer schnellen und harten Bestrafung gelang es über Jahrhunderte, die Wälder gesund zu erhalten. Mit der Durchsetzung der in den späten sechziger Jahren verkündeten Verstaatlichung der Wälder wurden die Dorfbewohner, die sich an die traditionellen Regeln hielten, jedoch selbst zu Rechtsbrechern. Seitdem sind die Wälder erheblich gelichtet.[36]

Die Hüttenstädte der Armen finden sich in denjenigen Gegenden, die von den Reichen gemieden werden, in Überschwemmungsgebieten, an gefährlichen Abhängen, in der Umgebung von – manchmal sogar auf – Mülldeponien, die mit unbekannten Mengen giftiger Substanzen gefüllt sind, sowie in der Nähe von Industriegebieten mit umweltgefährdenden Betrieben. Es war kein Zufall, daß die überwiegende Mehrheit der Opfer von Bhopal arm war; Industrieunfälle fordern überall die Leben derer, die es sich nicht leisten können, in großer Entfernung von den qualmenden Schloten zu leben.[37]

In der Dritten Welt wird die Gefährdung der Armen durch Luftverschmutzung und gesundheitsschädliche Stoffe kaum zur Kenntnis genommen; aus der Lage in den Vereinigten Staaten läßt sich aber auf die Ausmaße der Bedrohung schließen. Ein Vergleich zwischen einzelnen Stadtteilen nach der Einkommenshöhe und Rassenzugehörigkeit ihrer Einwohner sowie der Nähe zu Giftmülldoponien enthüllt ein skandalöses, wenn auch kaum überraschendes Muster. Je ärmer ein Stadtteil und je dunkler die Hautfarbe seiner Bewohner ist, desto größer ist die Wahrscheinlichkeit, daß sich dieser Stadtteil in der näheren Umgebung einer Giftmülldeponie befindet. Im amerikanischen Südwesten liegen drei Viertel dieser Deponien in schwarzen Stadtteilen mit niedrigem Einkommen. Mehr als die Hälfte aller Schwarzen und Hispanics leben in solchen Gemeinden, in deren Nähe mindestens eine Giftmülldeponie zu finden ist. Wie in den Vereinigten Staaten, so auch in der Dritten Welt: Die Reichen werden reicher, die Armen werden vergiftet.[38]

»Je ärmer ein Stadtteil und je dunkler die Hautfarbe seiner Bewohner ist, desto größer ist die Wahrscheinlichkeit, daß sich dieser Stadtteil in der näheren Umgebung einer Giftmülldeponie befindet.«

Die Armen sind aber nicht nur Opfer örtlich begrenzter Umweltgefahren; der genaue Einfluß der weltweiten Klimaveränderung auf die Entwicklung der Armut läßt sich zwar noch nicht berechnen. Mit dem Anstieg des Meeresspiegels und der Zunahme der Häufigkeit und Stärke von Stürmen können aber solche tiefgelegenen Länder wie Bangladesch, Ägypten, Indonesien und Thailand große Teile ihres Ackerlandes verlieren *(Kapitel 4)*. Viele der fruchtbarsten landwirtschaftlichen Gebiete werden unter größerer Hitze oder verringerten Niederschlägen – oder aber unter beidem – und, dadurch bedingt, unter häufigeren Mißernten leiden *(Kapitel 3)*. Stürme und Überschwemmungen, Hitzewellen, Dürre, Hungersnot und soziale Unruhen, die in einer Treibhauswelt alltäglich sein werden, sind es aber, die die Armen noch ärmer machen.

Darüber hinaus können die klimatischen Veränderungen dazu führen, daß den Armen finanzielle Mittel in einer heute noch unvorstellbaren Größenordnung entzogen werden. Die klimabedingten Lasten des 21. Jahrhunderts können die Schuldenlast der achtziger Jahre, der die UNICEF den Tod einer halben Million Kinder jährlich anlastet, weit in den Schatten stellen. Die öffentlichen Haushalte für Gesundheit, Bildung und für die Bekämpfung der Armut werden wahrscheinlich drastisch gekürzt, wenn Hunderte von Milliarden in den Bau von Deichen, neuen Bewässerungssystemen und zahllose andere Projekte investiert werden müssen. Im Verlauf der gesamten Wirtschaftsgeschichte haben schwere Zeiten die Kluft zwischen Armen und Reichen stets vergrößert. Die Annahme, daß unbeherrschbare Klimaveränderungen einen anderen Ausgang nehmen, ist unbegründet.[39]

Angesichts der 580 Millionen Armen, die in der Spirale aus wirtschaftlichem und ökologischem Niedergang gefangen sind, steht die Welt im Kampf gegen die Armut und für den Schutz der Umwelt vor beispiellosen Aufgaben. Schon heute leiden Hunderte Millionen Menschen unter den Folgen der Entwaldung, Brennholzknappheit, Erosion und Luftverschmutzung. Wenn diese Tendenzen sich fortsetzen und zusätzlich durch die Veränderungen des Weltklimas verstärkt werden, wird sich die Armutsrate explosionsartig steigern; sie kann sich bis zur zweiten Hälfte des nächsten Jahrhunderts verdoppeln.

Die nach unten sich drehende Spirale umdrehen

Die bisherigen Entwicklungsprogramme haben der Mittel- und Oberklasse genützt, den Armen aber kaum geholfen oder sogar geschadet. Trotzdem verfügen wir über die erforderlichen Mittel und Wege, wenigstens die schlimmsten Seiten der absoluten Armut zu lindern. Entwicklung im wohlverstandenen Sinne stellt diejenigen in den Vordergrund, die gesellschaftlich auf der untersten Stufe stehen.[40] Dies bedeutet, in den Worten Mahatma Gandhis:
»Im Zweifelsfall empfiehlt sich folgendes Verfahren: Erinnere Dich an das Gesicht des ärmsten und schwächsten Mannes, den Du je gesehen hast, und frage Dich, ob der Schritt, den Du beabsichtigst, für ihn von Nutzen ist. Wird er ihm irgendeinen Gewinn bringen? Wird er ihm Macht über sein eigenes Leben und sein Schicksal zurückgeben?«
Wohlverstandene Entwicklung sorgt nicht nur für die Bedürftigen, sie vermittelt ihnen die Voraussetzungen, um für sich selbst sorgen zu können. Eine Voraussetzung dafür ist aber auch ein hohes Maß an Bescheidenheit auf der Seite der Helfer. Der Ernährungswissenschaftler Paul Santosa sagt dazu: »Es wäre außerordentlich schwierig, heute in Indonesien Ernährungsberater zu finden, die eine Familie mit 50 US-Cents am Tag ernähren und gesund erhalten können.« In Fragen der Armut sind die Armen die einzigen Experten.[41]
In vielen Regionen organisieren sich die Armen selbst; sie bekämpfen die Armut und den Verfall der Umwelt und schaffen auf diese Weise die Grundlagen für die zitierte Art von wohlverstandener Entwicklung. In dem Maße, wie religiöse und nichtreligiöse unabhängige Gruppen ein immer dichteres Netzwerk unter den Armen aufbauen, nimmt seit den fünfziger Jahren die Zahl der Selbsthilfegruppen ständig, wenn auch ungleichmäßig zu. In den achtziger Jahren ver-

mehrten sie sich, gleichzeitig mit der Verschlechterung der wirtschaftlichen und Umweltbedingungen, explosionsartig. Die »Graswurzelorganisationen«, die sich die Erhaltung der Umwelt und die Bekämpfung der Armut zum Ziel gesetzt haben, zählen inzwischen nach Hunderttausenden, ihre Mitglieder nach Hunderten von Millionen.

»Wohlverstandene Entwicklung sorgt nicht nur für die Bedürftigen, sie vermittelt ihnen die Voraussetzungen, um für sich selbst sorgen zu können.«

Wissen ist eine der bedeutendsten Ressourcen; mit Hilfe innovativer Bildungsprogramme ist es gelungen, es den Armen nahezubringen. In der rauhen Yungas-Region von Bolivien besuchen Hunderte verarmte Bauern Kurse mit High-School-Niveau in den Marktstädten, nachdem sie dort ihre Erzeugnisse verkauft haben. Außerhalb der landwirtschaftlichen Saison bietet der Lehrplan längere Kurse zur beruflichen Fortbildung. Bemerkenswert ist, daß an diesen Kursen ebenso viele Frauen wie Männer teilnehmen. Untersuchungen in allen Kontinenten haben nachgewiesen, daß sich mit einem verbesserten Bildungsstand der Frauen das Einkommensniveau und die Ernährung verbessern und daß die Kindersterblichkeit zurückgeht. Gleichzeitig verlangsamt sich das Bevölkerungswachstum, weil die Frauen genug Selbstvertrauen erwerben, um über ihren Körper selbst zu bestimmen.[42]

Ein direkter und außerordentlich wirksamer Weg, den Armen Zugang zu Produktivvermögen zu verschaffen, zeigt sich in einer neuen Art von Finanzierungsprogrammen. Der Bangladeschi Mohammad Yunus rief im Jahr 1976 das erste Kreditprogramm für die Armen ins Leben. Er verteilte geringfügige Kredite, jeweils im Wert von etwa 65 Dollar, an die Landlosen, so daß diese eine Grundausstattung erwerben konnten, die zum Beispiel aus Reisschälgeräten, Kühen und Rohstoffen bestand. Dieses Verfahren hat sich seitdem wie ein Buschfeuer verbreitet.

Im Jahr 1983 gründete Yunus die Grameen- (Dorf-) Bank, die zu Beginn des Jahres schon mehr als eine halbe Million Kunden, in der Mehrzahl Frauen, hatte. Die Rückzahlungsraten sind höher als bei kommerziellen Krediten; die Kunden haben ihr Einkommen in bemerkenswerter Weise steigern können. In einer Untersuchung wurde festgestellt, daß die Kreditnehmer über ein um 43 Prozent höheres Einkommen verfügten als die Bewohner derjenigen Nachbardörfer, die nicht an dem Programm teilnahmen. Darüber hinaus konnten die ärmsten Bankkunden die höchsten Einkommenssteigerungen vorweisen.[43] Wenn die Entwicklung den Armen helfen soll, muß sie sie nicht nur als mögliche Nutznießer in den Vordergrund stellen, sondern als aktive Partner, Berater und Anführer.

Die zurückgewonnene Selbstverwaltung der örtlichen Ressourcen durch die Bewohner eines Dorfes kann dramatische Folgen haben. Die Bewohner der Gemeinde Seed in den verwüsteten Aravali-Hügeln des indischen Bundesstaates Rajasthan haben ihr Dorf im Rahmen des selten angewandten Gramdan-Gesetzes registrieren lassen. Dieses Gesetz, angeregt von Mahatma Gandhi, überträgt alle gemeinschaftlich genutzten Flächen der Verfügung des Gemeinderates. Die Auswirkungen dieses Vorgehens sind unübersehbar. Das Dorf, schreiben die Umweltwissenschaftler Anil Agarwal und Sunita Narain, »ist erfüllt mit üppigem Grün, überall wächst Gras; es ist wie eine Oase in den verödeten Aravalis«. Selbst während der schweren Dürre des Jahres 1987, als in den Nachbargebieten Tausende von Kühen verdursteten, ernteten die Einwohner von Seed achtzig Wagenladungen Gras.[44]

Die durch Unterernährung und Krankheiten bedingte Schwäche der Armen kann durch die Bereitstellung von sauberem Trinkwasser und einer medizinischen Grundversorgung mit geringen Kosten gelindert werden. Seit dem Jahr 1981 führen die tansanischen Behörden Versammlungen in fast allen Gemeinden durch, bei denen diskutiert wird, welche Strategie gegen die Kindersterblichkeit den meisten Erfolg verspricht. Im Jahr 1983 übernahm die UNICEF die Unterstützung eines solchen Projektes. Seitdem gilt dieses Programm als ein Modellfall für die Zusammenarbeit von der internationalen bis hinunter zur dörflichen Ebene.

»Wenn die Entwicklung den Armen helfen soll, muß sie sie nicht nur als mögliche Nutznießer in den Vordergrund stellen, sondern als aktive Partner, Berater und Anführer.«

Die Regierung, die Medien und die neugegründeten Gesundheitskomitees der Dörfer haben Anteil an diesem Erfolg. An den regelmäßig abgehaltenen Gesundheitstagen wiegen und impfen die Eltern und ausgebildete Gesundheitsarbeiter die Kinder, behandeln kleinere Leiden und sprechen über Gesundheits- und Ernährungsfragen. Bis zum Jahr 1988 waren die Fälle von schwerer Unterernährung um zwei Drittel und die Kindersterblichkeit um ein Drittel zurückgegangen.[45]

In der Machtlosigkeit äußert sich die örtliche Form der Armutsfalle in einer Weise, die sehr schwer zu überwinden ist. Landreformen, Wohlfahrtssysteme, Beschäftigungsprogramme, die medizinische Versorgung und Ernährungshilfe werden allzu oft von den Grundbesitzern, Zwischeninstanzen und kleinen Beamten verzögert, entstellt oder sogar geplündert. In Bangladesch hatten Großgrundbesitzer und Geldverleiher »ein anscheinend unüberwindbares Netz aus gegenseitiger Korruption geknüpft«. Bei Interviews mit Landlosen in zehn Dörfern fanden sich Belege für

Landraub, Kreditwucher, Unterschlagung und Bestechung. Als die Allgegenwart dieser kriminellen Methoden herauskam, organisierten sich die Armen selbst, forderten ihr Eigentum zurück und verlangten von den Behörden ihren rechtmäßigen Anteil.[46]
Die geschilderten Teilerfolge vermitteln ein ungefähres Bild der Kräfte, die freigesetzt werden, wenn die Entwicklungshilfe bei den Ärmsten beginnt. Um wirklich erfolgreich zu sein, muß der Kampf gegen die Armut jedoch über einzelne Ansätze hinausgehen. Unerläßlich ist zum Beispiel eine staatliche Politik, die ausdrücklich darauf gerichtet ist, den Ärmsten zu helfen. In Ländern aller ideologischen Ausrichtungen ist die Armut nur dann zurückgegangen, wenn ehrgeizige Programme die Grundlagen für eine sozial gerechte Entwicklung gelegt haben.
Der Indische Bundesstaat Kerala bietet ein Modell für einen allmählichen, aber umfassenden Rückgang der Armut unter demokratischen Bedingungen. In diesem südlichen Staat mit der Einwohnerzahl Kanadas und der Fläche der Schweiz genießt die Politik für die Armen seit Jahrzehnten Priorität. Die Bauern und Arbeiter sind dort, dank einer langen Tradition gesellschaftlichen Engagements der Gebildeten, außerordentlich gut organisiert und nicht zu überhören. Ihrem Einfluß ist es zu verdanken, daß die gewählten Regierungsausschüsse sich ihrer Sache annehmen.[47]

»Der Indische Bundesstaat Kerala bietet ein Modell für einen allmählichen, aber umfassenden Rückgang der Armut unter demokratischen Bedingungen.«

Der Zugang der Dörfer Keralas zur medizinischen Versorgung, zu Bildungseinrichtungen und zum Verkehrsnetz ist besser organisiert als es sonst in Indien der Fall ist. Bei einer Untersuchung der Grundversorgung in einer halben Million indischer Dörfer schnitten die Dörfer in Kerala in 15 von 20 Kategorien am besten ab. Fast die gesamte Bevölkerung ist geimpft. Schulen und Krankenhäuser sind ebenso über das Land verteilt wie die »fair-price-shops«, die die Armen zu niedrigen Preisen mit dem Lebensnotwendigen versorgen. Ein großer und weiterhin zunehmender Teil der Bevölkerung hat Anteil an der gesicherten Wasserversorgung und den Familienplanungsdiensten.[48]

Die Landreform, begonnen im Jahr 1969, hat 1,5 Millionen Pächtern und Arbeitern Rechte an dem Land, das sie bearbeiten, gegeben oder an ihren Häusern und Gärten. Obwohl das Durchschnittseinkommen nur knapp zwei Drittel des indischen Gesamtdurchschnitts beträgt, ist der Analphabetismus dort nur halb so verbreitet; die Menschen leben durchschnittlich elf Jahre länger.[49]

Die Bestandteile des Erfolgs in Kerala finden sich in allen erfolgreichen Strategien zur Bekämpfung der Armut wieder. Die Fähigkeit zu lesen und zu schreiben ermöglicht, insbesondere für Frauen, den Zugang zu Wissen und höherem Einkommen, zur Gesundheitsvorsorge und die Entwicklung hin zu kleineren Familien. Gesicherter Landbesitz erlaubt den Armen, ihr Einkommen zu steigern und wirtschaftliche Sicherheit zu erlangen. Die Selbstverwaltung der Ressourcen trägt dazu bei, den Verfall der Umwelt aufzuhalten. Kredite verhelfen den Armen zu Produktivvermögen, zum Beispiel zu Vieh und Werkzeugen. Sauberes Trinkwasser und die medizinische Grundversorgung verringern die Häufigkeit von Krankheiten, an denen zuerst die Kinder sterben und die die Erwachsenen schwächen. Die Familienplanung verleiht den Frauen die Kontrolle ihrer eigenen Fruchtbarkeit, erlaubt Geburten in längeren Zeitabständen und trägt zur Verbesserung der eigenen Gesundheit bei. »Graswurzelorganisationen« setzen die Armen in die Lage, den Entwicklungsprozeß zu steuern und ihn durch Zusammenarbeit zu beschleunigen.

Lokale Programme zur Linderung der Armut erzielen jedoch nur geringe Wirkung, solange sie nicht von internationalen Reformen begleitet werden, die Schuldenlast unverändert bleibt und die Klimakatastrophe ungebremst auf uns zukommt. Wenn die Programme zur Strukturanpassung, die die Weltbank und der Internationale Währungsfonds aufgelegt haben, einige der hier skizzierten Prioritäten enthielten, wäre oftmals sowohl den Armen wie auch der gesamten Wirtschaft geholfen, denn die Armen hätten dann die Gelegenheit, höhere Einkommen zu erzielen. Anderenfalls konzentriert sich die Strukturanpassung allein auf die Beseitigung wirtschaftlicher Verzerrungen und kommt vor allem den Reichen zugute.

Um die Spirale umzukehren, bedarf es, im Austausch gegen politische Reformen, die den Armen einen Ausweg aus der umweltbedingten Verarmung weisen, tiefer Einschnitte in die Schuldenlast. Erste Schritte, einigen afrikanischen Staaten ihre Schulden bei westlichen Regierungen zu erlassen, sind ebenso sinnvoll wie der Plan des US-Finanzministers Brady, die Schulden lateinamerikanischer Länder bei privaten Banken zu verringern. Eine endgültige Lösung in der Form eines internationalen Abkommens zur Schuldenreduzierung einschließlich eines für alle Seiten akzeptablen Verfahrens sollte in Verhandlungen zwischen den Gläubiger- und den Schuldnerländern angestrebt werden.[50]

»Um die Spirale umzukehren, bedarf es, im Austausch gegen politische Reformen, die den Armen einen Ausweg aus der umweltbedingten Verarmung weisen, tiefer Einschnitte in die Schuldenlast.«

Wenn die internationale Armut wirksam bekämpft werden soll, müssen die Industrieländer ihre Handelsbeschränkungen gegenüber den armen Ländern lockern, ihnen dabei helfen, sich durch Diversifika-

tion von den schwankenden Rohstoffmärkten zu lösen, und mit ihnen bei der Eindämmung der Kapitalflucht zusammenarbeiten.
Wenn die Armen Ökosysteme aus Verzweiflung zerstören, sind sie nicht die einzigen, die darunter zu leiden haben. Die Niederschläge, die die abgeholzten Berge auswaschen, überschwemmen exklusive Wohnviertel ebenso wie Slums. Wertvolle Medikamente, deren Entwicklung durch die Auslöschung der Arten in den tropischen Regenwäldern unmöglich gemacht wird, fehlen den Reichen in ihren Privatkliniken ebenso wie den Armen in ihren ländlichen Krankenhäusern. Das Kohlendioxid, das die Landlosen freisetzen, wenn sie Waldstücke am Amazonas oder am Kongo abbrennen, erwärmt die Erde genauso wie die Abgase aus den Automobilen oder den Schornsteinen von Los Angeles oder Mailand. Das Schicksal der Glücklicheren ist durch das Land, das Wasser und die Luft unlösbar mit dem der Besitzlosen verknüpft: in einer ökologisch gefährdeten Welt ist der Preis der Armut selbst für die Reichen zu hoch.

Anmerkungen zu Kapitel 7

1 Die Zahl der Milliardäre aus Alan Farnham, The Billionaires: Do They Pay Their Way? *Fortune,* 11. September 1989, die der Millionäre geschätzt nach John Steele Gordon, Why It Costs So Much to Be Rich. *Washington Post,* 21. Mai 1989; die Zahl der Obdachlosen entstammt einer persönlichen Mitteilung aus dem U.N. Centre for Human Settlements, New York, vom 1. November 1989, die Angabe zu den Diätaufwendungen einer persönlichen Mitteilung aus dem Calorie Control Council, Atlanta, Ga., vom 4. Oktober 1989; die Zahl der Unterernährten ist geschätzt nach World Bank, Poverty and Hunger: Issues and Options for Food Security in Developing Countries. Washington, D.C., 1986; Angaben zum Trink- und Brauchwasser nach United Nations Children's Fund (UNICEF), State of the World's Children 1989. New York 1989, und nach World Bank, Social Indicators of Development 1988. Baltimore, Md., 1988.

2 Im Sommer des Jahres 1988 werteten Robert Summers und Alan Heston von der University of Pennsylvania die umfangreichen und komplizierten Ergebnisse der vergangenen zwanzig Jahre aus den Forschungen der Vereinten Nationen, der Weltbank und der OECD aus, um daraus für 130 Länder das kaufkraftbereinigte Bruttoinlandsprodukt zu ermitteln. Robert Summers und Alan Heston, A New Set of International Comparisons of Real Product and Price Level Estimates for 130 Countries, 1950–1985. *Review of Income and Wealth,* März 1988. Das auf Disketten gespeicherte Datenmaterial zu dem Artikel von Heston und Summers liegt vielen Tabellen und Abbildungen dieses Kapitels zugrunde. Die Einteilung in *Abb. 7.1* beruht auf dem Pro-Kopf-Einkommen des Jahres 1985: Länder mit einem Wert über 6000 Dollar gelten dabei als reich, solche mit 2500 bis 6000 Dollar als Länder mittleren Einkommens, als arm gelten Länder zwischen 1000 und 2500 Dollar, während die ärmsten Länder diejenigen mit einem Pro-Kopf-Einkommen von weniger als 1000 Dollar sind. Die Daten für 1986 bis 1988 entsprechen Schätzungen des Worldwatch Institute; die aktualisierten Zahlen für China stammen aus einer persönlichen Mitteilung von Alan Heston vom 22. September 1989. In den folgenden Zitaten bezieht sich »Summers und Heston« auf ihren Artikel, das Datenmaterial oder persönliche Mitteilungen.

3 Die Zahlenwerte der Einkommensverteilung reflektieren die Ungleichheit nur unzureichend, weil sie nur nach der Anzahl, nicht aber nach der Größe der Haushalte berechnet werden; arme Haushalte sind aber im allgemeinen größer. Der Bevölkerungsanteil unterhalb des Durchschnittseinkommens ist nach den Quellen zu *Tab. 7.1* berechnet. Der Vergleich Ägypten – Peru beruht auf Summers und Heston und auf World Bank, World Development Report 1988. New York 1988.

4 Schätzungen nach Summers und Heston; World Bank, World Development Report 1988; World Bank, World Development Report 1989. New York 1989.

5 Die meisten Angaben aus UNICEF, State of the World's Children 1989; Unterernährung in Nicaragua aus Stephen Kinzer, Nicaragua's Economic Crisis Is Seen as Worsening. *New York Times,* 16. Oktober 1988; in El Salvador aus Lindsey Grusen, Salvador's Poverty Is Called Worst in Century. *New York Times,* 16. Oktober 1988; Lebenserwartung und Hunger in Afrika aus World Bank und International Monetary Fund, Strengthening Efforts to Reduce Poverty. Washington, D.C., 1989.

6 Kindersterblichkeit und Zitat aus UNICEF, State of the World's Children 1989.

7 Die Zahlen der Weltbank beruhen auf World Development Report 1980 und World Development Report 1982, die die absolut Armen im Jahr 1980 auf »fast eine Milliarde« schätzten; dies entsprach einem Anteil von 22,3 Prozent der Weltbevölkerung. Tatsächlich addieren sich die Zahlen aus den genannten Berichten zu etwa 970 Millionen (unter Berücksichtigung der Länder, die die Weltbank nicht erfassen konnte, wie Vietnam, Laos, Nordkorea und Kampuchea) oder 21,7 Prozent der Weltbevölkerung des Jahres 1980.

8 Die Unterteilung in städtische und ländliche Arme ist nach denselben Kriterien berechnet wie die Armutsrate insgesamt (s. o.).

9 Michael Lipton, The Poor and the Poorest: Some Interim Findings. Discussion Paper 25. World Bank, Washington, D.C., 1988; Irene Tinker, Feminizing Development – for Growth and Equity. Briefs on Development Issues 6, CARE, New York o. J.

10 Das geringere Einkommen aus FAO, Women in Food Production, Rom 1983; zusätzliche Arbeitszeit aus Ben White, No Time to Spare. *New Internationalist,* März 1988; Analphabetismus aus UNICEF, State of the World's Children 1989; Gewalttätigkeit und Rechtlosigkeit aus Lori Heise, Crimes of Gender. *World Watch,* März/April 1989; das Zitat aus Maria Luiza de Melo Cavalho, Earth Flies in All Directions: The Daily Lives of Women in Minas Gerais. *Grassroots Development,* Vol. 11, No. 2, 1987.

11 Lipton, Poor and the Poorest; Michael Lipton, Poverty, Undernutrition, and Hunger. Staff Working Paper 597. World Bank, Washington, D.C., 1983; Jugendarmut und Kindersterblichkeit geschätzt nach den o. a. Quellen und nach UNICEF, State of the World's Children 1989.

12 Michael Lipton, Land Assets and Rural Poverty. Staff Working Paper 744. World Bank, Washington, D.C., 1985; Robert Chambers, Rural Development: Putting the Last First. Harlow 1983.

13 Esther B. Fein, Glasnost is Opening the Door on Poverty. *New York Times,* 29. Januar 1989.

14 Die Angaben zur Armut in den USA aus Spencer Rich, Poverty Level Stabilizes at 31 Million. *Washington Post,* 19. Oktober 1989; zur Verteilungsungerechtigkeit aus Stephen Rose und David Fasenfest, Family Incomes in the 1980s: New Pressure on Wives, Husbands, and Young Adults. Washington, D.C., 1989; Robert D. Hamrin, Sorry

Americans – You're Still Not »Better Off«. *Challenge,* September/Oktober 1988.

15 Eduardo Galeano, Open Veins of Latin America: Five Centuries of the Pillage of a Continent. New York 1973.

16 William Thiesenhusen, Economic Development in the Third World. 2. Ausgabe, New York 1985; World Resources Institute, World Resources 1988–89. New York 1988; Radha Sinha, Landlessness: A Growing Problem. Rom, FAO, 1984; Riad El Ghonemy, Hrsg., Development Strategies for the Rural Poor. Rom, FAO, 1984.

17 Michael Lipton mit Richard Longhurst, New Seeds and Poor People. Baltimore, Md., 1989; Sinha, Landlessness: A Growing Problem; World Commission on Environment and Development (WCED), Our Common Future. New York 1987.

18 Zu den Löhnen und Preisen s. Per Pinstrup-Andersen, Food Security and Structural Adjustment, in: Colleen Roberts, Hrsg., Trade, Aid, and Policy Reform: Proceedings from the Eighth Agricultural Symposium. Washington, D.C., 1988; H. Jeffrey Leonard, Overview: Environment and the Poor, in: H. Jeffrey Leonard u. a., Environment and the Poor: Development Strategies for a Common Agenda. New Brunswick, N.J., 1989; Lipton, Poor and the Poorest.

19 Lipton, Poverty, Undernutrition, and Hunger.

20 Lipton, Poor and the Poorest; Chambers, Putting the Last First.

21 Robert Chambers u. a., In the Hands of the Poor: Water and Trees. Neu-Delhi 1989; Amnesty International, Brazil: Authorized Violence in Rural Areas. London 1988; Chambers, Putting the Last First; Richard W. Franke und Barbara H. Chasin, Radical Reform as Development: Kerala State, India. San Francisco (in Vorbereitung: Institute for Food and Development Policy).

22 James Brooke, Ivory Coast Church to Tower Over St. Peter's. *New York Times,* 19. Dezember 1988.

23 World Bank, World Development Report 1988; Social Sector Pricing Policy. Research Brief (World Bank), Juni 1989.

24 World Bank, World Development Report 1988; WHO zitiert nach Susan Okie, Health Crisis Confronts 1.3 Billion. *Washington Post,* 25. September 1989.

25 World Bank, World Debt Tables: External Debt of Developing Countries. Ausgabe 1988–89. Washington, D.C., 1989.

26 World Bank, World Debt Tables, First Supplement; WCED, Our Common Future.

27 Walden Bello, Brave New Third World? Strategies for Survival in the Global Economy. San Francisco 1989.

28 World Bank, World Debt Tables, Vol. 1.
29 Matt Moffett, Mexico's Capital Flight Still Racks Economy Despite the Brady Plan. *Wall Street Journal,* 25. September 1989; David R. Francis, A U.S. Siren Song for Capital Flight. *Christian Science Monitor,* 27. März 1989; World Bank, World Debt Tables, First Supplement.
30 Shubh K. Kuma und David Hotchkiss, Consequences of Deforestation for Women's Time Allocation, Agricultural Production, and Nutrition in Hill Areas of Nepal. Washington, D.C., 1988.
31 Sheldon Annis, Costa Rica's Dual Debt: A Story About a Little Country that Did Things Right. World Resources Institute, Washington, D.C., Juni 1987, unveröffentlicht.
32 Ebd.
33 Leonard: Overview: Environment and the Poor.
34 Ebd.
35 Ebd.; die Angaben zu Botswana aus Solomon Bekure und Neville Dyson-Hudson, The Operation and Viability of the Second Livestock Development Project, zitiert in Rick Lomba, Aussage vor dem Subcommittee on Foreign Operations, U.S. Senate, 1. Mai 1986.
36 Joshua Bishop, Indigenous Social Structures, Formal Institutions, and the Management of Renewable Natural Resources in Mali. (Entwurf) World Bank, Washington, D.C., August 1988.
37 Leonard, Overview: Environment and the Poor; Centre for Science and Environment, The State of India's Environment 1984–85. Neu-Delhi 1985.
38 Public Data Access, Toxic Waste and Race in the United States: A National Report on the Racial and Socio-Economic Characteristics of Communities with Hazardous Waste Sites. New York 1987; Jay M. Gould, Quality of Life in American Neighborhoods: Levels of Affluence, Toxic Waste, and Cancer Mortality in Residential Zip Code Areas. Boulder, Colo., 1986; Dick Russell, Environment Racism. *Amicus Journal,* Frühjahr 1989.
39 UNICEF, State of the World's Children 1989; zur Entwicklung der Armut s. z. B. Michael Mandel, And If It Comes, The Poor Will Really Take a Hit. *Business Week,* 10. April 1989.
40 Persönliche Mitteilung von Robert Chambers, Hyderabad, 7. September 1989.
41 Zitiert nach Chambers, Putting the Last First.
42 Inter-American Foundation (IAF), Project History: Centro de Educación Tecnica Humanistica Agropecuaria (CETHA). Arlington, Va., o. J.; persönliche Mitteilung von Ke-

vin Healey, Arlington, Va., 4. Oktober 1989: Lipton, Poor and the Poorest; Jodi L. Jacobson, Planning the Global Family. Worldwatch Paper 80. Washington, D.C., 1987.

43 Mahbub Hossain, Credit for Alleviation of Rural Poverty: The Grameen Bank in Bangladesh. Washington, D.C., 1988; Kristin Helmore, Banking on a Better Life. *Christian Science Monitor,* 15. März 1989.

44 Anil Agrarwal und Sunita Narain, The Greening of India. *Illustrated Weekly of India,* 4. Juni 1989.

45 UNICEF, State of the World's Children 1989.

46 Bangladesh Rural Advancement Committee, Unraveling Networks of Corruption, in David C. Korten, Hrsg., Community Management: Asian Experience and Perspectives. West Hartford, Conn., 1986; Chambers, Putting the Last First.

47 Franke und Chasin, Radical Reform as Development: Kerala State.

48 Ebd.

49 Ebd.

50 Linda Feldman, Bush Announces Plan to Forgive Sub-Saharan Africa's Debt. *Christian Science Monitor,* 10. Juli 1989; Michael Quint, Brady's Debt Plan Forcing Big Banks to Increase Losses. *New York Times,* 21. September 1989.

Lester R. Brown, Christopher Flavin
und Sandra Postel

8. Entwurf: Eine umweltverträgliche Gesellschaft

Eine Gesellschaft, die auf Dauer überleben will, muß einige unerläßliche Voraussetzungen erfüllen. Vor diesem Hintergrund und mit den bis heute vorliegenden Erfahrungen können wir die Vision einer Gesellschaft umreißen, die sich von der heutigen unterscheidet und ihr sogar vorzuziehen ist.

Eine (umwelt)verträgliche Gesellschaft befriedigt ihre Bedürfnisse, ohne die Chancen künftiger Generationen zu gefährden. Gegen einen solchen moralischen Generationenvertrag verstößt unsere gegenwärtige Gesellschaft auf vielfache Weise.[1]

Modelle der Verträglichkeit, auf die man zurückgreifen könnte, liegen nicht vor; die Definitionsversuche konzentrieren sich im wesentlichen darauf, das Unverträgliche zu bestimmen. Offensichtlich ist eine Volkswirtschaft, die Veränderungen des Klimas herbeiführt und damit die landwirtschaftliche Produktion gefährdet, genauso wenig verträglich wie eine Wirtschaft, die den Bestand der Wälder gefährdet, indem sie diese zur Gewinnung von Brenn- und Bauholz ausbeutet. Solche negativen Definitionen bringen es aber mit sich, daß wir nur reagieren und immer neue Versuche unternehmen, die Folgen unseres zerstörerischen Tuns zu reparieren.

Die Weltbank versucht zum Beispiel, die Umweltfolgen einzelner Projekte, deren Finanzierung sie erwägt, in ihre Überlegungen einzubeziehen. Aber nicht einer ihrer Mitgliedsstaaten verfügt über einen

abgestimmten Plan für seinen Weg zur Umweltverträglichkeit, der die Grundlage für Investitionsentscheidungen bilden könnte. Bei unserem Entwurf einer überlebensfähigen Gesellschaft gehen wir von einigen grundlegenden Annahmen aus. Die erste besteht darin, daß wir in den nächsten vierzig Jahren entscheidende Fortschritte erzielen müssen.
Zum zweiten dürfen wir uns bei unserem Blick in die Zukunft nicht mit den Technologien von heute begnügen. Um aber realistisch zu bleiben, gründet sich unser Entwurf trotzdem auf bestehende Technologien oder deren absehbare Verbesserungen.
Unsere dritte Annahme lautet, daß die Weltwirtschaft des Jahres 2030 ihre Energie nicht mehr aus Kohle, Erdöl oder Erdgas bezieht, denn schon heute wird allgemein anerkannt, daß die weitere Nutzung der fossilen Energiequellen zu katastrophalen Klimaveränderungen führen wird. Wenn die Weltbevölkerung in dem heute vorhergesagten Maß zunimmt, wird der Weltenergieverbrauch des Jahres 2030 pro Kopf nur ein Achtel dessen betragen dürfen, was heute in Westeuropa verbraucht wird, damit die gesamten Kohlenstoffemissionen den Wert von 2 Milliarden Tonnen nicht überschreiten.[2]

»Die Weltwirtschaft des Jahres 2030 bezieht ihre Energie nicht mehr aus Kohle, Erdöl oder Erdgas.«

Als künftige Kernstücke der Energieversorgung bleiben demnach nur die Atomenergie oder die Sonnenenergie. Wir denken, daß die Atomkraft wegen ihrer vielfältigen wirtschaftlichen, gesellschaftlichen und ökologischen Risiken auf Ablehnung stoßen wird. Obwohl die Atomindustrie in den sechziger und siebziger Jahren von der Politik massiv begünstigt wurde, befindet sie sich inzwischen seit mehr als zehn Jahren im Abstieg. Nur noch etwa 90 neue Atomkraftwerke werden zur Zeit errichtet, die meisten werden in den

nächsten Jahren fertiggestellt. Bestellungen für weitere Kraftwerke liegen kaum noch vor.
Natürlich ist nicht auszuschließen, daß wirtschaftlichere und weniger unfallgefährdete Atomtechnologien entwickelt werden. Das Problem des radioaktiven Abfalls würde sich aber auch dadurch nicht lösen. Die Bedenken gegen die Atomindustrie als mögliche Vorstufe zur Produktion von Atomwaffen wären dadurch ebenso wenig ausgeräumt, denn die Überwachung einer Plutoniumwirtschaft mit mehreren tausend Kraftwerken wäre mit demokratischen Prinzipien unvereinbar.[3]
Die vierte Annahme betrifft die Zahl der Weltbevölkerung. Nach den derzeit aktuellen Prognosen der Vereinten Nationen wird sie bis zum Jahre 2030 8 Milliarden erreichen. Berechnungsgrundlage für diese Schätzungen ist unter anderem eine Verdoppelung bis Verdreifachung der Bevölkerung Äthiopiens, Indiens, Nigerias und einer Reihe anderer Länder, deren Bevölkerung schon heute die Tragfähigkeit ihrer natürlichen Lebensgrundlagen überschreitet. Wenn das Bevölkerungswachstum in diesen Ländern nicht durch eine steigende Sterberate, ausgelöst durch Hunger und Unterernährung, gebremst werden soll, müssen sie sich bald entschließen, kleinere Familien zu fördern und die Geburtenrate zu senken.[4]
Der humane Weg, bis zum Jahr 2030 erträgliche Verhältnisse zu schaffen, erfordert eine dramatische Senkung der Geburtenrate. Viele Länder werden sich dem Beispiel Chinas und, seit kurzem, Thailands anschließen und ihr Bevölkerungswachstum innerhalb weniger Jahre um die Hälfte reduzieren. Wir gehen also von einer Weltbevölkerung von höchstens 8 Milliarden aus, die sich im wesentlichen stabil halten oder aber allmählich zurückgehen wird, bis eine Zahl erreicht ist, die unbegrenzt lange auf der Erde überleben kann.[5]
In der vierten Annahme setzen wir voraus, daß in der

Welt des Jahres 2030 ein gerechteres und zuverlässigeres Wirtschaftssystem herrschen wird. Solange die Schulden der Dritten Welt nicht auf eine Größenordnung zurückgeführt werden, die wieder einen Nettokapitalfluß von den Industrie- zu den Entwicklungsländern zuläßt, wird es für Investitionen in die Verträglichkeit an finanziellen Mitteln und Anreizen fehlen.

»Der humane Weg, bis zum Jahr 2030 erträgliche Verhältnisse zu schaffen, erfordert eine dramatische Senkung der Geburtenrate.«

Individuelle Wertvorstellungen und Vorlieben sind wesentliche Triebkräfte des gesellschaftlichen Wandels. Deshalb muß der Weg zu einer ökologisch vernünftigen Weltgesellschaft auch mit einer kritischen Überprüfung unserer persönlichen Bestrebungen und Interessen gepflastert sein.

Von der Sonne mit Energie versorgt

In den achtziger Jahren glaubten die Politiker und andere Entscheidungsträger, daß sich Veränderungen in der Weltenergieversorgung aus dem Raubbau an den fossilen Energiequellen ergeben würden. Heute aber sind wir mit anderen Grenzen konfrontiert. Lange vor dem Ende der fossilen Brennstoffe kann die steigende Temperatur der Erdatmosphäre der Zivilisation, wie wir sie kennen, ein Ende setzen.

Die Weltenergieversorgung der Zukunft wird auf solaren Energiequellen beruhen, die täglich vom einfallenden Sonnenlicht wieder aufgefüllt werden, und auf der Nutzung der geothermischen Energie. Darüber hinaus wird sie die Energie weitaus sparsamer nutzen.

In vieler Hinsicht befindet sich das Solarzeitalter heute dort, wo sich das Kohlezeitalter im achtzehnten Jahrhundert, zur Zeit der Erfindung der Dampfmaschine, befand. Damals benutzte man die Kohle, um Wohnungen zu beheizen und Eisenerz zu schmelzen; der Gedanke, daß kohlegetriebene Dampfmaschinen Fabriken oder Verkehrsmittel mit Energie versorgen könnten, tauchte gerade erst auf. Trotzdem nahm die erste Eisenbahn nur kurze Zeit später ihren Betrieb auf – der Siegeszug der fossilen Brennstoffe durch die Weltwirtschaft nahm seinen Anfang.

Am Ende des zwanzigsten Jahrhunderts werden wir Zeugen des anbrechenden Solarzeitalters. Wir verfügen über eine Reihe von Techniken zur wirksamen Nutzung der Sonnenenergie, deren Verbreitung allerdings noch zu wünschen übrig läßt und deren Auswirkungen sich noch kaum jemand vorstellen kann. Das Energieministerium der Vereinigten Staaten hat zum Beispiel errechnet, daß das derzeit nutzbare Potential der erneuerbaren Energiequellen den gesamten jährlichen Energieverbrauch der USA um das 250fache übersteigt.[6]

Die Sonnenenergie tritt von Natur aus in verschiedenen Formen auf. Welche dieser Formen für die Nutzung in Frage kommt, hängt vom Klima und den natürlichen Ressourcen der jeweiligen Region ab. In Nordeuropa bieten sich zum Beispiel die Wind- und die Wasserkraft an, in Nordafrika und dem Nahen Osten die Nutzung der direkten Sonneneinstrahlung. Japan und die Philippinen können ihre reichen geothermischen Reserven anzapfen. Die Volkswirtschaften Südostasiens werden ihre Energie weitgehend aus Holz und landwirtschaftlichen Abfällen, aber auch aus dem Sonnenlicht gewinnen.

Im großen und ganzen sind die erneuerbaren Energiequellen inflationssicher: Sonnen-, Wind- und geothermische Kraftwerke benötigen keinen Brennstoff; sie sind deshalb nicht anfällig gegen Preisanstiege.

Die direkte Umwandlung der Sonnenenergie wird einen Eckpfeiler der Weltenergieversorgung bilden, weil das Sonnenlicht unerschöpflich ist. Darüber hinaus bietet es den Vorteil, daß es weiter verbreitet ist als alle anderen erneuerbaren Quellen. Bis zum Jahr 2030 werden die meisten Haushalte ihr Wasser mit Solarkollektoren erwärmen. Durch die passive Solararchitektur wird es bis zu diesem Zeitpunkt gelingen, den Heizungs- und Kühlungsbedarf von Millionen Häusern buchstäblich auf den Nullpunkt zu bringen.[7]

Bei der thermischen Stromerzeugung aus Sonnenenergie werden Hohlspiegel eingesetzt, die das Sonnenlicht bündeln und auf ölgefüllte Röhren lenken, die die Hitze zu einer Turbine und einem Generator weiterleiten. Ein solarthermisches Kraftwerk mit einer Leistung von 80 Megawatt, in einer Wüste östlich von Los Angeles gelegen, wandelt das einfallende Sonnenlicht mit einem Nutzungsgrad von 22 Prozent in Elektrizität um. Die Erzeugungskosten betragen 0,08 Dollar (ca. 14 Dpf.) je Kilowattstunde und sind damit um ein Drittel niedriger als die entsprechenden Kosten eines Atomkraftwerkes.[8]

»Die direkte Umwandlung der Sonnenenergie wird die Grundlage einer verträglichen Energieversorgung bilden.«

Von heute an in vierzig Jahren können sich solarthermische Kraftwerke über die Wüsten der Vereinigten Staaten, Nordafrikas und Zentralasiens erstrecken. Diese Regionen können sich zu bedeutenden Stromexporteuren entwickeln, aber auch zu Exporteuren von Wasserstoff, der in den Wüstenkraftwerken gewonnen und als Treibstoff für Automobile genutzt werden kann.

Photovoltaische Zellen sind Halbleiter, die das Sonnenlicht direkt in Strom umwandeln, ohne den Umweg über mechanische Vorgänge zu nehmen, wie es in den solarthermischen Kraftwerken der Fall ist. Der Vorteil dieser Technik liegt in ihrer Vielseitigkeit. Sie ist nicht nur in großen Wüstenkraftwerken einsetzbar, sondern auch für den Antrieb kleiner Wasserpumpen oder den Betrieb ländlicher Kommunikationssysteme. Mit dem Erreichen der Wirtschaftlichkeitsgrenze wird die Photovoltaik die Vollendung der solaren Revolution ermöglichen. Alle Dörfer in der Dritten Welt können dann aus einer erneuerbaren Energiequelle mit Strom versorgt werden. Im Gegensatz zu den heutigen Verhältnissen werden diese Dörfer nicht mehr auf Überlandleitungen von zentralen Kraftwerken angewiesen sein. Ihre Energiequellen liegen statt dessen innerhalb der Dorfgrenzen – photovoltaische Systeme mit angeschlossenen Batterien, die den Strom für die Beleuchtung und andere Zwecke in den Abendstunden bereitstellen.[9]

»Mit dem Erreichen der Wirtschaftlichkeitsgrenze wird die Photovoltaik die Vollendung der solaren Revolution ermöglichen.«

Mit Hilfe dieser Technik können Hausbesitzer in allen Teilen der Welt nicht nur die Rolle des Stromverbrauchers, sondern auch die des Produzenten einnehmen. Heute befinden sich schon photovoltaische Dachschindeln auf dem Markt, so daß das Dach selbst als Stromquelle genutzt werden kann.

Die Windenergie ist eine indirekte Form der Sonnenenergie, die durch die unterschiedliche Erwärmung der Erdatmosphäre entsteht. Im Laufe der achtziger Jahre sind die Kosten der Stromerzeugung aus der Windenergie um etwa 70 Prozent gesunken; sie betragen heute zwischen 0,06 und 0,08 Dollar (11 bis 14 Dpf.) je Kilowattstunde; sie sind damit um 40 Prozent niedriger als Atomstrom und können fast mit den Kosten eines neuen Kohlekraftwerks konkurrieren.[10]

Die Ingenieure sind zuversichtlich, daß es ihnen in kurzer Zeit gelingen wird, solche Windkraftanlagen zu konstruieren, deren Betrieb nicht nur auf den windumtosten Gebirgspässen Kaliforniens wirtschaftlich ist, sondern auch in weiten Teilen der nördlichen Ebenen Nordamerikas, an der Nordseeküste Großbritanniens und in Mitteleuropa. In der Bundesrepublik Deutschland und im indischen Bundesstaat Gujarat wird, neben einer Reihe anderer Regionen der Welt, an den Entwürfen für Windparks gearbeitet.[11]

In den Vereinigten Staaten kann der Anteil der Windenergie an der Stromerzeugung bis zum Jahr 2030 auf 10 bis 20 Prozent steigen. Bis zu diesem Zeitpunkt werden sich die Kosten der Windenergie wahrscheinlich denen der Wasserkraft soweit angenähert haben, daß die windreichen Gebiete attraktive Standorte für neue Industriebetriebe bieten werden. Diese Betriebe werden dafür ausgelegt sein, den Wind dann zu nutzen, wenn er anfällt – zum Beispiel nachts, wenn der Strombedarf normalerweise recht niedrig ist.[12]

Die besten Entwicklungschancen für die Wasserkraft, deren Beitrag heute schon 19 Prozent der weltweiten Elektrizitätsversorgung ausmacht, liegen in der Dritten Welt; sie verfügt noch über große, unerschlossene Reserven. Dabei werden kleinere Vorhaben gegenüber solchen Riesenprojekten bevorzugt werden, wie sie von den Regierungen und internationalen Finanzorganisationen in den vergangenen Jahrzehnten favorisiert wurden. In jedem Fall werden sich die Investitionen für die Nutzung der Wasserkraft bis zum Jahr 2030 mit denen für die Energieeinsparung und die anderen erneuerbaren Quellen messen können.[13]

Innerhalb der nächsten 40 Jahre wird sich der Anteil der Biomasse an der Energieerzeugung erhöhen, wenn auch in begrenztem Umfang. Da Wälder und Ackerland schon heute über weite Strecken übermäßigen Belastungen ausgesetzt sind und der Bedarf an Nahrungsmitteln keineswegs zurückgehen wird, ist es unrealistisch zu meinen, daß zum Beispiel Äthanol, gewonnen aus Mais oder Zuckerrohr, mehr als nur einen kleinen Bruchteil der flüssigen Brennstoffe liefern kann.

Ein vielversprechender Ansatz liegt darin, energieliefernde Pflanzen auf Böden anzubauen, die heute nicht für den Anbau von Nahrungsmitteln genutzt werden. Steile Hanglagen, wenig fruchtbare oder unzureichend bewässerte Flächen können mit Bäumen bepflanzt werden, die in bestimmten Zeitabständen abgeerntet werden. Das Holz ließe sich entweder in einem entsprechenden Kraftwerk verbrennen oder zur Äthanolgewinnung einsetzen. Das »Solar Energy Institute« hat bereits ein Verfahren entwickelt, das die Produktionskosten für einen Liter Äthanol auf umgerechnet 65 Pfennige sinken läßt.[14]

In den Vereinigten Staaten könnten etwa die 13 Millionen Hektar Ackerland, die im Rahmen der Naturschutzreserve stillgelegt wurden, aufgeforstet werden. Aus dem Holzaufkommen dieser Flächen können jährlich 42 Milliarden Liter Äthanol erzeugt werden, die einem Anteil von 10 Prozent des gegenwärtig verbrauchten Benzins entsprechen. In der energiesparsameren Wirtschaft des Jahres 2030 ist dieser Anteil entsprechend größer. Die Wälder, die durch diese Aufforstung entstehen, bieten den zusätzlichen Vorteil, daß sie erhebliche Mengen Kohlenstoff binden.[15]

»Ein vielversprechender Ansatz liegt darin, energieliefernde Pflanzen auf schwierigen Böden anzubauen, die heute nicht für den Anbau von Nahrungsmitteln genutzt werden.«

Der Energiegewinnung aus der Biomasse kommt also eine bedeutende Rolle zu, auch wenn festzustellen ist, daß die biologischen Systeme schon heute erheblich unter Druck stehen und daß die Erwärmung der Erde zusätzliche Belastungen mit sich bringen wird. Alle

Projekte müssen unter diesem Aspekt sehr sorgfältig geplant und durchgeführt werden.

Die geothermische Energiegewinnung nutzt die riesigen Hitzevorräte unterhalb der Erdoberfläche; sie ist somit die einzige »erneuerbare« Energiequelle, die nicht von der Sonne gespeist wird. Sie muß deshalb vorsichtig erschlossen werden; um wirklich erneuerbar zu sein, dürfen die nutzbaren Wärmereservoirs nicht aufgebraucht werden. In der Zukunft werden viele Länder den heutigen Stand Kenias, Nicaraguas und der Philippinen erreichen, die ihre Energie zum großen Teil aus der Erdwärme gewinnen.[16]

Alle Länder am Rande des Pazifischen Ozeans, in Ostafrika und rund um das Mittelmeer verfügen über große Erdwärmevorräte. Zu den Ländern mit den größten Potentialen zählen Island, Indonesien und Japan. Die geothermische Energie kann, neben der Stromerzeugung, auch der direkten Beheizung solcher Industriebetriebe dienen, die sich in unmittelbarer Nähe zu den Wärmequellen ansiedeln.[17]

Die Landnutzung wird sich den wirtschaftlichen Entwicklungen anpassen müssen, die aus der Nutzung erneuerbarer Energiequellen folgen. Die Nutzung der Sonnenenergie ist flächenintensiv, wenn auch nicht in einem höheren Maße als das heutige System der fossilen Energieträger. Die solare Energieversorgung verbraucht in vielen Fällen sogar weniger Fläche als die Stromerzeugung in Kohlekraftwerken, wenn jene Flächen in die Berechnung einbezogen werden, die der Kohleabbau verbraucht.[18]

Ein solarthermisches Kraftwerk mit einer Leistung von 1000 Watt beansprucht zum Beispiel eine Fläche von 24 Quadratkilometern. Um den gesamten Strombedarf der Vereinigten Staaten mit dieser Technik zu decken, benötigt man 29 000 Quadratkilometer oder ein Zehntel der Fläche Arizonas. Für die Nutzung der Sonnen-, Wind- und geothermischen Energie werden vorwiegend solche Gebiete in Anspruch genommen, nach denen es heute kaum eine Nachfrage gibt – stürmische Gebirgspässe oder trockene Wüstengebiete. Der Wert des Landes, der bisher im wesentlichen durch die Land-, Vieh- und Forstwirtschaft bestimmt wurde, wird in Zukunft auch durch das Potential zur Energiegewinnung beeinflußt werden.[19]

»Sowohl in den Industrie- als auch in den Entwicklungsländern wird die Energieversorgung zwangsläufig dezentralisiert sein.«

In diesem Zusammenhang stellt sich die Frage nach der Art der Energieversorgung in jenen Gebieten, die wir heute zur Dritten Welt zählen. Diese Länder stehen vor der ungeheuren Aufgabe, ihre Entwicklung ohne den Einsatz großer Mengen fossiler Brennstoffe fortzusetzen. Dabei ist es von Vorteil, daß sie heute weniger abhängig von Erdöl, Kohle und Gas sind; dies erleichtert ihnen den Übergang in das solare Zeitalter.

Sowohl in den Industrie- als auch in den Entwicklungsländern wird die Energieversorgung zwangsläufig dezentralisiert sein; die gigantischen Konzerne, die in der Wirtschaft des späten zwanzigsten Jahrhunderts eine beherrschende Rolle spielen, werden aufgelöst. Eine Weltenergieversorgung, die sich auf den sparsamen Gebrauch der erneuerbaren Energiequellen stützt, wird weniger störungsanfällig, dafür aber marktwirtschaftlichen und demokratischen Strukturen dienlicher sein. In ökologischer Hinsicht ist dieses System der Energieversorgung das einzige, das es der Welt ermöglicht, mehr als einige Jahrzehnte zu überleben.

In jeder Hinsicht sparsam

Um die weltweiten Kohlenstoffemissionen auf zwei Milliarden Tonnen zu begrenzen, müssen auf dem Gebiet der Energieeinsparung erhebliche Fortschritte erzielt werden. Glücklicherweise sind viele Technologien, die auf diesem Weg behilflich sein können, schon zu günstigen Preisen vorhanden. So ist zur Halbierung des Treibstoffverbrauchs von Automobilen, zur Verdreifachung der Energieausnutzung von Beleuchtungsanlagen oder zur Senkung des Brennstoffverbrauchs von Heizungen um 75 Prozent kein neuer technologischer Durchbruch erforderlich. Die in den vor uns liegenden Jahrzehnten zu erwartenden Techniken werden ohne Zweifel noch größere Spareffekte mit sich bringen.[20]

Die Automobile des Jahres 2030 werden mit etwa 2,2 Litern Treibstoff je hundert Kilometer auskommen; dies entspricht einem Viertel des heutigen Durchschnittswertes für neuzugelassene Wagen. Einen ersten Eindruck davon vermittelt ein vor kurzem entwickelter Prototyp, der Volvo LCP 2000: Dieses Fahrzeug verbraucht etwa 2,5 Liter je hundert Kilometer.[21]

Im Jahr 2030 wird man Thomas Edisons Glühbirne nur noch im Museum finden; sie wird ersetzt durch eine Vielzahl neuer Systeme wie zum Beispiel Halogen- und Natriumlampen. Diese neuen Lampen senken nicht nur die Energiekosten der Verbraucher, sie haben darüber hinaus eine siebenmal längere Lebensdauer.[22]

Die Häuser des Jahres 2030 werden wetterfest und so weitgehend gedämmt sein, daß sich der Energiebedarf für die Heizung und Kühlung deutlich verringert. In solchen hochgradig isolierten Häusern, wie sie in der kanadischen Provinz Saskatchewan errichtet wurden, macht sich der Einbau eines Heizkessels nicht bezahlt; eine kleine elektrische Fußleistenheizung ist

mehr als ausreichend. Der Energieverbrauch dieser Häuser liegt um zwei Drittel unter dem moderner schwedischer Häuser – er beträgt nur ein Zehntel des amerikanischen Durchschnittswertes.
Der sparsame Umgang mit Energie wird auch die Industrie prägen. Die Stahlproduktion wird sich vorwiegend in effizienten elektrischen Lichtbogenöfen abspielen, die nur halb soviel Energie verbrauchen wie die heute im Betrieb befindlichen Hochöfen. Einige energieintensive Materialien, wie etwa Aluminium, werden nur noch für ganz bestimmte Anwendungsfälle hergestellt und ansonsten durch weniger energieintensive Kunststoffe ersetzt. Weiterentwickelte Elektromotoren können Hunderte von Kraftwerken überflüssig machen.[23]

»Durch die Energieeinsparung wird sich weder der Lebensstil noch das Wirtschaftssystem in nennenswertem Umfang verändern.«

Auch die Kraft-Wärme-Kopplung (die gleichzeitige Produktion von Elektrizität und Nutzwärme) wird zu ihrem Recht kommen. Viele Fabriken werden über eine eigene Stromerzeugung verfügen und die Abwärme im Herstellungsprozeß oder für Heizung und Kühlung verwenden. In einigen Teilen der Welt sind solche Systeme schon heute weit verbreitet; sie können den Gesamtwirkungsgrad der Kraftwerke auf 50 bis 70 Prozent und sogar bis zu 90 Prozent steigern. Überschüssiger Strom kann in das Netz abgegeben und von anderen Verbrauchern abgenommen werden.[24]
Durch die Energieeinsparung wird sich weder der Lebensstil noch das Wirtschaftssystem in nennenswertem Umfang verändern. Ein sparsamer Kühlschrank oder eine sparsame Lampe bieten denselben Komfort wie ihre energieverschwendenden Entsprechungen – mit dem zusätzlichen Vorteil, daß sie wirtschaftlicher sind. Die Fortschritte bei der Energieeinsparung rei-

chen jedoch allein nicht aus, um die Kohlenstoffemissionen der fossilen Brennstoffe bis zum Jahr 2030 um 60 Prozent oder mehr zu reduzieren.

Bis zu diesem Jahr wird sich auch ein weitaus vielfältigeres Verkehrsangebot entwickelt haben. Das Verkehrssystem wird dann zum großen Teil aus Netzen des leichten Schienenverkehrs bestehen, die im Straßenniveau verlaufen und deren Baukosten verhältnismäßig gering sind.[25]

Auch das Fahrrad wird eine größere Rolle spielen; diese Entwicklung ist bereits in weiten Teilen Asiens und in einigen Städten und Ländern der industrialisierten Welt zu erkennen. Schon heute ist der Bestand an Fahrrädern weltweit doppelt so groß wie der an Automobilen. In dem fahrradorientierten Verkehrswesen des Jahres 2030 kann sich dieses Verhältnis auf zehn zu eins steigern.[26]

In vierzig Jahren werden die Menschen näher an ihren Arbeitsplätzen wohnen. Zu gesellschaftlichen Verabredungen und zum Einkaufen wird man sich, anstatt das tonnenschwere Automobil zu benutzen, mit dem Fahrrad begeben. Wenn nur noch 2 Milliarden Tonnen Kohlenstoff freigesetzt werden, wird man nicht länger Nahrungsmittel und andere Waren über Tausende Kilometer in Lastwagen transportieren.

Die Welt ist erst seit etwa vierzig Jahren auf das Automobil fixiert; schon nach dieser verhältnismäßig kurzen Zeit zeichnet sich aber ab, daß dieser Zustand, mit seinen nachteiligen Nebenwirkungen wie etwa der Luftverschmutzung, nicht den höchsten Entwicklungsstand der menschlichen Gesellschaft darstellen kann. Eine vom Vorrang der Energieeinsparung geprägte Welt bietet letzten Endes mehr Komfort; sie wird weniger von Verkehrsstaus geplagt, ist sicherer, und ihre Luft ist sauberer.[27]

Wiedergebrauch und Wiederverwendung von Stoffen

Die Mehrzahl aller Produkte wird heute nach einmaligem Gebrauch aus dem Verkehr gezogen – Aluminium zu etwa zwei Dritteln, Stahl und Papier zu drei Vierteln; bei Kunststoffen liegt der Anteil noch höher. Die Wiederverarbeitung von Aluminium verbraucht nur 5 Prozent der Energie, die für seine Herstellung aus Bauxit erforderlich ist. Die Herstellung von Stahl aus Altmetall spart ungefähr zwei Drittel der Energie; aus Altpapier hergestelltes Zeitungspapier benötigt ein Viertel bis drei Fünftel weniger Energie als aus Holz hergestelltes neues Papier. Für die Wiederverarbeitung von Glas schließlich ist bis zu einem Drittel weniger Energie erforderlich als für den ursprünglichen Produktionsprozeß.[28]
Bei den Bemühungen, die Verschmutzung von Land, Luft und Wasser auf ein annehmbares Maß zurückzuführen, kommt dem Recycling zentrale Bedeutung zu. So verringert sich die Luftverschmutzung bei der Herstellung von Stahl aus Altmaterial um 85 Prozent, die Wasserverschmutzung um 76 Prozent; Bergbauabfälle entstehen nicht. Das Recycling von Altpapier verringert die Belastung der Luft um 74 Prozent und die des Wassers um 35 Prozent; die Belastung der Wälder geht in demselben Maße zurück, wie der Anteil des wiederverarbeiteten Materials steigt.[29]

»Bei den Bemühungen, die Verschmutzung von Land, Luft und Wasser auf ein annehmbares Maß zurückzuführen, kommt dem Recycling zentrale Bedeutung zu.«

Mit dem Anstieg der Ölpreise in den siebziger Jahren ging eine erste kritische Überprüfung der Wegwerfgesellschaft einher. Auf Grund der steigenden Energiekosten wurde das Recycling wirtschaftlich interessanter; die Tendenz zum immer größeren Ausstoß von Metall, Glas und Papier begann sich umzukehren.

Den zweiten Schub erhielt die Kritik, als im Verlauf der achtziger Jahre der Deponieraum in den Städten knapp wurde und die Stadtverwaltungen sich gezwungen sahen, den Müll auf weit entfernte Deponien transportieren zu lassen. Die Kosten der Abfallbeseitigung sind in vielen Städten der Vereinigten Staaten in den letzten Jahren um ein Vielfaches gestiegen, so daß es günstiger wurde, die Ansiedlung von Recyclingfirmen zu fördern, als die Kosten für die Deponierung aufzubringen.[30]

Lange vor dem Jahr 2030 werden die meisten Länder erste Schritte auf dem Weg zu einer umfassenden und systematischen Wiederverwendung von Metall, Glas, Papier und anderen Materialien unternehmen, an deren Beginn die getrennte Sammlung der Haushaltsabfälle steht. Viele Städte und Gemeinden in Europa, Japan und, seit kurzem, in den Vereinigten Staaten bewegen sich schon in diese Richtung.

Bis heute ist die Stahlindustrie in solchen Gebieten angesiedelt, in denen Kohle und Eisenerz abgebaut werden, zum Beispiel in Wales oder in Pennsylvania. Im Jahr 2030 wird diese Industrie an vielen verschiedenen Standorten vertreten sein. Elektrische Lichtbogenöfen können überall dort betrieben werden, wo Strom und Altmetall vorhanden sind; ihre Dimensionierung kann dem örtlichen Altmetallaufkommen angepaßt werden. Die Stahlfabriken der Zukunft werden ihre Rohstoffe aus aufgebrauchten Automobilen, Haushaltsgeräten und industriellen Ausrüstungsgegenständen beziehen. Darüber hinaus schaffen sie in den Städten und Gemeinden Arbeitsplätze.

In der verträglichen Volkswirtschaft des Jahres 2030 wird die vorrangige Rohstoffquelle der Industrie in Artikeln bestehen, die der Wiederverwendung zugeführt werden. Die Aluminiumfabriken werden ihre Rohstoffe vorwiegend aus örtlichen Altmetallsammelstellen beziehen und nicht mehr aus den Bauxitminen. Papier und Papierprodukte werden

in Recyclingfabriken entstehen, das wiederverarbeitete Papier wird verschiedene Stufen durchlaufen, von hochwertigen Sorten über Zeitungspapier bis hin zum Pappkarton. Wenn eine Wiederverarbeitung nicht mehr möglich ist, kann das Material in einem Kraftwerk in Kraft-Wärme-Kopplung verbrannt werden.
Auch wenn sich die ersten Schritte zur Überwindung der Wegwerfgesellschaft auf das Recycling konzentrieren, muß langfristig der Abfallvermeidung der Vorrang eingeräumt werden. Dabei ist die Industrie ein wesentlicher Adressat, weil sich dort das Abfallvolumen durch eine Umstrukturierung der Produktionsprozesse ohne weiteres um ein Drittel oder mehr verringern läßt.

»In der verträglichen Volkswirtschaft des Jahres 2030 wird die vorrangige Rohstoffquelle der Industrie in Artikeln bestehen, die der Wiederverwendung zugeführt werden.«

In der Vereinfachung der Lebensmittelverpackung liegt ebenfalls ein erhebliches Potential zur Reduzierung der Abfallmenge. In den Vereinigten Staaten gaben die Verbraucher im Jahr 1986 mehr für die Verpackung der Lebensmittel aus, als die Landwirtschaft an ihren Erzeugnissen verdiente. In vierzig Jahren wird die Verpackung wahrscheinlich gesetzlich geregelt sein. Die Plastiktüten werden dann durch langlebige, wiederverwendbare Taschen aus Leinen oder anderen Materialien abgelöst sein.[31]
Auch die Getränkebehälter in ihren verschiedenen Größen und Formen werden im Jahr 2030 durch genormte, langlebige Glasflaschen abgelöst sein, die häufig wiederverwandt werden; dieses System wird enorme Energie- und Rohstoffmengen einsparen. Zusätzlich zum Recycling und zur Wiederverwendung von Glas, Metall und Papier wird man auch dazu übergehen, Nährstoffe wiederzuverwenden.

Einige Städte in Japan, Südkorea und China sind auf diesem Gebiet beispielhaft. In diesen Ländern werden die menschlichen Abfälle systematisch zur Düngung in den Gemüseanbaugebieten rund um die Städte eingesetzt, wo ganzjährig, im Winter in Treibhäusern oder unter Plastikabdeckungen, Landwirtschaft betrieben wird. Das beste Beispiel scheint Shanghai zu bieten: Nachdem es die Stadtgrenzen in bescheidenem Umfang erweitert hat, um das Abwasserrecycling zu ermöglichen, produziert es heute einen Überschuß an Gemüse, der außerhalb der Stadt abgesetzt wird.[32]

Wenn in vierzig Jahren das gesamte Recyclingpotential erschlossen ist, werden die Gartenabfälle kompostiert, anstatt von der Müllabfuhr eingesammelt zu werden. Die Kompostierung, weithin in Vergessenheit geraten, verringert nicht nur die Abfallmenge, sie liefert darüber hinaus große Mengen Humus für den Garten und trägt auf diese Weise zur Verringerung des Einsatzes chemischer Düngemittel bei.

Durch die systematische Verringerung der Abfallmengen und die Wiederverwertung der dann noch verbleibenden Materialien können die Grundbedürfnisse einer wachsenden Zahl von Menschen erfüllt werden, ohne daß dafür die Lebensgrundlagen der Erde zerstört werden müssen.

Mit einer erneuerten Lebensbasis

Es ist kaum vorstellbar, daß der Bedarf an Nahrungsmitteln, Brennstoff und Holz einer Weltbevölkerung von 8 Milliarden – fast 3 Milliarden mehr als heute – auf einer Anbaufläche gedeckt werden soll, die 960 Milliarden Tonnen Mutterboden (mehr als das Doppelte der in den USA vorhandenen Menge) und 440 Millionen Hektar Wald (mehr als die Hälfte der Fläche der USA) verloren hat. Und doch ist dies genau die Lage, in die die Welt im Jahre 2030 geraten wird, wenn Bodenerosion und Entwaldung in den nächsten vierzig Jahren ihre gegenwärtige Geschwindigkeit beibehalten.[33]

»Die Nahrungsmittelproduktion stellt uns vor gewaltige Aufgaben, wie einige Beispiele zeigen.«

Diese Notlage braucht nicht einzutreten. Wenn es nicht bald gelingt, das Ackerland, die Wälder und die sonstigen Böden zu sanieren und zu stabilisieren, wird die Weltbevölkerung niemals eine so große Zahl erreichen; Unterernährung, Hungersnöte und steigende Sterberaten werden sie zurückgehen lassen.
Die Landwirtschaft des Jahres 2030 wird zwangsläufig intensiv sein; die Bedürfnisse einer Weltbevölkerung, die um die Hälfte größer ist als die jetzige, sind anders nicht zu befriedigen. Im Unterschied zu heute wird sich die Bodennutzung aber an den Grundprinzipien biologischer Stabilität orientieren, nämlich der Erhaltung der Nährstoffe, dem Gleichgewicht im Kohlenstoffhaushalt, dem Bodenschutz, dem sparsamen Umgang mit Wasser und der Erhaltung der Artenvielfalt.
Die Nahrungsmittelproduktion stellt uns vor gewaltige Aufgaben, wie einige Beispiele zeigen. Gegenwärtig stehen jedem Menschen 0,28 Hektar Ackerland zur Verfügung. Im Jahr 2030 dagegen verbleiben, bei einer angenommenen Erweiterung der Anbaufläche um fünf Prozent und einer Weltbevölkerung von 8 Milliarden, gerade noch 0,19 Hektar – ein Drittel weniger, als uns heute für die unzureichend ernährte Menschheit zur Verfügung steht. Ganz Asien und insbesondere China wird darum kämpfen müssen, seine Bevölkerung von einer noch geringeren Fläche zu ernähren.[34]
Diese Rahmenbedingungen tragen dazu bei, daß sich

dem Betrachter des Jahres 2030 in den ländlichen Gebieten ein vielfältigeres Landschaftsbild darbieten wird, als es heute der Fall ist. Die Unterschiede hinsichtlich der Bodenqualität, des Gefälles des Klimas und der Verfügbarkeit von Wasser werden es erforderlich machen, jeweils daran angepaßte Früchte mit angepaßten Methoden anzubauen, um möglichst hohe Erträge auf verträgliche Weise zu erzielen. Die Verbindung von Aufforstungsmaßnahmen mit landwirtschaftlicher Nutzung wird zum Beispiel große Verbreitung finden, um einerseits Nahrungsmittel, Biomasse und Futter zu erzeugen und andererseits dem Boden zusätzliche Nährstoffe zuzuführen sowie den Wasserabfluß in Grenzen zu halten. Einige erfolgreiche Beispiele solcher Bewirtschaftungsformen existieren bereits.[35]

Bis zum Jahr 2030 kann es gelingen, die Wüstenbildung zum Stillstand zu bringen, der heute noch jährlich 6 Millionen Hektar Land zum Opfer fallen, und das äthiopische Hochland, das chinesische Lößplateau und andere verödete Gebiete in fruchtbares Land umzuwandeln. Durch die Mobilisierung von Dorfbewohnern, Wissenschaftlern und Entwicklungshelfern werden sich die Erfolge der Landsanierung weiter verbreiten, die sich gegen Ende der achtziger Jahre abzeichneten.

Um die Wüstenbildung einzudämmen, muß die Überweidung abgestellt werden. Der weltweite Viehbestand wird deshalb erheblich geringer sein als der heutige mit seinen 3 Milliarden Stück. Da offene Weiden wahrscheinlich an Bedeutung verlieren, werden immer mehr Landwirte das Vieh in die übrige Landwirtschaft integrieren und das Futter aus den Blättern der neuangelegten Wälder oder auf den im Rahmen des Fruchtwechsels brachliegenden Flächen gewinnen. Es scheint ausgeschlossen, daß die Ernährung einer um 60 Prozent größeren Weltbevölkerung es noch zuläßt, daß die Getreideernte weiterhin zu einem Drittel für die Fütterung von Vieh und Geflügel verbraucht wird.[36]

Es ist schwierig vorherzusagen, ob die riesigen, für die Monokultur von Weizen, Reis und Mais genutzten Flächen, die für die Nahrungsmittelversorgung des späten zwanzigsten Jahrhunderts eine überragende Bedeutung haben, im Jahr 2030 noch eine große Rolle spielen werden. Im Maisgürtel der Vereinigten Staaten wird sich die Methode des Fruchtwechsels wesentlich stärker verbreiten müssen, um die Bodenerosion zu beschränken, die Feuchtigkeit zu erhalten und den Pestizid- und Kunstdüngereinsatz zu reduzieren; diese Entwicklung hat allerdings schon eingesetzt.

In einigen Teilen der Welt wird man dazu übergehen, mehrjährige Gräser anzubauen und sich auf diese Weise wieder den Formen der ursprünglichen Prärie anzunähern, die von der modernen Landwirtschaft verdrängt wurde. Solche »Polykulturen« liefern, wie ihre monokulturellen Entsprechungen, die Grundlage für Getreide, Öle und andere Erzeugnisse. Sie machen sich die natürliche Vielfalt der Prärie, ihre Dürreresistenz und ihre Fähigkeit zur Bodenerneuerung zunutze; dadurch sinkt der Bedarf an Chemikalien, Bewässerung und anderen ertragssteigernden Mitteln.[37]

»Die Entwaldungsrate wird sich schon bis zum Ende dieses Jahrzehnts dramatisch verringern und danach sehr bald zum Stillstand kommen müssen.«

Für einige Landwirte kann es ebenfalls interessant sein, sich als Produzenten von Nahrungsmitteln und Energie zu betätigen. Dem Anbau eines Wintergetreides – etwa Weizen – können sie im Sommer den Anbau von Zuckerrohr folgen lassen, aus dem Äthanol gewonnen wird. Neben dem erhöhten Anteil des Sonnenlichts, der dabei in biochemische Energie umgewandelt wird, hat dieses Verfahren den Vorzug, daß es die Bodenerosion verringert, da der Boden ganzjährig mit Pflanzen bedeckt ist.

Die durch die Erwärmung hervorgerufenen Klimaveränderungen, Wassermangel und andere Beschränkungen können die Wissenschaft dazu veranlassen, nach neuen Nutzpflanzen zu suchen. Salztolerante und trockenheitsresistente Pflanzen können eine größere Rolle spielen, seien es neue Varietäten so vertrauter Pflanzen wie Weizen oder weniger bekannte Pflanzen wie Amarant, der im Hochland der Anden heimisch ist. Der umfangreiche Genpool, der erforderlich ist, um die Landwirtschaft umzustellen, bezieht sein Material aus der Sammlung wildwachsender Pflanzen in ihrer heimischen Umgebung und aus der Speicherung ihres genetischen Materials in internationalen Datenbanken.[38]

Im Jahr 2030 werden die Wälder aus vielerlei Gründen höher geschätzt werden, als dies heute der Fall ist. Die Baumbedeckung der Erde, die heute um ein Drittel kleiner ist als in vorlandwirtschaftlichen Zeiten und jedes Jahr um 11 Millionen Hektar schrumpft, wird in der Folge ernsthafter Bemühungen um die Eindämmung der Entwaldung und durch vermehrte Aufforstung stabil sein oder sogar zunehmen.[39]

Lange vor dem Jahr 2030 wird die Vernichtung der meisten tropischen Wälder ein Ende gefunden haben. Da sich die Nährstoffe in diesen Ökosystemen in den Blättern und der Biomasse der Vegetation befinden und nicht im Boden, sind nur solche Tätigkeiten als verträglich anzusehen, die sich mit der Erhaltung des Blätterdaches vereinbaren lassen. Die Entwaldungsrate wird sich schon bis zum Ende dieses Jahrzehnts dramatisch verringern und danach sehr bald zum Stillstand kommen müssen.[40]

Die Bemühungen um die Identifizierung und den Schutz einzigartiger Waldbiotope wird zu einem weitgespannten Netz von Naturschutzgebieten führen.

Dennoch wird ein großer Teil der tropischen Wälder auf die unterschiedlichste Weise von den Menschen genutzt werden können, die in diesen Wäldern oder deren Nähe leben. In Hunderten von nutzbaren Schutzgebieten werden sie Gummi, Harz, Nüsse, Obst, medizinische Substanzen und andere Erzeugnisse für den eigenen Gebrauch oder den Export ernten. Der langfristige wirtschaftliche und ökologische Nutzen dieser Art von Bewirtschaftung ist größer als der der Brandrodung und der anschließenden Umwandlung in Acker- oder Weideland.[41]

Von ihrer Definition her werden verträglich wirtschaftende Gesellschaften ihre Wälder nicht ausbeuten oder sie veröden lassen. Die Forschungsarbeiten hinsichtlich der Verwertung des Holzes aus natürlich gewachsenen Wäldern unter Aufrechterhaltung ihrer Produktivität, ihrer Artenvielfalt und Gesundheit sind über ein Anfangsstadium allerdings noch nicht hinausgelangt.[42]

»Von ihrer Definition her werden verträglich wirtschaftende Gesellschaften ihre Wälder nicht ausbeuten oder sie veröden lassen.«

Nachdem die Papierherstellung im wesentlichen auf Recycling umgestellt wird, kann die Nachfrage nach Holz im Jahr 2030 geringer sein als heute. Trotzdem werden große verödete Gebiete – die Einzugsgebiete vieler Flüsse, die Ränder von Eisen- und Autobahnstrecken und viele andere Flächen – aufgeforstet werden. Ernsthafte Bemühungen, die Brennholzkrise der Dritten Welt zu beheben, die Überschwemmungen und Erdrutsche in den Bergregionen aufzuhalten, den Holzbedarf der Industrie auf verträgliche Weise zu decken und die weitere Konzentration von Kohlendioxid in der Atmosphäre zu bremsen, haben bis zu diesem Zeitpunkt die Aufforstung von zusätzlichen 200 Millionen Hektar vorangetrieben.[43]

Eine gerechtere Verteilung des Landes bildet eine

weitere Voraussetzung für die Erneuerung und Stabilisierung der natürlichen Lebensgrundlagen bis zum Jahr 2030. Der Landbesitz der Bauern muß groß genug sein, um seine Besitzer und deren Familien zu ernähren, ohne daß sie die Ertragskraft des Bodens gefährden müssen; die Familien müssen Zugang zu den dafür erforderlichen technischen Hilfsmitteln erhalten, und sie müssen das Recht haben, ihren Besitz zu vererben.[44]

Dies setzt voraus, daß der Großgrundbesitz in den dichtbesiedelten Ländern mit landwirtschaftlicher Gesellschaftsstruktur aufgelöst und an die arme Mehrheit umverteilt wird. Gebiete im Staatsbesitz, wie etwa Wälder und Weiden, werden dann wahrscheinlich den Dörfern und Gemeinschaften zurückgegeben, weil diese ein stärkeres Interesse an der Erhaltung der Fruchtbarkeit dieser Flächen und deren verträglicher Bewirtschaftung haben.[45]

Mit einem neuen Wertesystem

Die grundlegenden Veränderungen in der Energie-, Forst- und Landwirtschaft sowie auf anderen Gebieten sind ohne entsprechende Veränderungen des sozialen, wirtschaftlichen und moralischen Charakters menschlicher Gesellschaften nicht vorstellbar. Während des Übergangs zur Verträglichkeit sind politische Führer und Bürger gleichermaßen gezwungen, ihre Ziele und Bestrebungen kritisch zu überprüfen, ihre Erfolgsmaßstäbe neu zu definieren und ihre Ansprüche an Arbeit und Freizeit nach neuen Prinzipien auszurichten, die darauf gerichtet sind, das Wohlergehen künftiger Generationen zu sichern.

Zu den sichtbaren Auswirkungen dieses Überganges gehören Verschiebungen in der Beschäftigungsstruktur. Die Umstellung von den fossilen Energieträgern

auf die verschiedenen erneuerbaren Energiequellen, der Rückgang des Bergbaues und die Zunahme der Recyclingverfahren sowie die Umstellung der Land- und Forstwirtschaft schaffen neue Beschäftigungsfelder, während die Anzahl der traditionellen Arbeitsplätze zurückgeht.
Arbeitsplatzverluste im Kohle- und Metallbergbau, in der Automobilindustrie, im Straßenbau werden wettgemacht durch den Zuwachs in der Herstellung und im Verkauf von Solarzellen, Windkraftanlagen, Fahrrädern, in der Ausrüstung von Massenverkehrsmitteln und in der Recyclingwirtschaft. In dünnbesiedelten Ländern und solchen mit großen Mengen landwirtschaftlicher Abfälle werden die Alkoholdestillerien die Ölraffinerien verdrängen. Da sich der geplante Verschleiß in einer verträglichen Wirtschaft überlebt hat, wird ein weit größerer Anteil der Beschäftigten in der Reparatur, der Instandhaltung und im Recycling tätig sein als in der Ausbeutung der Bodenschätze oder der Herstellung neuer Waren.

»Die Rüstungsausgaben werden massiv gekürzt, sobald die Einsicht um sich greift, daß die Gefährdung der Umwelt die traditionelle militärische Bedrohung verdrängt hat.«

Die Entwicklung einer sparsamen Wirtschaft der erneuerbaren Energiequellen wird neue Berufe mit sich bringen. Innerhalb weniger Jahrzehnte kann die Zahl der Beschäftigten in diesen Arbeitsfeldern, die heute noch nach Hunderten zählen, weltweit auf einige Millionen zunehmen. Die Berufsaussichten in der Forstwirtschaft werden sich in dem Maße verbessern, in dem hochproduktive land/forstwirtschaftliche Verfahren Verbreitung finden, natürliche Wälder sorgfältiger bewirtschaftet und riesige Flächen aufgeforstet werden. Mit der Einführung neuer Anbaumethoden und der Reduzierung oder völligen Vermeidung giftiger Chemikalien wird die Nachfrage nach Agrarwissenschaftlern ebenso zunehmen wie nach Spezialisten auf dem Gebiet der biologischen Schädlingsbekämpfung.

Die Umstellung auf erneuerbare Energiequellen begünstigt die Entstehung kleinerer Siedlungsformen. Im Gegensatz zu den zentralen Atom- oder Kohlegroßkraftwerken, die die Energieversorgung heute noch beherrschen, erlauben die erneuerbaren Energien Solarzellen, holzbefeuerte Kraftwerke oder Windkonverter-Anlagen der verschiedensten Größenordnungen. Sie erlauben es auch den unterschiedlichen Regionen, aus ihren natürlichen Gegebenheiten Nutzen zu ziehen, aus den Windverhältnissen, der langen Sonnenscheindauer, ihren Wäldern oder ihrer Nähe zu geothermischen Vorkommen.

Mit dem fortschreitenden Übergang zu einer umweltverträglichen Wirtschaft wird das Wachstum als Wert in der Wirtschaftspolitik an Bedeutung verlieren. Das Bruttosozialprodukt (BSP) wird seine Funktion als Maßstab des Fortschritts einbüßen. Indem es ausschließlich Güter und Dienstleistungen erfaßt, vernachlässigt es jene Werte, die eine verträgliche Wirtschaft ausmachen, wie Langlebigkeit und Ressourcenschutz; es überbewertet dagegen viele Aspekte, die einer solchen Wirtschaft zuwiderlaufen, wie etwa den geplanten Verschleiß und die Produktion von Abfall.[46]

Schlechte Geräte, die häufig repariert und bald ersetzt werden müssen, tragen mehr zur Steigerung des Bruttosozialprodukts bei als ein solides, langlebiges Produkt. In ähnlicher Weise steigert die Luftverschmutzung eines Kohlekraftwerks das BSP, weil sie Ausgaben für die Behandlung von Lungenkrankheiten und den Erwerb einer Rauchgasreinigungsanlage nach sich zieht. Für die Gesellschaft wäre es jedoch besser, wenn der Strom auf eine Weise erzeugt würde, die die Luftverschmutzung von vornherein ausschlösse.

Im Jahr 2030 wird der wirtschaftliche und gesellschaftliche Fortschritt an Kriterien der Verträglichkeit gemessen, nicht mehr am Produktionszuwachs. Der Ökonom Herman Daly weist darauf hin, daß »Veränderungen wesentlich erschwert werden, solange das BSP für den Maßstab menschlichen Wohlergehens gehalten wird. Der Markt registriert nur die ökonomische Effizienz, er hat kein Gespür für die Wahrnehmung von Gerechtigkeit oder Verträglichkeit.«[47]

In einer verträglichen Welt werden die Rüstungshaushalte nur noch über einen Bruchteil ihres heutigen Umfangs verfügen, der weltweit eine Billiarde Dollar jährlich beträgt. Diese Ausgaben werden massiv gekürzt, sobald die Einsicht um sich greift, daß die Gefährdung der Umwelt die traditionelle militärische Bedrohung verdrängt hat. Darüber hinaus sind Fortschritte auf dem Weg zu mehr Verträglichkeit unmöglich ohne eine Umschichtung der Mittel von den Rüstungsausgaben hin zu Maßnahmen der Energieeinsparung, des Bodenschutzes, der Aufforstung, der Familienplanung und anderen Maßnahmen der Entwicklungsförderung. Die einzelnen Länder werden sich zu einem Grad internationaler Kooperation und Koordination entschließen müssen, der weit über das hinausgeht, was wir bis heute kennen.

Fortschritte auf dem Weg zu einer überlebensfähigen Gesellschaft sind undenkbar ohne eine Veränderung individueller Werte und Verhaltensweisen. Zu allen Zeiten haben Philosophen und religiöse Führer den Materialismus als Weg zur menschlichen Erfüllung abgelehnt. Trotzdem fahren die unterschiedlichsten Gesellschaftssysteme damit fort, Lebensqualität mit steigendem Konsum gleichzusetzen. Wie der gesellschaftliche Fortschritt am Bruttosozialprodukt abgelesen wird, bemißt sich der Selbstwert eines Menschen nach seinem Besitz.

Wenn die Anhäufung persönlichen und nationalen Reichtums aus dem Blickfeld gerät, schließt sich allmählich die Lücke zwischen Besitzenden und Besitzlosen. Auch die ideologischen Unterschiede können verblassen, wenn die Staaten die Verträglichkeit als gemeinsames Ziel akzeptieren und erkennen, daß sie nur erreicht werden kann, wenn gemeinsame Werte wie demokratische Prinzipien, Innovationsfreiheit, die Respektierung der Menschenrechte und die Anerkennung der menschlichen Unterschiedlichkeit das Handeln bestimmen. Angesichts der Vielzahl und des Umfangs der gemeinsamen Aufgaben könnte der Gedanke, Krieg zu führen, anachronistisch werden.

»Zu allen Zeiten haben Philosophen und religiöse Führer den Materialismus als Weg zur menschlichen Erfüllung abgelehnt. Trotzdem fahren die unterschiedlichsten Gesellschaftssysteme damit fort, Lebensqualität mit steigendem Konsum gleichzusetzen.«

Einen Beitrag zu einer Gesellschaftsstruktur zu leisten, die die menschlichen Bedürfnisse mit den natürlichen Lebensgrundlagen in Übereinstimmung bringt, wird außerordentlich befriedigend sein. Die Gelegenheit, dafür eine dauerhafte Grundlage zu schaffen, werden wir aber verpassen, wenn wir sie nicht bald ergreifen.

Anmerkungen zu Kapitel 8

1 World Commission on Environment and Development, Our Common Future. New York 1987.

2 U.S. Environmental Protection Agency, Policy Options for Stabilizing Global Climate. Entwurf. Washington, D.C., 1989; Gregg Marland u. a., Estimates of Co_2 Emissions from Fossil Fuel Burning and Cement Manufacturing, Based on the United Nations Energy Statistics and the U.S. Bureau of Mines Cement Manufacturing Data. Oak Ridge, Tenn., 1989; United Nations Secretariat, Long-Range Global Population Projections as Assessed in 1980. New York 1983.

3 John J. Taylor, Improved and Safer Nuclear Power. *Science,* 21. April 1989; Outlook on Advanced Reactors. *Nucleonics Week*, 30. März 1989; Amory B. Lovins und L. Hunter Lovins, Brittle Power: Energy Strategy for National Security. Andover, Mass., 1982; R. H. Williams und H. A. Feiveson, Diversion-Resistance Criteria for Future Nuclear Power. Princeton University, Princeton, N.J., 1989; Klaus Michael Meyer-Abich und Bertram Schefold, Die Grenzen der Atomwirtschaft. München 1986.

4 Die Bevölkerungszahl entspricht einer Schätzung der Autoren auf der Grundlage von United Nations, Department of International Economic and Social Affairs, World Population Prospects 1988. New York 1989; eine Hochrechnung aus der mittleren Prognose für das Jahr 2025 ergibt 8,85 Milliarden.

5 Population Information Program, Population and Birth Planning in the People's Republic of China. *Population Reports*, Januar/Februar 1982; Ansley Coale, Recent Trends in Fertility in Less Developed Countries. *Science*, 26. August 1983; Population Reference Bureau, 1989 World Population Data Sheet. Washington, D.C., 1989.

6 United Nations, 1987 Energy Statistics Yearbook. New York 1989; Neridian Corporation, Characterization of U.S. Energy Resources and Reserves. U.S. Department of Energy, Alexandria, Va., Juni 1989.

7 D. Groues und I. Segal, Solar Energy in Israel. Jerusalem 1984; International Energy Agency (IEA), Renewable Sources of Energy. Paris 1987.

8 Persönliche Mitteilung von Paul Savoldelli vom 9. Juli 1989; persönliche Mitteilung von Charles Komanoff, 10. Februar 1989.

9 H. M. Hubbard, Photovoltaics Today and Tomorrow. *Science,* 21. April 1989; Christopher Flavin, Electricity from Sunlight: The Emergence of Photovoltaics. Washington, D.C., 1984.

10 Robert R. Lynette, Wind Energy Systems. Forum on Renewable Energy and Climate Change, Washington, D.C., 14.–15. Juni 1989; Schätzungen des Worldwatch Institute nach privaten Mitteilungen und Ausdrucken von Romanoff und nach einer persönlichen Mitteilung und Ausdrucken von Shepard Buchanan, Portland, Oreg., vom 28. Juli 1989.

11 Mark Newman, West Germany to Build 150 MWe of Wind Farms by 1990s. *International Solar Energy Report,* 22. November 1988; Department of Non-Conventional Energy Sources, Ministry of Energy, Annual Report 1978–88. Neu-Delhi o. J.

12 Christopher Flavin, Wind Power: A Turning Point. Worldwatch Paper 45. Washington, D.C., 1981.
13 United Nations, 1987 Energy Statistics Yearbook.
14 Persönliche Mitteilung von Lynn Wright, Oak Ridge, Tenn., 25. August 1989; persönliche Mitteilung von Norman Hinman, Boulder, Colo., 25. August 1989.
15 Schätzung des Worldwatch Institute nach einer persönlichen Mitteilung von Brad Karmen, Washington, D.C., 25. Oktober 1989, nach Energy Information Administration (EIA), *Monthly Energy Review,* März 1989, und nach persönlichen Mitteilungen von Wright und Hinman.
16 United Nations, 1987 Energy Statistics Yearbook.
17 Ronald DiPippo, International Developments in Geothermal Power Development. *Geothermal Resources Council Bulletin,* Mai 1988.
18 Meridian Corporation, Energy System Emissions and Material Requirements. U.S. DOE, Alexandria, Va., Februar 1989; persönliche Mitteilung von Savoldelli.
19 Schätzung des Worldwatch Institute nach einer persönlichen Mitteilung und Ausdrucken von Savoldelli und nach EIA, *Monthly Energy Review,* März 1989, ausgehend von einer ausschließlichen Nutzung der Sonnenenergie und einem Nutzungsgrad der solarthermischen Kraftwerke von 26 Prozent; persönliche Mitteilung von Paul Gipe, Tehachapi, Calif., 22. Oktober 1989.
20 Christopher Flavin und Alan Durning, Building on Success: The Age of Energy Efficiency. Worldwatch Paper 82. Washington, D.C., 1988.
21 Deborah Bleviss, The New Oil Crisis and Fuel Economy Technologies: Preparing the Light Transportation Industry for the 1990's. New York 1988.
22 Flavin und Durning, Building on Success; Arthur Rosenfeld und David Hafemeister, Energy-Efficient Buildings. *Scientific American,* April 1988; Peter Weiss, Lighting the Way Towards More Efficient Lighting. *Home Energy,* Januar/Februar 1989.
23 Marc Ross, Industrial Energy Conservation. *Natural Resources Journal*, August 1984; Marc Ross, Industrial Energy Conservation and the Steel Industry. *Energy*, The International Journal, Oktober/November 1987.
24 U.S. Congress Office of Technology Assessment, Industrial Energy Use. Washington, D.C., 1983.
25 Bundesministerium für Verkehr, Verkehr in Zahlen 1987.
26 Marcia D. Lowe, The Bicycle: Vehicle for a Small Planet. Worldwatch Paper 90. Washington, D.C., 1989; A. Wilmink, The Effects of State Subsidizing of Bicycle Facilities.

Velo City '87 Congress: Planning for the Urban Cyclist. Third International Velo City Congress, Groningen, 22.–26. September 1987; Michael A. Replogle, Major Bikeway Construction Effort in the Netherlands. Urban Transportation Abroad, Winter 1982; persönliche Mitteilung von David Peltz, Davis, Calif., 28. Juli 1989; Michael A. Replogle, Bicycles and Public Transportation: New Links to Suburban Transit Markets. 2. Ausgabe, Washington, D.C., 1988.

27 International Road Federation, World Road Statistics 1981–1985. Washington, D.C., 1986; Motor Vehicle Manufacturers Association, Facts and Figures '87. Detroit, Mich., 1987; The Motorization of the 3rd World. *National Association of Railroad Passengers News*, Juli 1987.

28 Anteil der nur einmal benutzten Produkte und Energieeinsparung bei Glas und Aluminium aus Cynthia Pollock, Mining Urban Wastes: The Potential for Recycling. Worldwatch Paper 76. Washington, D.C., 1986; Energieeinsparung bei Stahl aus William U. Chandler, Materials Recycling: The Virtue of Necessity. Worldwatch Paper 56. Washington, D.C., 1983; Energieeinsparung bei Papier aus Roberta Forsell Stauffer, Energy Savings from Recycling. *Resource Recycling*, Januar/Februar 1989.

29 Pollock, Mining Urban Wastes.

30 Chandler, Materials Recycling; Pollock, Mining Urban Wastes.

31 Cost of Packaging Could Exceed Farm Net. *Journal of Commerce,* 12. August 1986.

32 Lester R. Brown und Jodi L. Jacobson, The Future of Urbanization: Facing the Ecological and Economic Constraints. Worldwatch Paper 77. Washington, D.C., 1987; Yue-Man Yeung, Urban Agriculture in Asia. United Nations University, Tokio, 1985.

33 Eine Bodenerosion von 24 Milliarden Tonnen und ein Waldverlust von 11 Millionen Hektar jährlich vorausgesetzt. S. Lester R. Brown und Edward C. Wolf, Soil Erosion: Quiet Crisis in the World Economy. Worldwatch Paper 60. Washington, D.C., 1984; U.N. Food and Agriculture Organization (FAO), Tropical Forest Resources. Rom 1982.

34 Ackerland pro Person berechnet nach FAO, Production Yearbook 1987. Rom 1988, und Population Reference Bureau, 1989 World Population Data Sheet; angenommene Erweiterung der Anbaufläche aus Francis Urban, Agricultural Resources Availability. World Agriculture Situation and Outlook Report. Washington, D.C., Juni 1989.

35 Walter V. C. Reid, Sustainable Development: Lessons from

Success. *Environment,* Mai 1988; International Council for Research in Agroforestry (ICRAF) – Nitrogen Fixing Tree Association International Workshop, Perennial Sesbania Species in Agroforestry Systems. Nairobi 1989.

36 Sandra Postel, Bodenerosion, in Lester R. Brown u. a., Zur Lage der Welt 89/90. Frankfurt/M. 1989; verfüttertes Getreide aus USDA, Foreign Agricultural Service (FAS), World Wheat and Coarse Grains Reference Tables. Washington, D.C., August 1988, unveröffentlicht; persönliche Mitteilung von Gerald Ostrowski, September 1989.

37 Evan Eisenberg, Back to Eden. *Atlantic Monthly,* November 1989; Wes Jackson, Altars of Unhewn Stone: Science and the Earth. San Francisco 1987.

38 Omar Sattaur, The Shrinking Gene Pool. *New Scientist*, 29. Juli 1989; National Research Council, Amaranth: Modern Prospects for an Ancient Crop. Washington, D.C., 1984.

39 Sandra Postel und Lori Heise, Reforesting the Earth. Worldwatch Paper 83. Washington, D.C., 1988.

40 Philip M. Fearnside, A Prescription for Slowing Deforestation in Amazonia. *Environment,* Mai 1989.

41 Reid, Sustainable Development; Charles M. Peters u. a., Valuation of an Amazonian Rainforest. *Nature,* 29. Juni 1989.

42 Postel und Heise, Reforesting the Earth.

43 Lester R. Brown u. a., Global handeln. Zur Lage der Welt 89/90. Frankfurt/M. 1989.

44 Postel, Bodenerosion.

45 William C. Thiesenhusen, Hrsg., Searching for Agrarian Reform in Latin America. Boston 1989; Anil Agarwal und Sunita Narain, The Greening of India. *Illustrated Weekly of India*, 10. Juni 1989.

46 Zur Diskussion der traditionellen Bewertungsmethoden s. Robert Repetto, Wasting Assets: Natural Resources in the National Income Accounts. Washington, D. C., 1989; Herman E. Daly und John B. Cobb, Jr., For the Common Good: Reorienting the Economy toward Community, the Environment, and a Sustainable Future. New York, im Druck.

47 Herman E. Daly, Sustainable Development: From Concept and Theory Towards Operational Principles. *Population and Development Review,* Frühjahr 1990; Daly und Cobb, For the Common Good.

Herausgeber und Autoren

Worldwatch Institute

Das Worldwatch Institute wurde 1975 mit Sitz in Washington D. C./USA als unabhängige, gemeinnützige Institution gegründet. Es vermittelt Informationen für Entscheidungsträger und die interessierte Öffentlichkeit über die Zusammenhänge zwischen der Weltwirtschaft und den einzelnen ökologischen Systemen. Die Wissenschaftler dieses Institutes verfolgen und untersuchen diese Prozesse aus globaler Perspektive und in einem interdisziplinären Rahmen. In über 100 Einzelpublikationen wurden solche Themen abgehandelt. Diese Studien wurden in verschiedene Sprachen übersetzt. Der erste Bericht »Zur Lage der Welt« wurde 1984 in den USA veröffentlicht. Dieser Report wurde inzwischen zu einer der wichtigsten Informationsquellen zu diesem Thema.

Herausgeber und Autoren der amerikanischen Ausgabe

Lester R. Brown – Direktor des Institutes und Projektleiter
Christopher Flavin / Sandra Postel – Stellvertretende Projektleiter
Linda Starke – Herausgeberin
Wissenschaftliche Mitarbeiter:
Lester R. Brown / Alan B. Durning/Christopher Flavin / Jodi Jacobson / Sandra Postel / Michael Renner
Unter Mitarbeit von:
Hilary F. French/Marcia D. Lowe / John E. Young

Herausgeber der deutschsprachigen Ausgabe

Gerd Michelsen, Dr. rer. pol., geboren 1948 in Flintbek (bei Kiel), Studium der Volkswirtschaftslehre in Kiel und Freiburg. Wissenschaftlicher Mitarbeiter an der Universität Freiburg bis 1976; 1977–1979 Mitbegründer und Geschäftsführer des Öko-Instituts/Freiburg. 1980 Leiter der Zentralen Einrichtung für Weiterbildung der Universität Hannover. 1987 Habilitation an der Universität Hannover. Herausgeber von »Der Fischer Öko-Almanach«. Mitautor von »Ökologie lernen – Anleitungen zu einem veränderten Umgang mit Natur«, Fischer Taschenbuch Verlag, Band 4100, Frankfurt/M. 1985.

Register

Das Register ist nach Ländern, Städten und Institutionen und Organisationen geordnet. Die weiteren Sachbezüge ergeben sich aus dem Inhaltsverzeichnis.

Städte

Institutionen/Organisationen